华章图书

一本打开的书，一扇开启的门，

通向科学殿堂的阶梯，托起一流人才的基石。

重点大学计算机教材

程序设计实践教程

Python语言版

苏小红 孙承杰 李东 蒋远 编著

The Practice of Programming

Python Language Version

机械工业出版社
China Machine Press

图书在版编目（CIP）数据

程序设计实践教程：Python 语言版 / 苏小红，孙承杰，李东等编著 . -- 北京：机械工业出版社，2022.1
重点大学计算机教材
ISBN 978-7-111-69654-4

I. ①程… II. ①苏… ②孙… ③李… III. ①软件工具 - 程序设计 - 高等学校 - 教材 IV. ① TP311.561

中国版本图书馆 CIP 数据核字（2021）第 252687 号

本书内容分为三部分。第一部分介绍集成开发环境，包括 IDLE、PyCharm、Jupyter Notebook、Visual Studio Code 四种常用的 Python 语言集成开发环境的使用和程序调试方法。第二部分是经典实验案例，主要包括基本运算和基本 I/O、基本控制结构、枚举法、递推法、近似迭代法、递归法、趣味数字、矩阵运算、日期和时间、文本处理、面向对象、查找和排序、高精度计算和近似计算、贪心与动态规划等专题。第三部分是综合案例，包括餐饮服务质量调查、小学生算术运算训练系统、青年歌手大奖赛现场分数统计、随机点名系统、基于 turtle 库的图形绘制 5 个应用案例，以及多个游戏设计案例，如火柴游戏、文曲星猜数游戏、2048 数字游戏、贪吃蛇游戏、飞机大战、Flappy bird、井字棋游戏、杆子游戏、俄罗斯方块。

本书可作为高等院校程序设计相关课程的教材，也可作为程序设计、程序调试初学者的参考书籍。

出版发行：机械工业出版社（北京市西城区百万庄大街 22 号 邮政编码：100037）
责任编辑：朱 劼　　责任校对：马荣敏
印 刷：河北鹏盛贤印刷有限公司　　版 次：2022 年 1 月第 1 版第 1 次印刷
开 本：185mm×260mm 1/16　　印 张：17.25
书 号：ISBN 978-7-111-69654-4　　定 价：59.00 元

客服电话：（010）88361066 88379833 68326294　　投稿热线：（010）88379604
华章网站：www.hzbook.com　　读者信箱：hzjsj@hzbook.com

前　言

一提到Python语言，大家一定会首先想到以下广为人知的经典口号：人生苦短，我用Python；人生苦短，Python是岸；人生苦短，Python当歌。

寥寥数字，尽显Python之禅——简洁为美，简约而不简单。C、Java、C++语言长期傲视群雄，而Python语言作为一种“年轻”的语言，大有后来者居上之势，成为人工智能+大数据时代的不二之选。

与之前的《程序设计实践教程：C语言版》和《程序设计实践教程：C++语言版》一样，本书程序采用统一的代码规范编写，并且在编码中注重程序的健壮性。同时，书中实践案例的选取兼顾趣味性和实用性。本书内容分为三部分。第一部分介绍集成开发环境，包括IDLE、PyCharm、Jupyter Notebook、Visual Studio Code四种常用的Python语言集成开发环境的使用和程序调试方法。第二部分是经典实验案例，主要包括基本运算和基本I/O、基本控制结构、枚举法、递推法、近似迭代法、递归法、趣味数字、矩阵运算、日期和时间、文本处理、面向对象、查找和排序、高精度计算和近似计算、贪心与动态规划等专题。在本部分中，还结合Python语言独有的特点，设计了使用jieba库进行中文文档的词频统计分析、使用wordcloud库显示词云图以及CSV格式文件的读写等案例。第三部分是综合案例，包括餐饮服务质量调查、小学生算术运算训练系统、青年歌手大奖赛现场分数统计、随机点名系统、基于turtle库的图形绘制5个应用案例，以及多个游戏设计案例，如火柴游戏、文曲星猜数游戏、2048数字游戏、贪吃蛇游戏、飞机大战、Flappy bird、井字棋游戏、杆子游戏、俄罗斯方块。

书中每个实践案例均提供了多种编程方法，并且很多案例都采用循序渐进的任务驱动方式，引导读者举一反三、触类旁通。这些实践案例会帮助你提升编程能力，让你在快速从新手成长为高手的同时，体会Python之美和程序设计之美。

本书由苏小红组织和统筹编写工作，第一部分由孙承杰执笔，第二部分和第三部分主要由苏小红执笔，新增的案例由李东设计并进行程序调试，其他部分案例由蒋远设计并调试。

因编者水平有限，书中错误在所难免，欢迎读者对本书提出意见和建议，我们会在重印时予以更正，读者也可随时从我们的教材网站（http://sse.hit.edu.cn/book/）和华章网站（http://www.hzbook.com）下载最新勘误表。编者的E-mail地址为sxh@hit.edu.cn。

编　者

2021年于哈尔滨工业大学计算学部

目　录

第三部分 综合案例

第一部分

开发环境

第 1 章　集成开发环境简介

1.1　程序调试

1.1.1　程序调试的概念

程序调试（debug），是将编制的程序投入实际运行前，用手工或编译程序、调试工具等方法进行测试，修正程序错误（bug）的过程。

在 Python 语言中从编写程序到程序的运行，需要经过如下步骤：

1）编辑：依据语法规则编写源程序，编写完成后保存文件，Python 语言程序文件的扩展名为“.py”。

2）编译：Python 源程序被编译程序转换成字节码（byte code）。字节码是一组固定的指令集合，可以表示算术运算、比较、内存操作等。字节码可以在任何操作系统和硬件上运行。

需要说明的是，Python 源程序到字节码的编译过程是隐式进行的，不需要显式调用编译器。程序员只需运行 .py 文件，Python 编译器就根据需要编译文件。这与其他高级语言不同。例如，在 Java 中，程序员必须运行 Java 编译器将 Java 源代码转换为已编译的类文件。因此，Java 通常被称为编译语言，而 Python 被称为解释语言。但两者都编译成字节码，然后都使用虚拟机的软件来执行字节码。

3）运行：Python 虚拟机（PVM）将字节码转换为机器码，然后执行并显示结果。

在程序设计、编写的过程中，不可避免地会发生各种各样的错误。尤其是代码规模比较大的程序，出错的可能性更高、错误的种类也更多。通过调试来查找和修改错误是软件设计、开发过程中非常重要的环节。调试也是程序员必须掌握的技能，可以说不会调试，就无法开发软件。

1.1.2　程序错误的种类

Python 语言编程中常见的错误可以分为两大类：编译错误和运行时错误。

1. 编译错误

编译错误是指在编译阶段，编译器根据 Python 语言的语法规则就能发现的错误，如保留字输入错误、缩进错误和使用未定义的标识符等。编译器一般都能指出编译错误的位置（错误所在的代码行号）、错误的内容，所以这类错误能方便地根据编译器给出的错误提示进行修改。

2. 运行时错误

在程序通过了编译之后，虽然能够运行，但在运行过程中也可能出现错误，如无法停止执行、访问越界等，这类错误称为运行时错误。

与编译错误相比，运行时错误难发现、难修改。运行时错误的产生原因有以下几种：

- 程序采用的算法本身存在错误，注定不会产生正确结果，例如计算时用了不正确的计算公式；
- 代码实现（编程）层面的错误，如列表越界访问、堆栈溢出等；
- 缺少对错误输入的容错考虑，程序产生了不正常的计算结果。

所以在编写程序时，需要仔细检查程序的算法、逻辑以及执行顺序等是否正确。利用编程环境的调试工具跟踪程序的执行，了解程序在运行过程中的状态变化情况，如关键变量的数值等，可以帮助我们快速定位并修改错误。

1.1.3 常用调试方法

调试程序也需要借助工具软件，即调试器来实现。一般集成开发环境中都带有调试功能，常用的调试方法如下。

1. 设置断点

所谓断点（breakpoint），就是在程序运行过程中将暂停运行的代码位置（代码行）。暂停时，断点所在代码行尚未执行。程序暂停后，可以方便我们观察程序运行过程中变量的数值、函数调用情况等，对分析程序是否运行正常、异常的原因等非常有用。调试工具都有在程序中设置断点的功能。一个程序可以设置多个断点。每次运行到断点所在的代码行，程序就暂停。

条件断点是指给断点设置条件，该条件满足时，这个断点才会生效，暂停程序的运行。条件断点在调试循环程序时非常有用。试想一个循环1000次的程序，如果每次循环都中断，是无法承受的工作。而通过观察循环程序的特点，用可能导致程序异常的变量数值、边界数值等对断点设置一定的条件，仅在该条件为真（true）的时候才暂停，调试将变得更高效、直接。一般的调试工具都支持条件断点功能。

2. 单步跟踪

当程序在设置的某断点处暂停时，调试工具会提供单步运行并暂停的功能，即单步跟踪。通过单步跟踪可以逐个语句或逐个函数地执行程序，每执行完一个语句或函数，程序就暂停，因此可逐个语句或逐个函数地检查它们的执行结果。

断点所在行的代码是下一行要被执行的代码，叫作当前代码行。此时对程序的单步跟踪执行有6个选择。

1）单步执行（Step over）：执行一行代码，然后暂停。当存在函数调用语句时，使用单步执行会把整个函数视为一次执行（即不会在该函数中的任何语句处暂停），直接得到函数调用结果。该方式常用在多模块调试时期，可以直接跳过已测试完毕的模块，或者直接通过函数执行后的值来确定该测试模块中是否存在错误。

2）单步进入（Step into）：如果此行中有函数调用语句，则进入当前所调用的函数内部调试，在该函数的第一行代码处暂停；如果此行中没有函数调用语句，其作用等价于单步执行。该方式可以跟踪程序的每步执行过程，优点是容易直接定位错误，缺点是调试速度较慢。所以一般在调试时，先划分成模块，对模块调试，尽量缩小错误范围，然后找到错误模块后再使用单步执行和断点来快速跳过没有出现错误的部分，最后才是用该方式来逐步跟踪找出错误。

单步进入一般只能进入用户自己编写的函数。有的编译器提供了库函数的代码，可以跟踪到库函数里执行。如果库函数没有源代码，就不能跟踪进入了，此时有的调试器会以汇编代码的方式单步执行函数，有的调试器则忽略函数调用。

3）跳出函数（Step out）：继续运行程序，当遇到断点或返回函数调用者处时暂停。当只想调试函数中的一部分代码的时候，调试完想快速跳出该函数，则可以使用这个命令。

4）运行到光标所在行（Run to cursor）：将光标定位在某行代码上并调用这个命令，程序会执行直到抵达断点或光标定位的那行代码暂停。如果我们想重点观察某一行（或多行）代码，而且不想从第一行启动，也不想设置断点，则可以采用这种方式。这种方式比较灵活，可以一次执行一行，也可以一次执行多行；可以直接跳过函数，也可以进入函数内部。

5）继续运行（Continue）：继续运行程序，当遇到下一个断点时暂停。

6）停止调试（Stop）：程序运行终止，停止调试，回到编辑状态。

3. 监视窗

当程序暂停时，需要通过监视窗来查看某个变量的值，以便确定语句是否有错误。每运行到需要观察的变量语句处，就可以观察程序执行了哪些操作以及程序产生了哪些结果。因此，通过调试和观察变量能方便地找出程序的错误。

如果程序比较大，调试工作会变得格外困难，耗时、耗力。此时可以将程序划分成模块，先对单个或多个模块分别进行调试，最后再组合在一起进行整体调试。组合的时候需要注意模块之间的接口一致性。在单个模块中的调试将变得简单，一个模块能缩小错误的范围，如果一个模块正确，可以直接排除该模块，进而去测试下一个模块。对于出错的模块，可逐条仔细检查各语句，再结合一些调试方法，便能找出错误所在。

1.2　经典集成开发环境介绍

由于 Python 语言的应用越来越广泛，用户越来越多，所以出现了很多集成开发环境。好的集成开发环境提供了丰富的编程辅助功能和调试功能，可以帮助用户提高编程效率。本节介绍 4 种目前用户较多的集成开发环境：IDLE、Jupyter Notebook、PyCharm 和 Visual Studio Code。这些集成开发环境都是跨平台的，本节选用 Windows 平台下的版本进行介绍。

1.2.1　IDLE 的使用和调试方法

IDLE 的全称是集成开发和学习环境（Integrated Development and Learning Environment），它是 Python 安装包自带的 IDE。Python 安装包可以从 Python 的官网（https://www.python.org/）下载，截至 2021 年 2 月，最新的版本是 3.9.2（https://www.python.org/downloads/release/python-392/）。IDLE 安装简单，使用方便，功能全面，适合初学者使用。

1. 安装 IDLE

请根据自己的操作系统，从 Python 官网选择正确的安装版本。本节以 Python 3.9.2 对应的 Windows 操作系统安装包（64 位）为例展示 Python 的安装过程。双击下载的 Python 安装包后，会出现如图 1-1 所示的安装界面。如果采用默认的安装方式，可以直接单击图 1-1 中的 Install Now 进行安装。

安装的过程如图 1-2 所示，安装成功后，会出现如图 1-3 所示的界面。

安装成功之后，就可以在“开始”菜单中发现新安装的 Python 程序，如图 1-4 所示。单击其中的 IDLE 即可启动 IDLE 程序，出现如图 1-5 所示的界面。

图 1-1 Python 安装初始界面

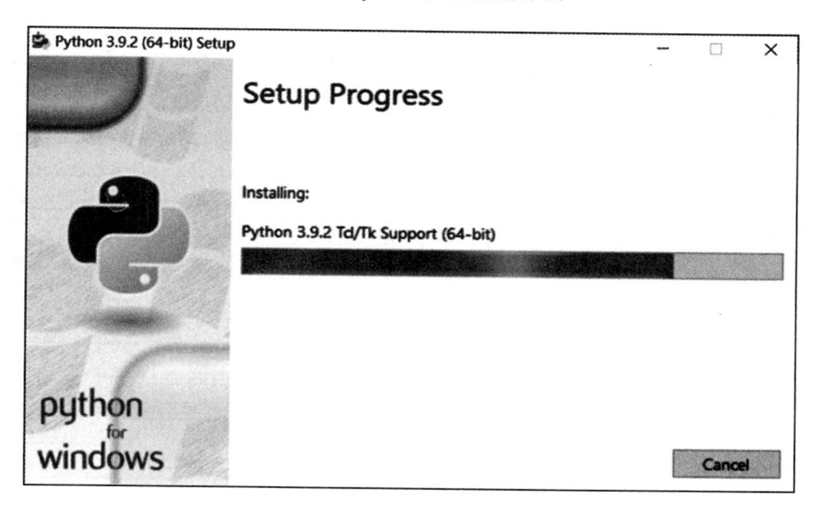

图 1-2 Python 安装过程界面

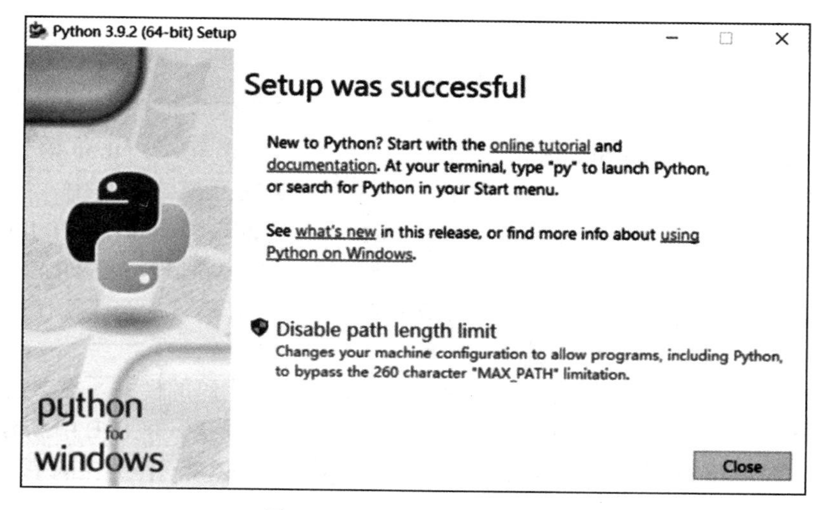

图 1-3 Python 安装成功界面

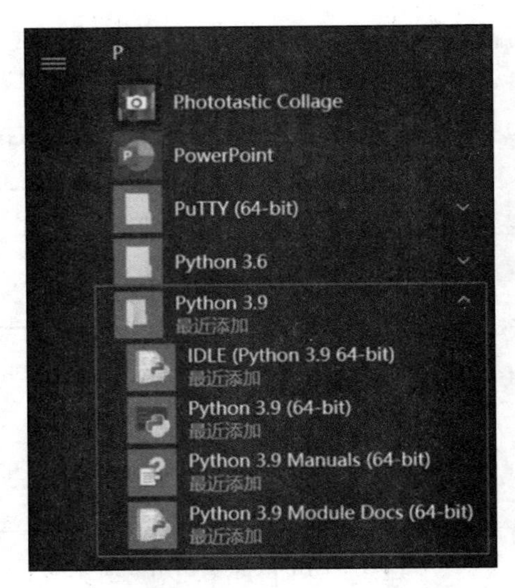

图 1-4　“开始”菜单中的 Python 程序

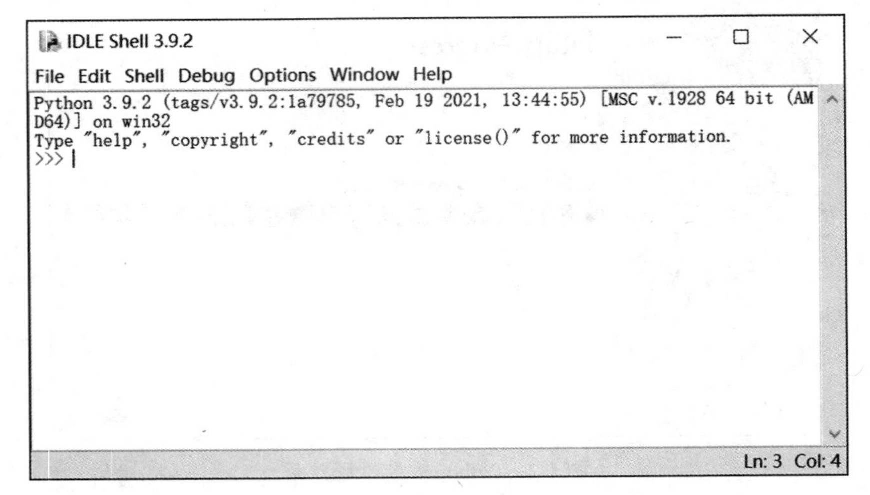

图 1-5　IDLE 运行初始界面

2. 利用 IDLE 编写和运行 Python 程序

在 IDLE 中，可以通过两种方式编写 Python 代码：交互模式和普通模式。

交互模式也称为 Python Shell。在交互模式中，可以直接键入 Python 语句，并立即得到它们的执行结果。图 1-5 中展示的 IDLE 初始界面就是交互模式，其中“>>>”是提示符，可以在提示符后键入 Python 语句。比如，在提示符后键入语句 print("Hello World from IDLE!")，然后回车，就可以得到该语句的执行结果“Hello World from IDLE!”。图 1-6 展示了这一过程，可以看到利用交互模式写代码非常方便。交互模式适合于快速验证语句，如果需要编写大段程序，建议使用普通模式。

普通模式是在编辑器中编写代码，然后保存代码并运行代码的模式。在普通模式下，不管使用哪种 IDE 开发 Python 程序，都会包含下面 3 个步骤：1）在 IDE 中新建一个文件，在编辑器中编写 Python 程序；2）把程序保存到磁盘上，并以 .py 作为文件扩展名；3）利用 Python 解释器运行程序。

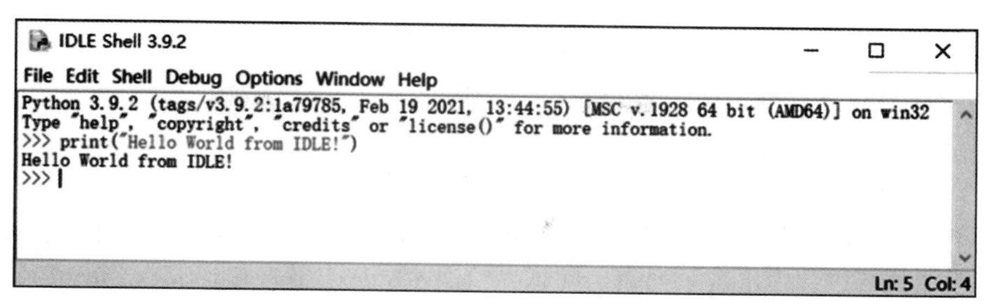

图 1-6　IDLE 交互模式编程示例

在 IDLE 中新建一个文件可以通过单击菜单 File → New File 来实现。在单击 File → New File 后，IDLE 会弹出一个新窗口，可以在这个窗口里输入和编辑程序。图 1-7 展示了在新文件中输入语句 print("Hello World from IDLE!") 时的窗口截图。其中窗口的标题栏显示的是文件名，因为现在程序文件还没有保存且没有命名，所以标题栏显示为“*untitled*”；窗口底部的状态栏显示了当前光标的位置。

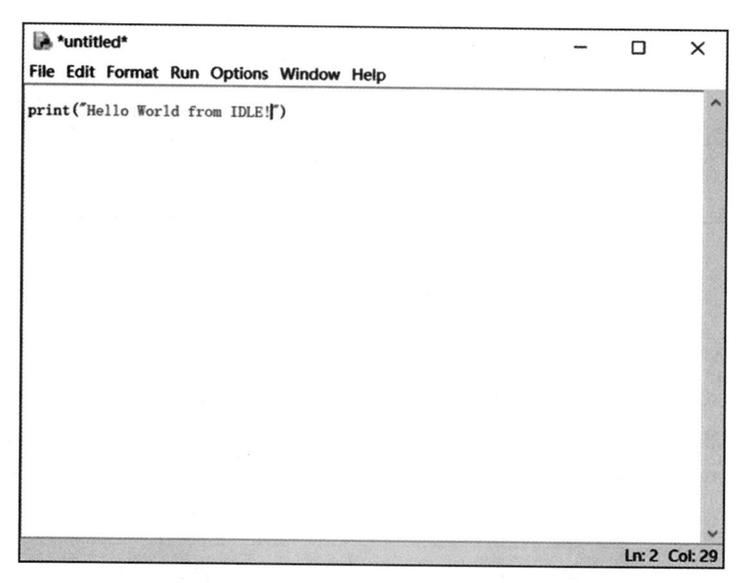

图 1-7　IDLE 普通模式编程界面

如果想要保存文件，可以单击 File → Save，然后在弹出的对话框里选择文件的保存目录并输入文件名。图 1-7 中的文件被命名为 "helloworld.py"，保存在 C:\Users\sunch\Documents 目录下，图 1-8 的标题栏展示了这些信息。在保存文件时，请一定记住文件被保存的目录，以便在磁盘上能找到它。

程序文件编辑完成并保存好以后，如何运行它呢？在 IDLE 中，运行程序非常简单，只要单击菜单栏中的 Run → Run Module 就可以了。程序运行的结果会在 IDLE Shell 中显示，如图 1-9 所示。

3. 利用 IDLE 调试 Python 程序

为了演示 IDLE 提供的调试功能，我们新建了一个 boundary_debug.py 文件，并在其中输入如下 4 行代码。这段代码的第 1 行定义了一个包含 5 个元素的列表 list1 ；第 2 行和第 3 行组成了一个 for 循环来打印 list1 中的元素，其中第 2 行是循环头，第 3 行是循环体；第 4

行只是简单地打印“end！”，表示程序执行到了最后一条语句。

```
list1 = [1,2,3,4,5]
for i in range(6):
    print(list1[i])
print("end!")
```

当我们在 IDLE 中执行这个程序时，会出现如图 1-10 所示的结果，其中的提示信息表示这个程序在执行过程中出现了列表访问越界错误（IndexError: list index out of range），错误发生的位置是文件 boundary_debug.py 的第 3 行。

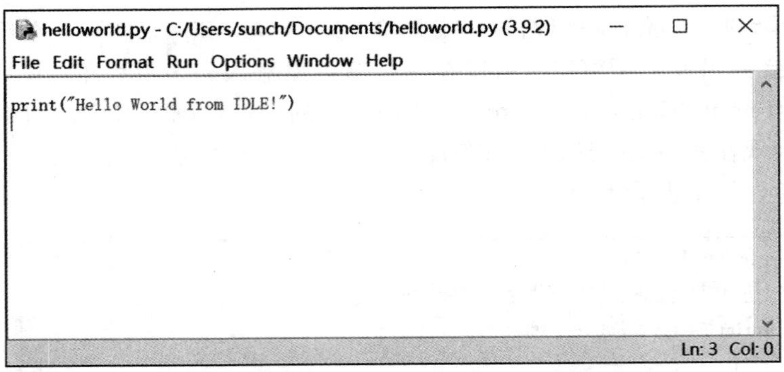

```
helloworld.py - C:/Users/sunch/Documents/helloworld.py (3.9.2)
File Edit Format Run Options Window Help
print("Hello World from IDLE!")

Ln: 3 Col: 0
```

图 1-8　IDLE 保存文件后的界面

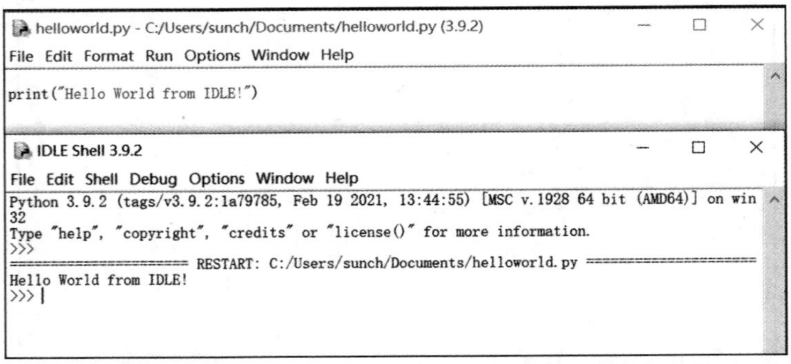

```
helloworld.py - C:/Users/sunch/Documents/helloworld.py (3.9.2)
File Edit Format Run Options Window Help
print("Hello World from IDLE!")

IDLE Shell 3.9.2
File Edit Shell Debug Options Window Help
Python 3.9.2 (tags/v3.9.2:1a79785, Feb 19 2021, 13:44:55) [MSC v.1928 64 bit (AMD64)] on win
32
Type "help", "copyright", "credits" or "license()" for more information.
>>>
===================== RESTART: C:/Users/sunch/Documents/helloworld.py =====================
Hello World from IDLE!
>>>
```

图 1-9　在 IDLE 中运行 helloworld.py 文件的结果

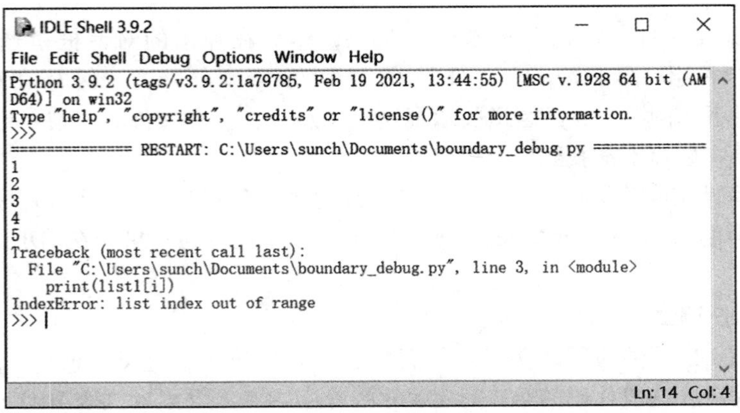

```
IDLE Shell 3.9.2
File Edit Shell Debug Options Window Help
Python 3.9.2 (tags/v3.9.2:1a79785, Feb 19 2021, 13:44:55) [MSC v.1928 64 bit (AM
D64)] on win32
Type "help", "copyright", "credits" or "license()" for more information.
>>>
============== RESTART: C:\Users\sunch\Documents\boundary_debug.py =============
1
2
3
4
5
Traceback (most recent call last):
  File "C:\Users\sunch\Documents\boundary_debug.py", line 3, in <module>
    print(list1[i])
IndexError: list index out of range
>>>
Ln: 14 Col: 4
```

图 1-10　在 IDLE 中运行 boundary_debug.py 文件的结果

如果我们将鼠标放在提示信息中包含文件名和行号信息的行（File"C:\Users\sunch\Documents\boundary_debug.py", line 3, in<module>），并单击当前界面菜单中的 Debug→Go to File/Line，就可以定位到 boundary_debug.py 文件的第 3 行，如图 1-11 所示。

```
boundary_debug.py - C:\Users\sunch\Documents\boundary_debug.py (3.9.2)
File  Edit  Format  Run  Options  Window  Help
list1 = [1,2,3,4,5]
for i in range(6):

print("end!")
                                                    Ln: 1  Col: 0
```

图 1-11　利用 IDLE 中的 Debug 功能定位错误行

在调试程序的时候，我们更想看到程序执行过程中各个变量是如何变化的，每条语句的执行结果是否符合我们的预期。在 IDLE 中，可以选择在 Debug 模式下运行程序，这样我们就可以看到这些信息。如何打开 Debug 模式呢？在 IDLE Shell 窗口中，单击 Debug→Debugger 即可完成，这时 IDLE Shell 窗口中会有“[DEBUG ON]”的信息提示，并弹出 Debug Control 窗口。这时再运行 boundary_debug.py 程序，程序运行时的信息就会在 Debug Control 窗口中显示出来。

在 Debug 模式下，程序是从头开始执行的，Debug Control 提供了不同的动作来控制程序的后续执行，用 5 个按钮 Go、Step、Over、Out 和 Quit 来控制，其对应的含义分别是：运行到断点、进入函数、单步执行、跳出函数和停止调试。在调试过程中，可以根据需要选用不同的动作。如果想要使用运行到断点的方式，需要在程序中事先设置断点。断点的设置很简单，打开程序文件，在想要设为断点的行单击鼠标右键，选择 Set Breakpoint 即可。图 1-12 展示了单步执行 boundary_debug.py 至打印完列表中的第 2 个元素时，程序的执行结果和各变量的值。

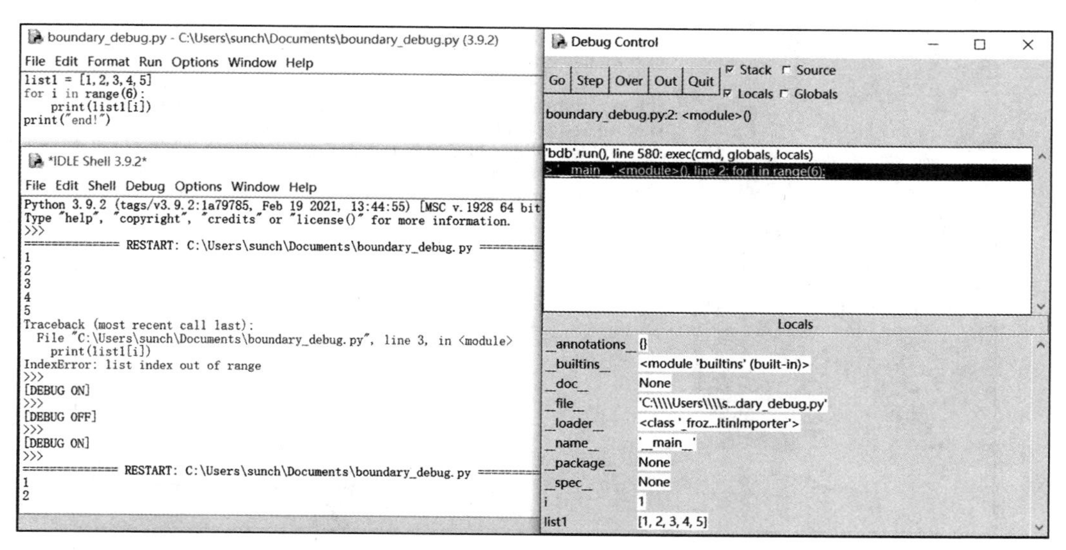

图 1-12　在 IDLE 的 Debug 模式下运行 boundary_debug.py 程序

IDLE 提供了丰富的帮助文档，以帮助用户了解更多 IDLE 的使用方法和 Python 的编程知识，这些文档可以通过单击 IDLE 菜单栏的 help 菜单来获取。

1.2.2 PyCharm 的使用和调试方法

PyCharm 是目前非常流行的 IDE 之一，它是 JetBrains（https://www.jetbrains.com/）公司开发的。虽然 JetBrains 2000 年才成立，但是已经开发出了多个针对不同语言的流行 IDE，如 IntelliJ IDEA、PyCharm 和 GoLand 等。PyCharm 包含专业版（Professional）和社区版（Community）。专业版需付费使用，社区版免费，二者的主要差别在于 IDE 提供功能的丰富性，专业版提供了更多对利用 Python 进行科学计算和 Web 开发的支持。对于 Python 的初学者，社区版即可满足要求。PyCharm 安装包的下载网址是 https://www.jetbrains.com/pycharm/download/，请针对你的操作系统，选择正确的安装包下载并安装。PyCharm 提供了非常丰富的学习资源，感兴趣的读者可以通过 https://www.jetbrains.com/pycharm/learn/ 进行了解。

本节将先介绍如何在 Windows 10 下安装 PyCharm 社区版，然后展示如何利用 PyCharm 社区版开发和调试 Python 程序。

1. 安装 PyCharm

PyCharm 的版本一直在不断更新，本小节以 pycharm-community-2020.3.3 版本为例展示 PyCharm 在 Windows 10 下的安装过程。双击下载的 PyCharm 安装包后，会出现如图 1-13 所示的安装初始界面。点击 Next 之后，会出现两个安装设置的窗口，其中一个如图 1-14 所示。如果采用默认的安装方式，可以一直点击 Next 进行安装。设置完成后，安装过程如图 1-15 所示，安装成功的界面如图 1-16 所示。

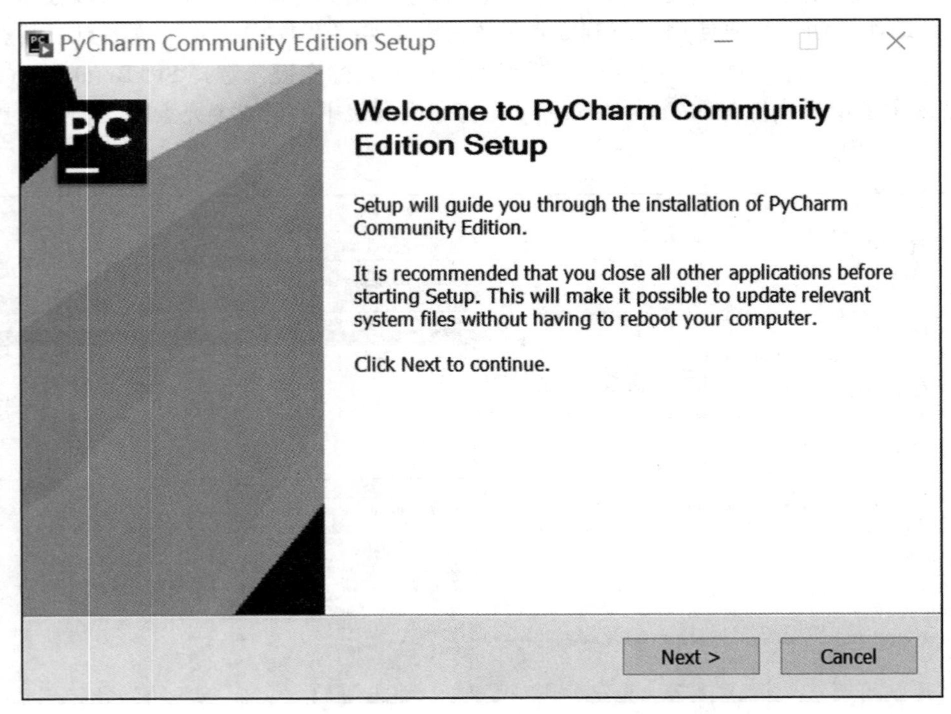

图 1-13　PyCharm 的安装初始界面

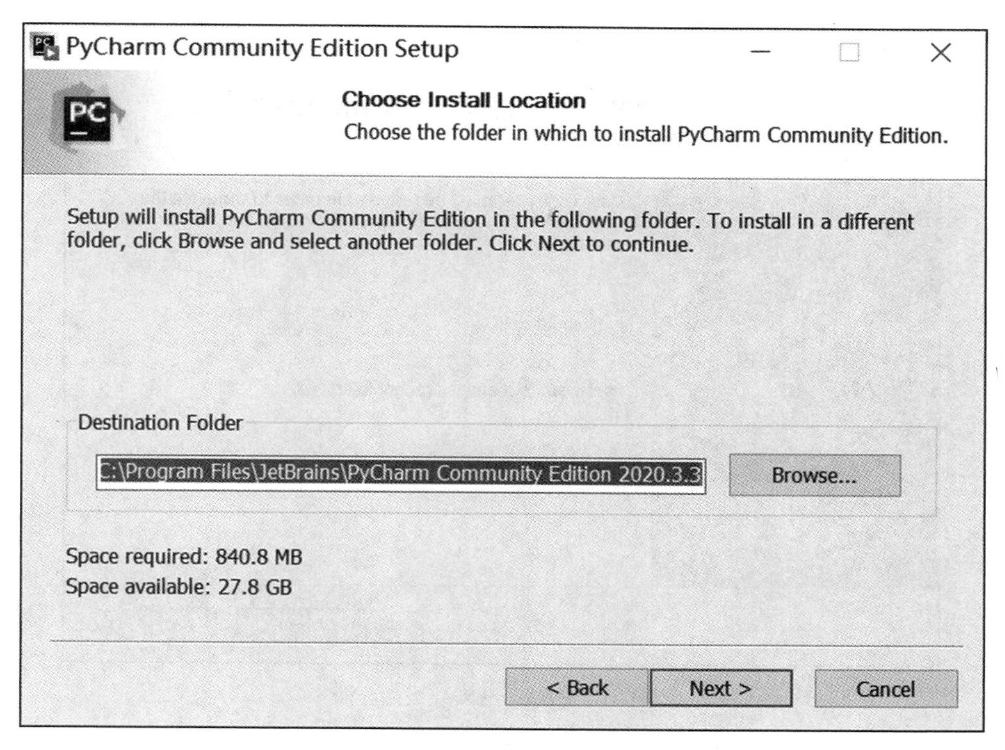

图 1-14　PyCharm 的安装目录选择

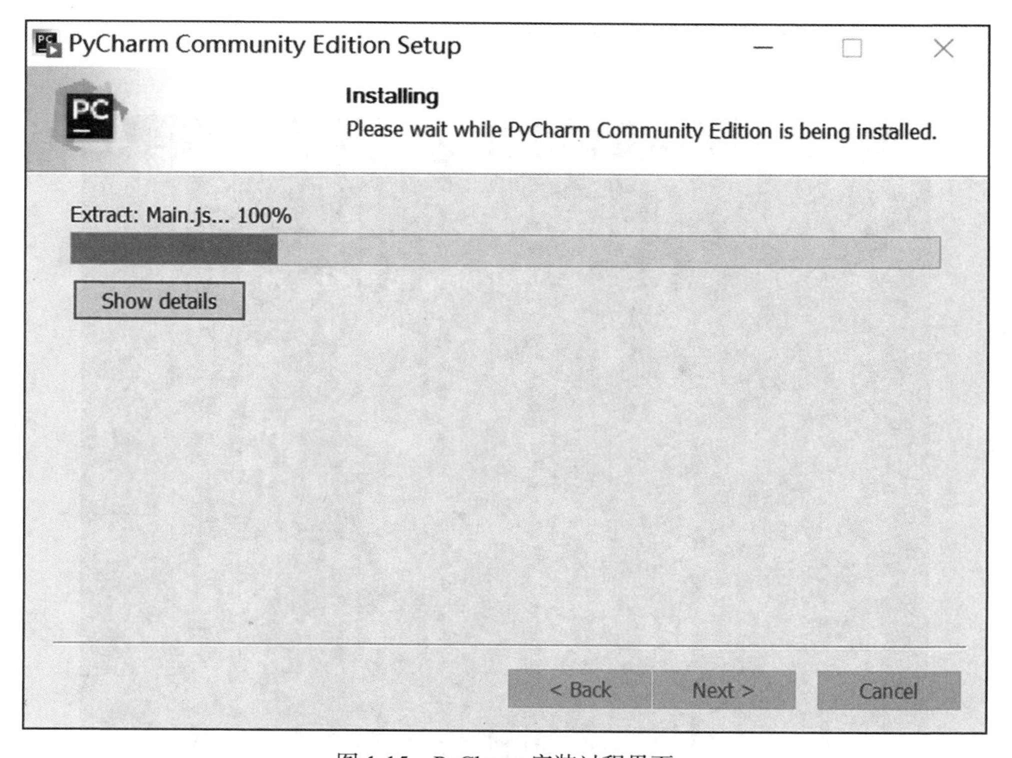

图 1-15　PyCharm 安装过程界面

图 1-16　PyCharm 安装成功界面

2. 利用 PyCharm 编写和运行 Python 程序

在 PyCharm 中，以项目（project）为管理单位，一个项目可以包括多个文件（file）。以下我们创建一个名为 MyFirstPyCharmProject 的项目。

第一步：启动 PyCharm，首次启动的界面如图 1-17 所示。

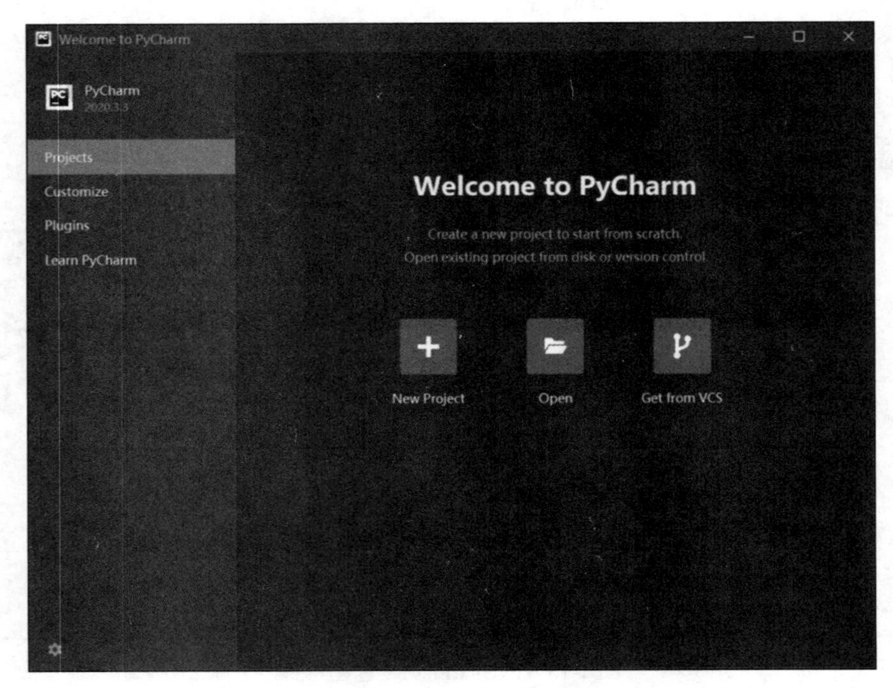

图 1-17　PyCharm 启动界面

第二步：在图 1-17 所示的界面中，点击“New Project”，开始创建一个新的项目。在弹出的窗口中，选择项目保存路径，并设置项目名称。如图 1-18 所示，方框中的项目名称“MyFirstPyCharmProject”是自己输入的，路径采用的是默认路径。设置完成后，单击图 1-18 中的 Create 按钮，即可进行项目的创建。

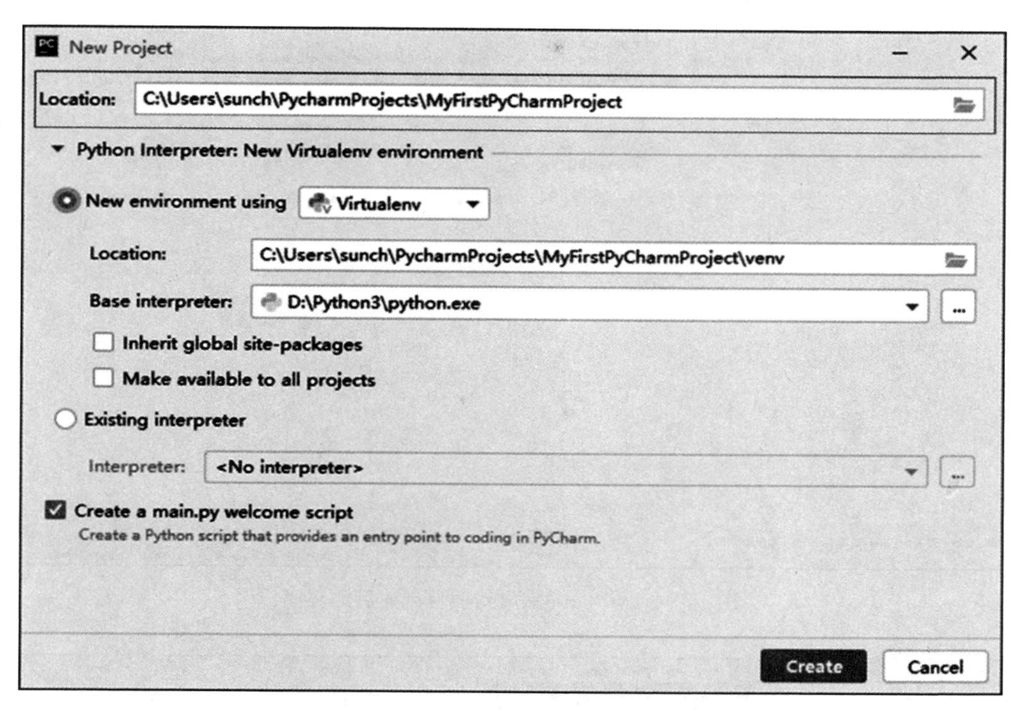

图 1-18　使用 PyCharm 建立新项目设置界面

项目创建成功后，会出现图 1-19 所示的窗口。图 1-19 左侧的目录树展示了项目包含的文件和资源，项目现在只有一个系统自动生成的名为 main.py 的文件，图 1-19 右侧显示的是 main.py 的内容。项目之所以会自动生成 main.py 文件，是因为我们在图 1-18 中选择了“Create a main.py welcome script”复选框。现在，先让我们看看如何利用 PyCharm 运行 main.py。

在 PyCharm 中运行程序非常方便，单击窗口的菜单栏上的 Run → Run 'main' 即可，如图 1-20 所示。因为项目里可能会存在多个可以运行的程序文件，所以在运行时需要指明要运行的文件。

PyCharm 自动生成的 main.py 的运行结果“Hi, PyCharm”显示在图 1-21 下半部分的方框中。前面我们提到，PyCharm 是以项目为管理单位的，一个项目可以包含多个文件。那么，如何在当前项目中创建新的 Python 源文件呢？我们可以通过在项目名称上单击鼠标右键，然后在弹出的菜单中选择 New → Python File 来启动创建流程，如图 1-22 所示。

单击 Python File 后，会弹出一个窗口，提示我们输入想要创建的文件名称，这里我们输入 sort，如图 1-23 所示。创建成功后，可以在左侧的项目文件列表里看到创建好的 sort.py 文件，如图 1-24 所示。

目前 sort.py 文件是空的，我们可以在右侧的编辑窗口里编写 sort.py 文件对应的代码。

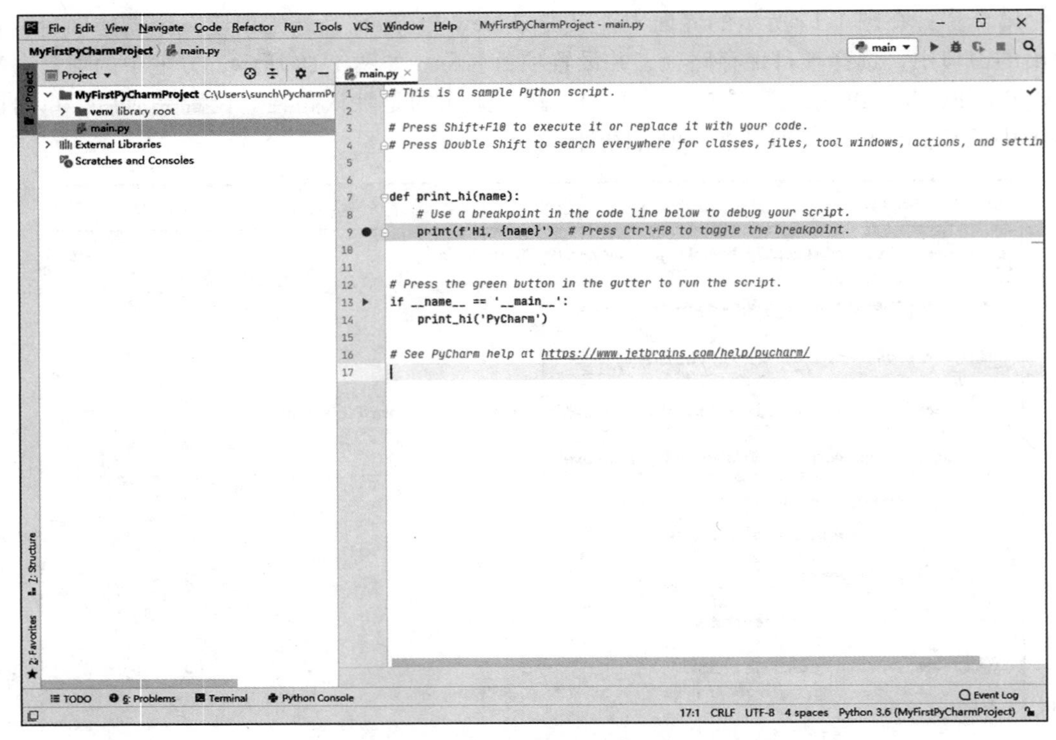

图 1-19　PyCharm 完成新项目创建后的界面

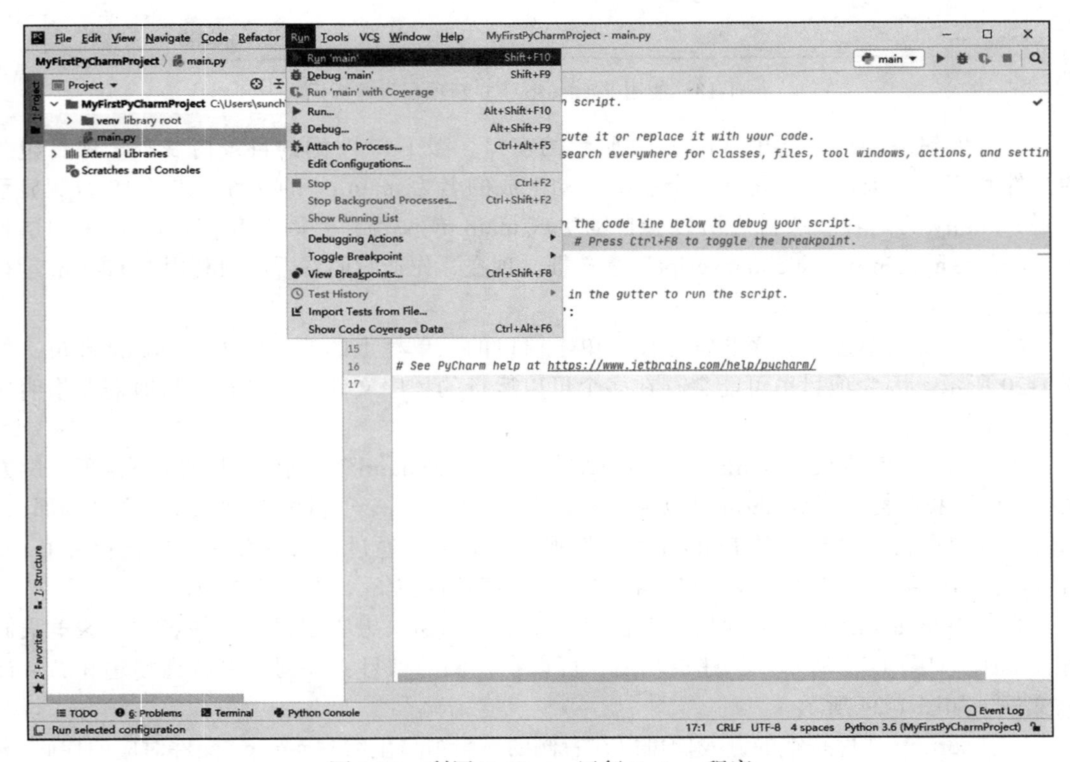

图 1-20　利用 PyCharm 运行 Python 程序

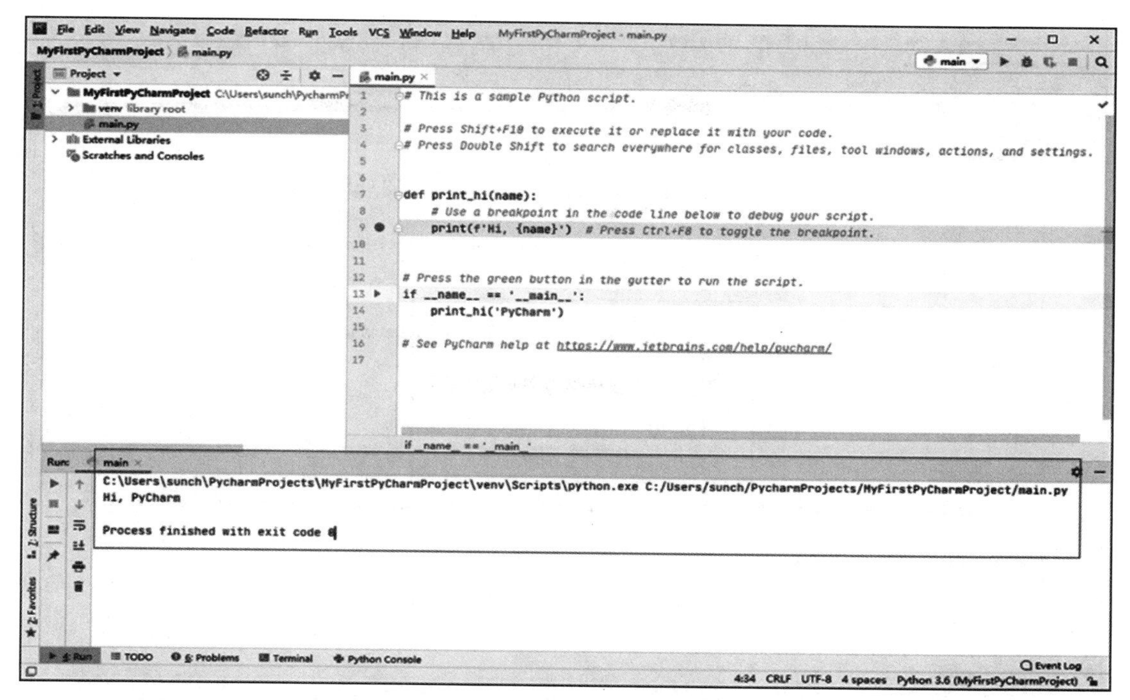

图 1-21　自动生成的 main.py 的运行结果

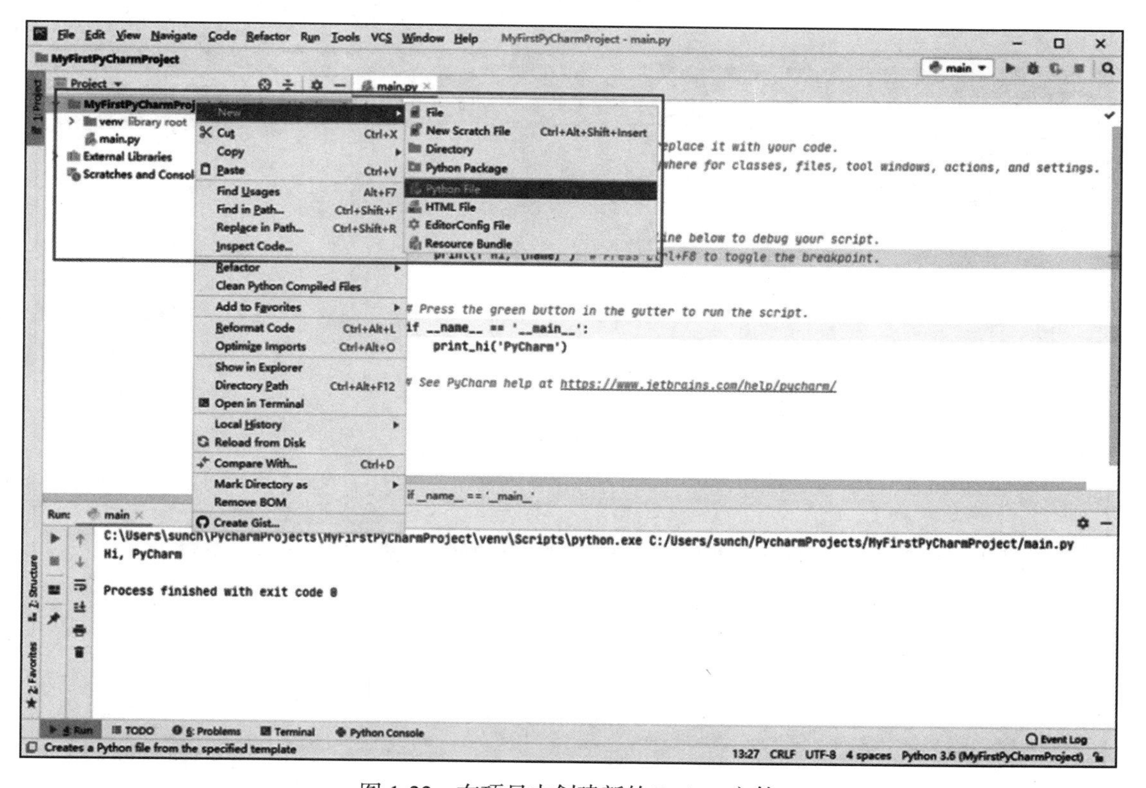

图 1-22　在项目中创建新的 Python 文件

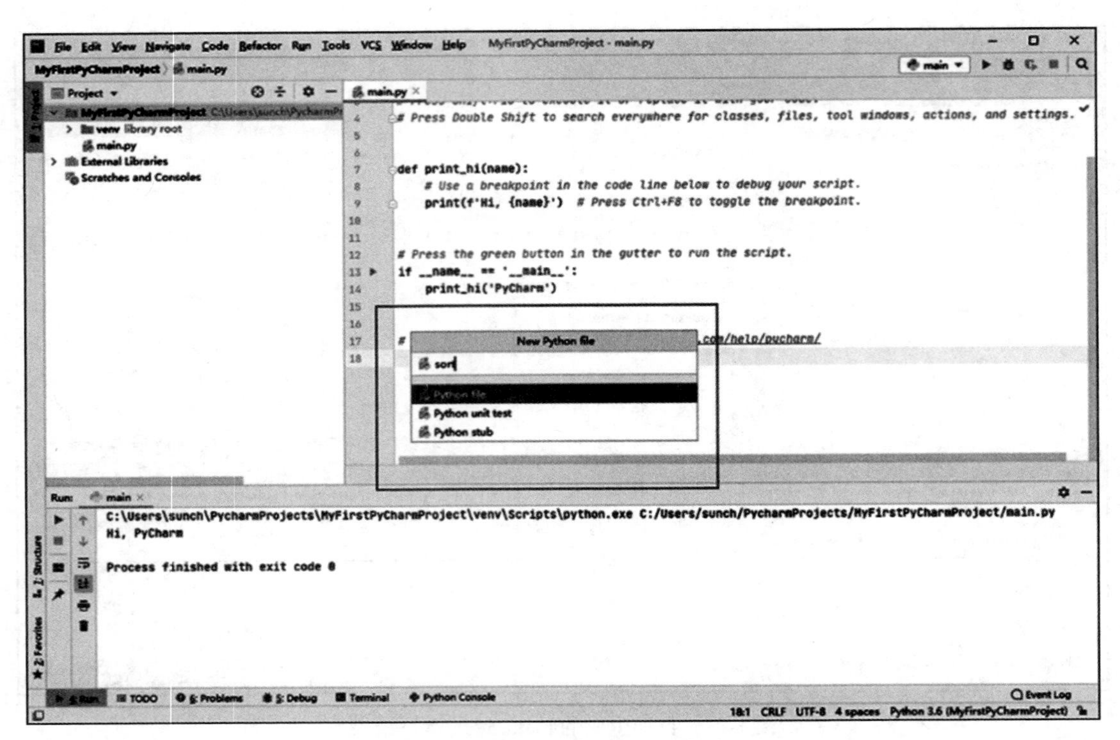

图 1-23　输入新建文件的文件名

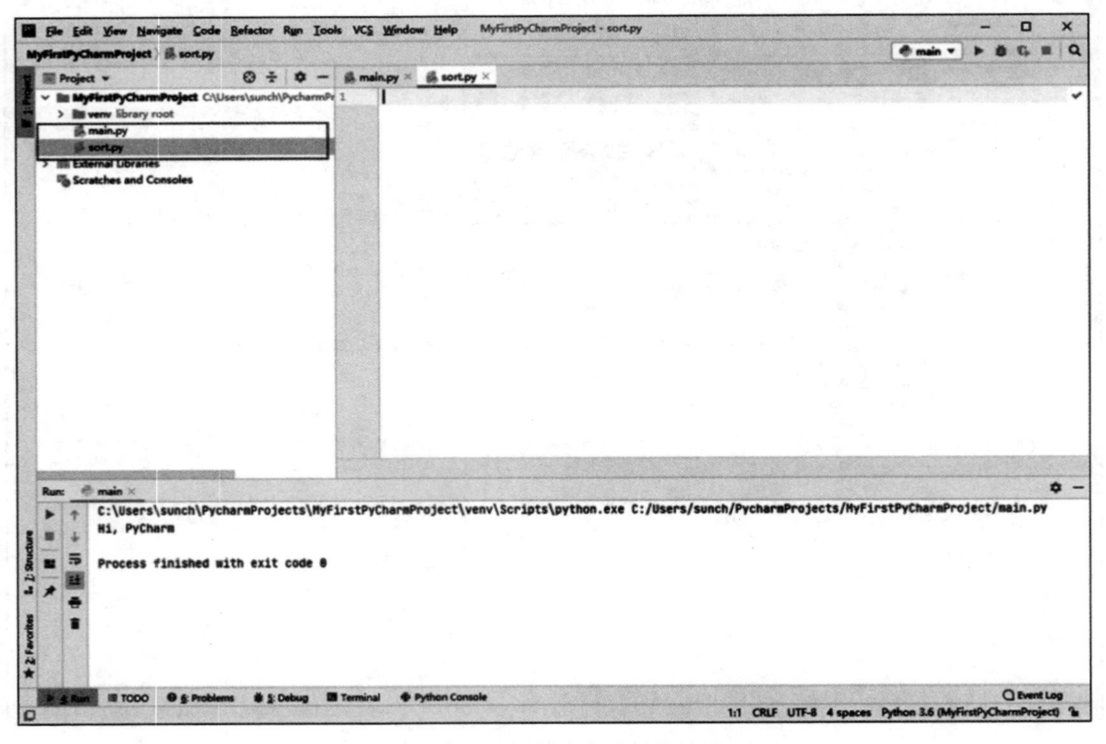

图 1-24　文件创建成功后的界面

如果我们想在 sort.py 文件中实现冒泡排序（bubble sort）算法，可以输入如下的代码，输入完成后的结果如图 1-25 所示。如果你对冒泡排序算法还不理解，可以不用关注算法的实现细节，因为本章主要讲解的是 Python 集成开发环境的使用。

```
def bubble_sort(input_list):
    size = len(input_list)
    for i in range(size-1):
        for j in range(size-1-i):
            if input_list[j]<input_list[j+1]:
                input_list[j+1],input_list[j] = input_list[j], input_list[j+1]
        print(input_list)
    return input_list
```

图 1-25　在 sort.py 里实现冒泡排序函数

一个项目通常会包含多个文件，每个文件可以完成项目需要的部分功能，这种管理方式便于分工协作。那么，如何在一个文件里利用其他文件里的程序呢？我们以在 main.py 中调用 sort.py 中的程序为例，展示这一功能。

在 main.py 中调用 sort.py 文件中的 bubble_sort 函数需要两个步骤。

1）在 main.py 的开始部分使用 import 语句导入 sort.py，具体语句为：

```
import sort
```

2）在主函数中加入以下两行代码：

```
mylist = [79, 16, 70, 11, 2, 40, 9, 20]
sort.bubble_sort(mylist)
```

修改后的 main.py 的内容如图 1-26 所示。我们再次运行 main.py，其执行结果如图 1-27 所示。

3. 利用 PyCharm 调试 Python 程序

相比于 IDLE，PyCharm 的调试功能更加丰富和易用，这也是 PyCharm 受开发者欢迎的主要原因之一。在编程实践中，最常用到的调试方式是断点调试。在 PyCharm 中，设置断点非常方便，只需要单击程序中对应行的左侧就可以了。断点设置成功后，会在点击位置出现一个红色圆点，单击红色圆点，即可取消断点。图 1-28 展示了在 sort.py 文件中的第 6 行设置了一个断点。

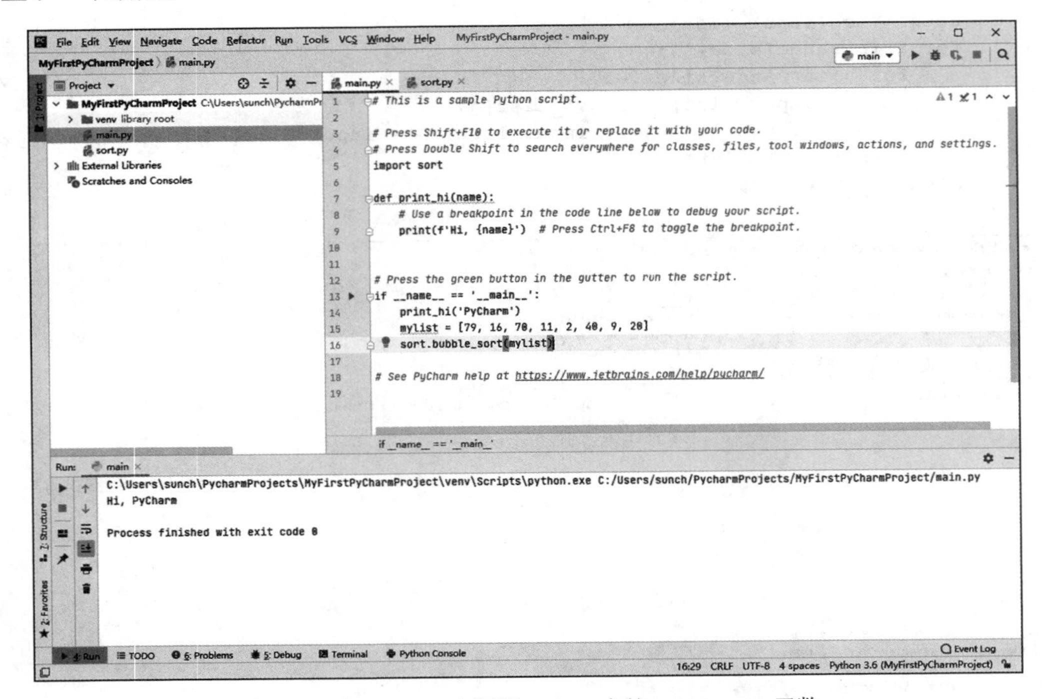

图 1-26　在 main.py 中调用 sort.py 中的 bubble_sort 函数

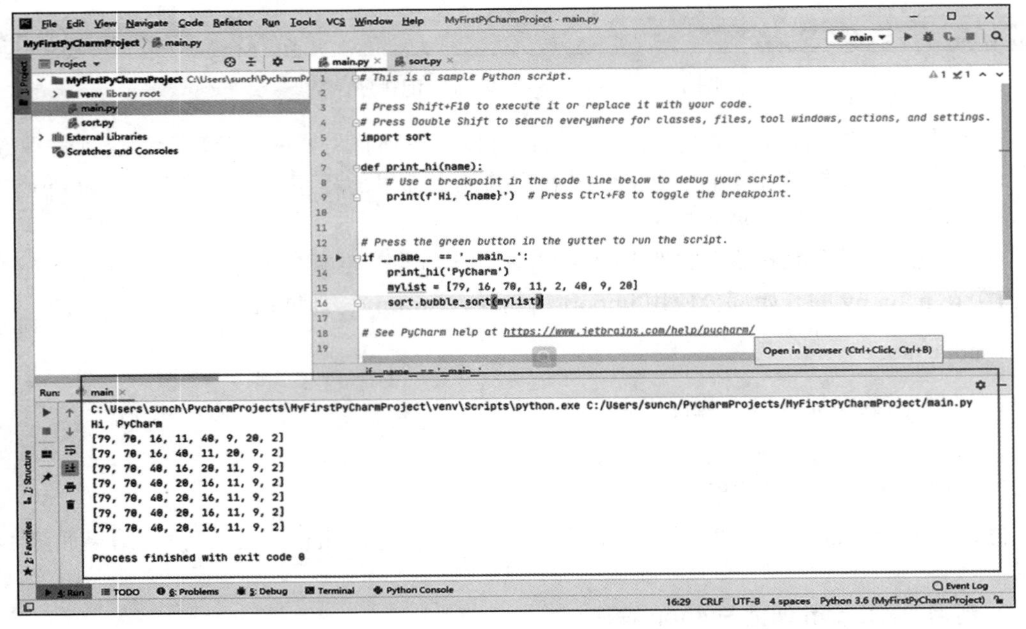

图 1-27　在 main.py 中调用 sort.py 中的 bubble_sort 函数的运行结果

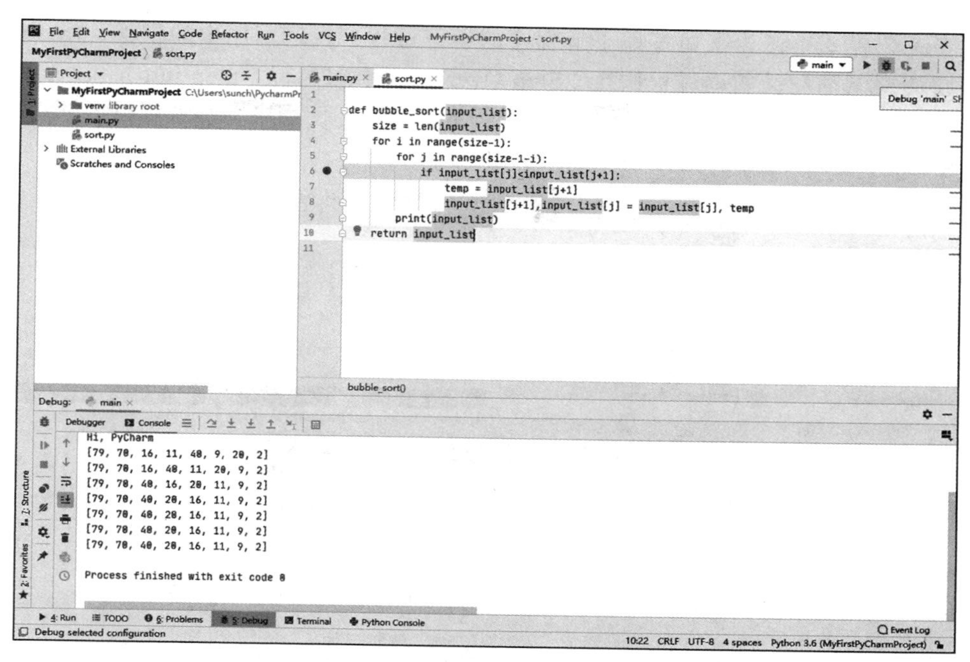

图 1-28 在 PyCharm 中设置断点

如何在 PyCharm 中启动调试功能呢？可以通过单击菜单栏中的 Run → Debug('main') 来实现（这里的 main 指的是你要以 Debug 模式运行的程序的文件名）。在 Debug 模式下，程序会自动运行到断点所在的行，同时在 PyCharm 窗口的下半部分会出现标题为“Debugger”的标签页，显示当前运行程序的状态，如各个变量的值。图 1-29 展示了在 Debug 模式下，程序运行到我们之前设置的断点时 PyCharm 显示的信息。

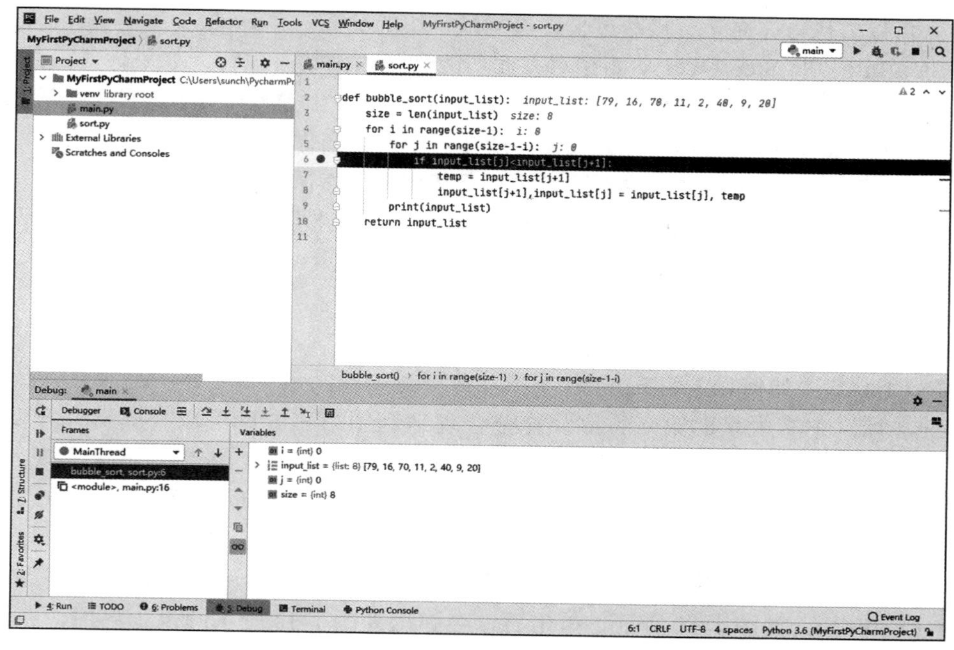

图 1-29 在 PyCharm 中进行调试时的界面

在 Debug 模式下，为了更好地了解程序的运行过程，发现程序中的错误，PyCharm 提供了丰富的调试动作，如逐过程执行（Step Over）、逐语句执行（Step into）和运行到光标（Run to Cursor）等，如图 1-30 方框中的内容所示。在实际使用中，读者可以根据需要选择合适的动作。下面给出几个常用调试动作的说明。

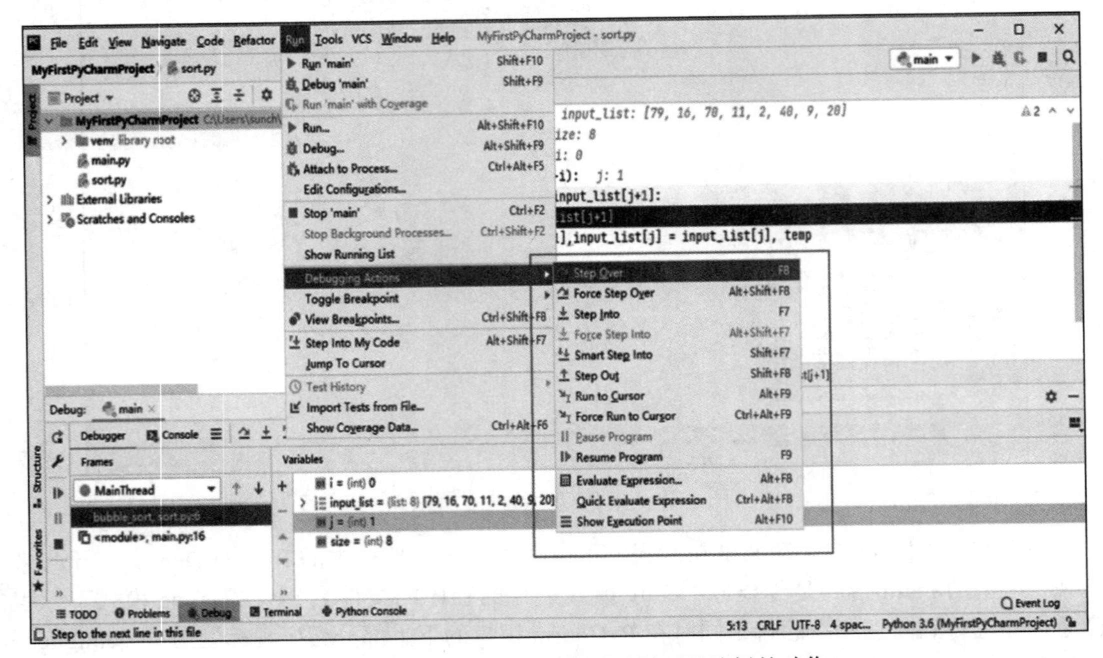

图 1-30　在 PyCharm 中进行调试时可以选择的动作

- Step Over：执行一行代码，然后在下一行中断，即使本行含有函数调用，也不会进入函数去执行，而是直接跨过去，这是最常用的功能。
- Step Into：与 Step Over 功能相对，此功能会跳入函数去执行，如果你对函数中的程序感兴趣，就使用此功能。
- Run to Cursor：执行程序并且在光标所在行中断，当你不想设置断点却又想在某处中断时，可以将光标移动到想要中断的那行代码上，然后使用此功能。
- Resume Program：程序中断在某个断点处，点击该按钮后，程序会继续执行，直到遇到下一个断点或程序执行结束。
- Step Out：跳出正在执行的函数。

如果想要结束本次调试，可以单击菜单 Run → Stop。

4. PyCharm 中如何导入第三方库

Python 社区中有大量的第三方库，充分合理地利用第三方库可以有效提升开发效率。比如，如果我们想在某个项目中提供词云展示功能，就可以用 wordcloud 库来实现。那么，如果想在 PyCharm 中导入第三方库呢？下面我们以导入 wordcloud 为例来展示导入第三方库的过程。

首先在 PyCharm 中新建一个名为 wordclouddemo 的项目。然后在 PyCharm 主界面中单击 File → Settings，如图 1-31 所示。单击后，会弹出如图 1-32 所示的设置界面，在界面中单击 Python Interpreter，将弹出如图 1-33 所示的窗口。单击图 1-33 方框中的“+”号，即可进入如图 1-34 所示的添加第三方库的窗口。

在图 1-34 所示窗口上方的搜索框里输入“wordcloud”，窗口左侧会列出搜索结果，选中我们需要的“wordcloud”库，右侧会列出对选中的库的说明。确认无误后，可以单击窗口下方的 Install Package 按钮，启动安装过程。

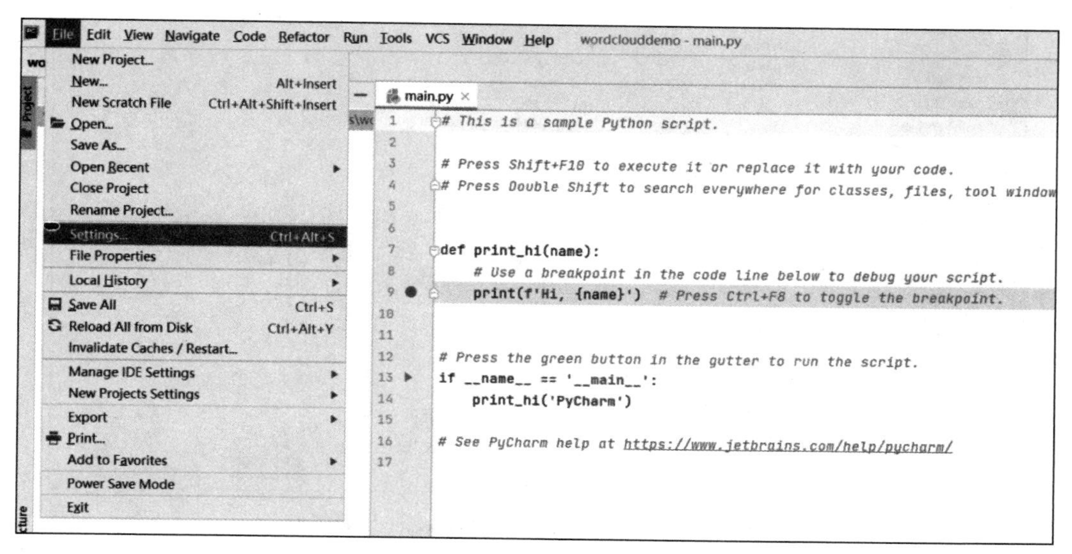

图 1-31　在 PyCharm 主界面中单击 File → Settings

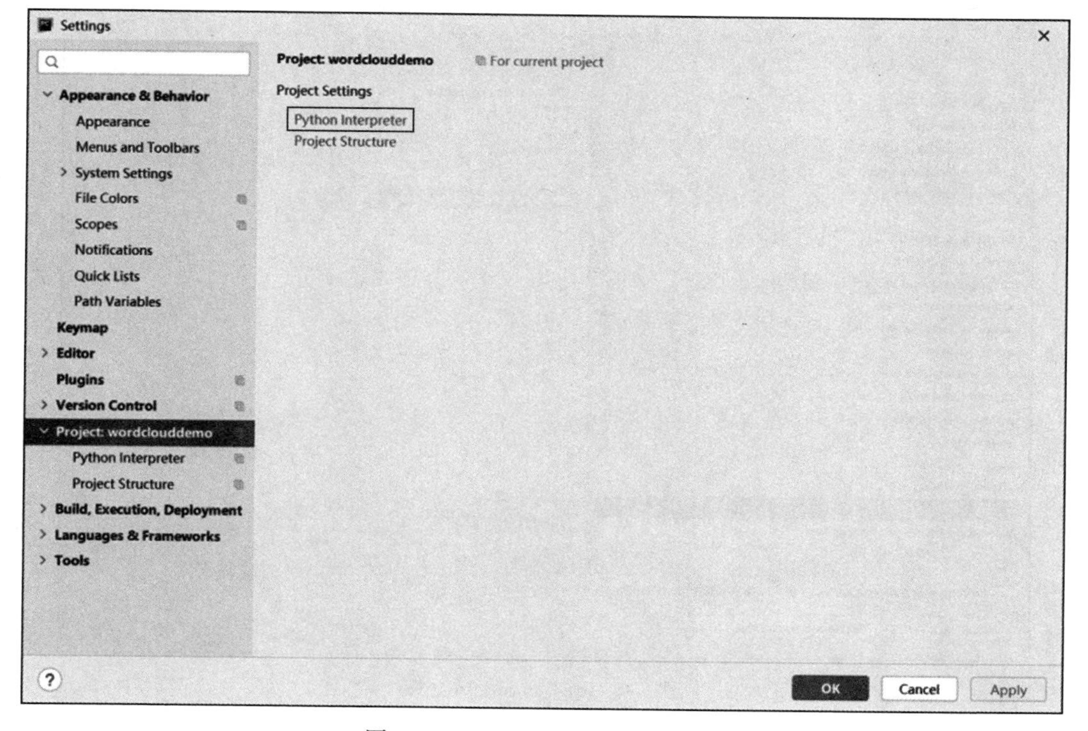

图 1-32　PyCharm 的 Settings 界面

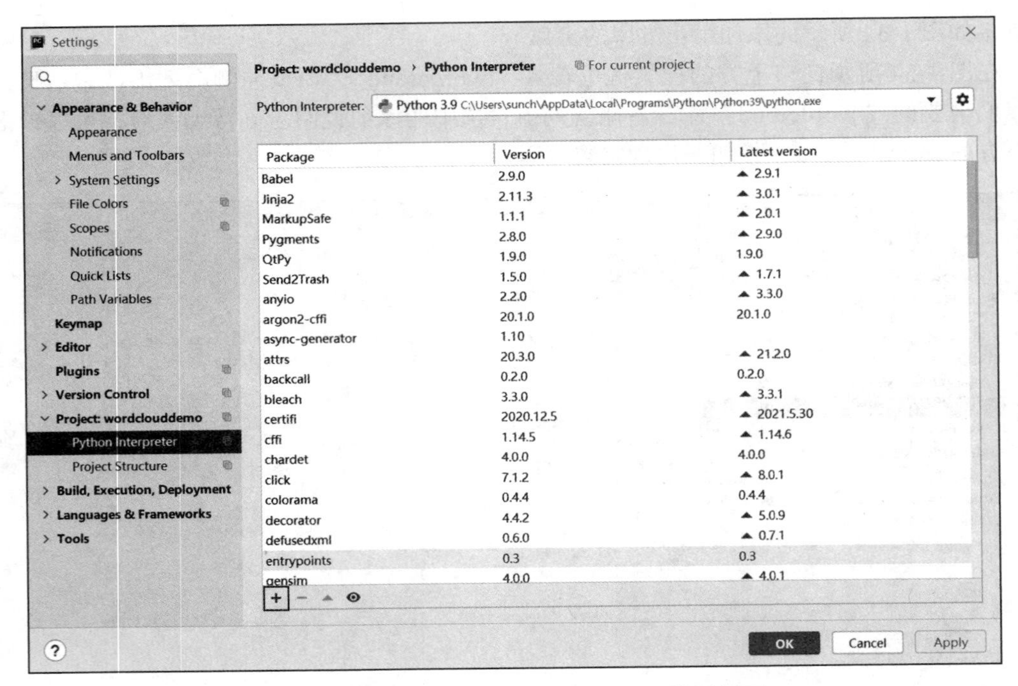

图 1-33 PyCharm 的 Python Interpreter 设置界面

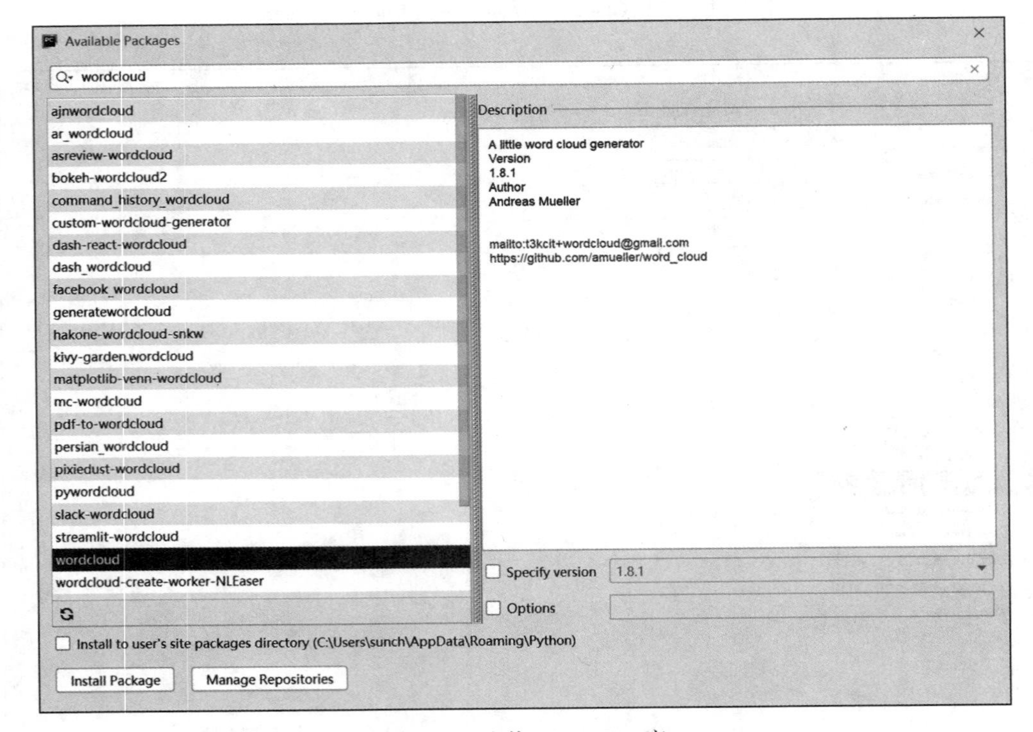

图 1-34 查找 wordcloud 库

安装成功后，会给出提示信息，如图 1-35 所示。默认的安装路径是 Python 安装目录下的 ..\Lib\site-packages。安装成功后，会在 site-packages 目录下产生一个 wordcloud 文件夹。

安装成功后，如何使用 wordcloud 库呢？答案很简单，只需要在程序中使用 import 语句导入 wordcloud 库即可。图 1-36 展示了在 wordclouddemo 项目中使用 wordcloud 库的程序，该程序的第 4 行导入了 wordcloud 库。这个例程的运行结果如图 1-37 所示。关于 wordcloud 库的详细介绍和使用说明可以参考 https://amueller.github.io/word_cloud/index.html。

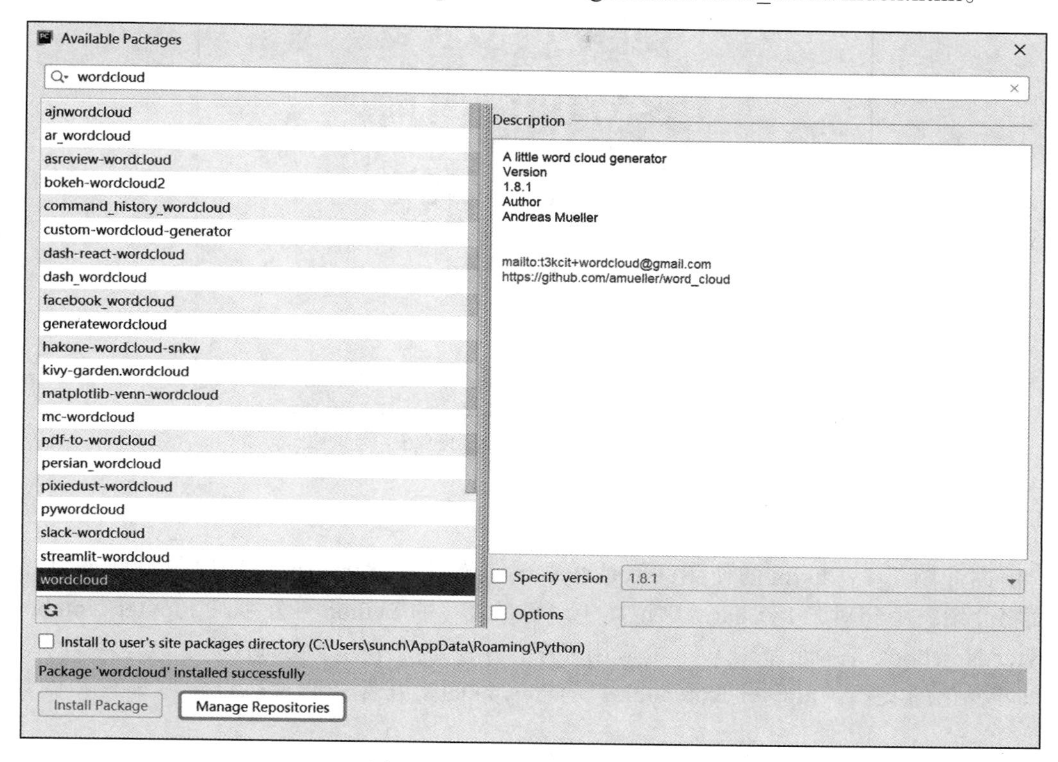

图 1-35　wordcloud 库安装成功

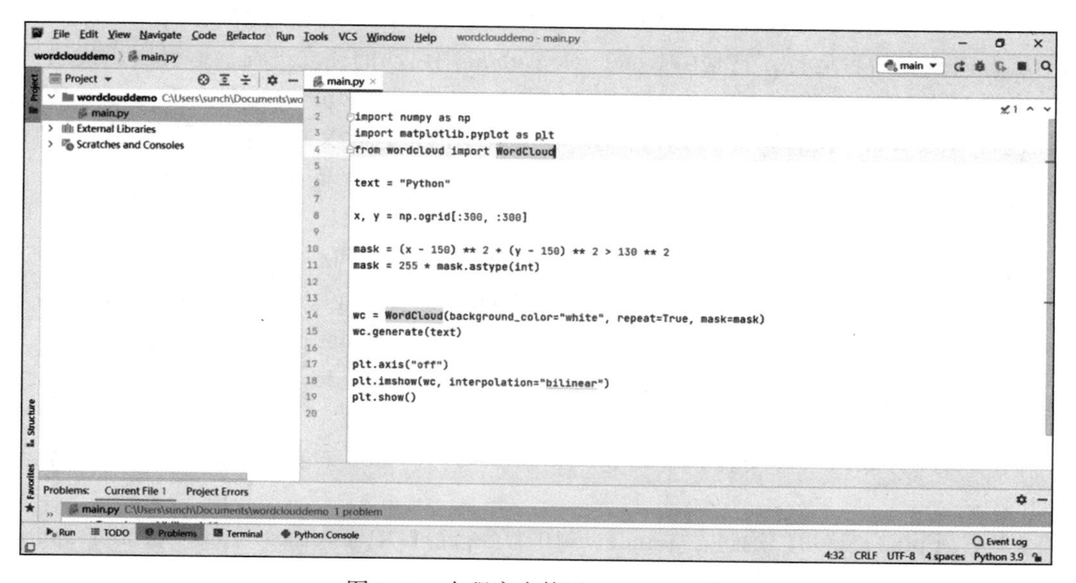

图 1-36　在程序中使用 wordcloud 库

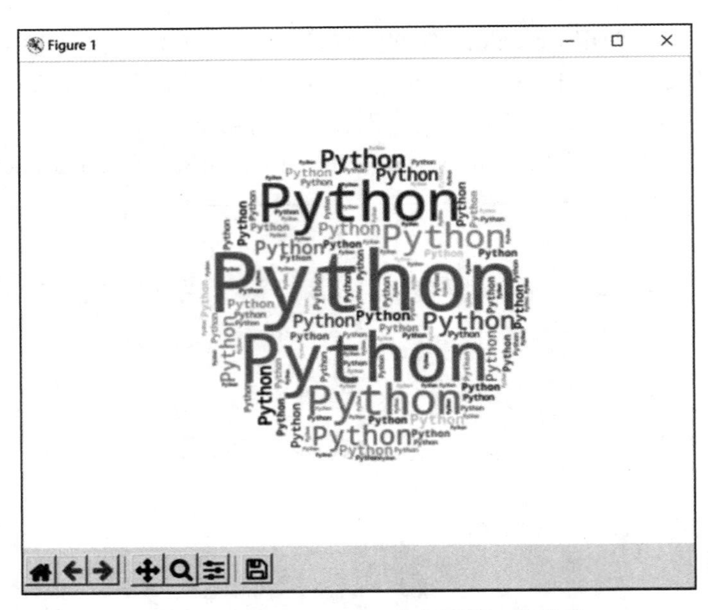

图 1-37　使用 wordcloud 库例程的运行结果

1.2.3　Jupyter Notebook 的使用和调试方法

前面介绍了 PyCharm 的使用，但是 PyCharm 对于初学者来说可能属于重量级的 IDE，下面将介绍一个相对于 PyCharm 来说属于“轻量级”的 Python 开发工具 Jupyter Notebook。Jupyter Notebook 是一个基于 Web 的应用程序，用于编写结合了实时代码、叙述性文本、等式和可视化的文档。Jupyter Notebook 具有非常好的交互性，非常适合学习编程和做数据分析。

Jupyter Notebook 包含 3 个组成部分：Notebook Web 应用、内核和 Notebook 文档。Notebook Web 应用提供了用户编程和使用各种功能的界面，可以理解成 Jupyter Notebook 的前端；内核在后台运行，它是由 Notebook Web 应用启动的独立进程，运行用户代码，并将输出返回给 Notebook Web 应用，可以理解成 Jupyter Notebook 的后端；Notebook 文档是一种包含 Notebook Web 应用中所有可见内容的表示的自包含文档，包括程序、执行结果、叙述性文本、方程、图像和对象的富媒体表示，每个 Notebook 文档都有自己的内核。

1. 安装 Jupyter Notebook

Jupyter Notebook 的安装可以采用两种方式：命令行安装和利用 Anaconda 安装。

利用 Anaconda 安装比较简单，只需下载 Anaconda 安装包，然后双击就可以安装了。关于 Anaconda 的更多信息，可以参考 https://www.anaconda.com/products/individual。

在采用命令行安装方式时，需要 3 个步骤，我们仍以 Windows 10 操作系统为例展示安装过程。

1）安装 Python（推荐安装 Python 3.6 以上版本）。Python 的安装可以参考 IDLE 部分相关的内容。

2）更新 pip3，这可以通过在 Windows 10 命令行窗口中输入命令“pip3 install --upgrade pip”来实现。

3）在命令行窗口中，输入“pip3 install jupyter”进行 Jupyter Notebook 的安装，安装

结束后会有提示信息。图 1-38 展示了安装启动后的部分安装过程。

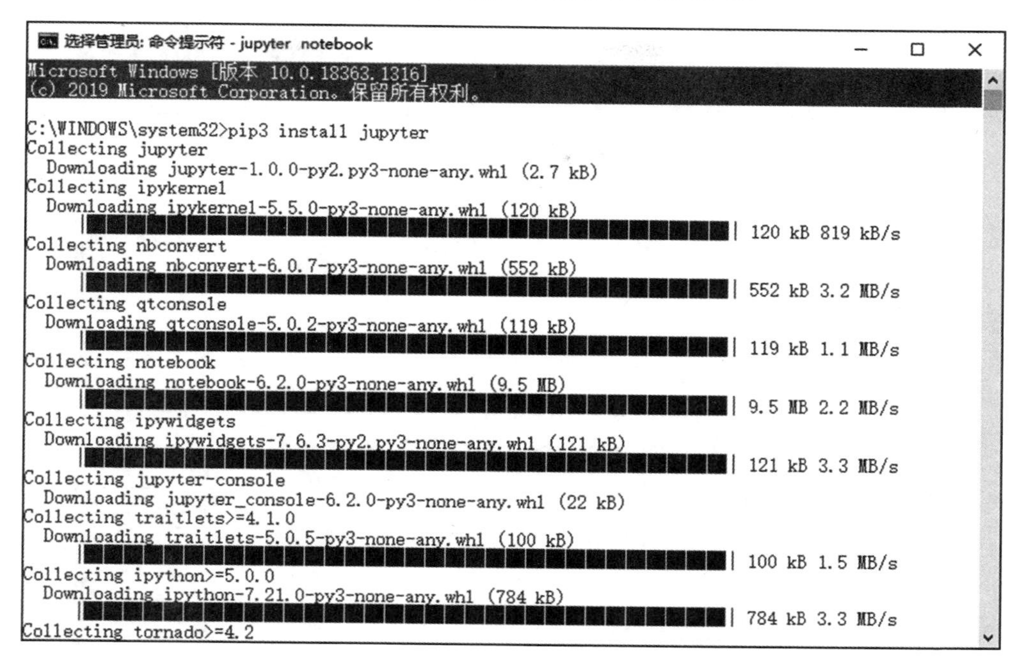

图 1-38 使用命令行安装 Jupyter Notebook

Jupyter Notebook 安装成功后，可以通过在命令行窗口中输入“jupyter notebook”命令启动 Jupyter Notebook 的后台服务，如图 1-39 所示。

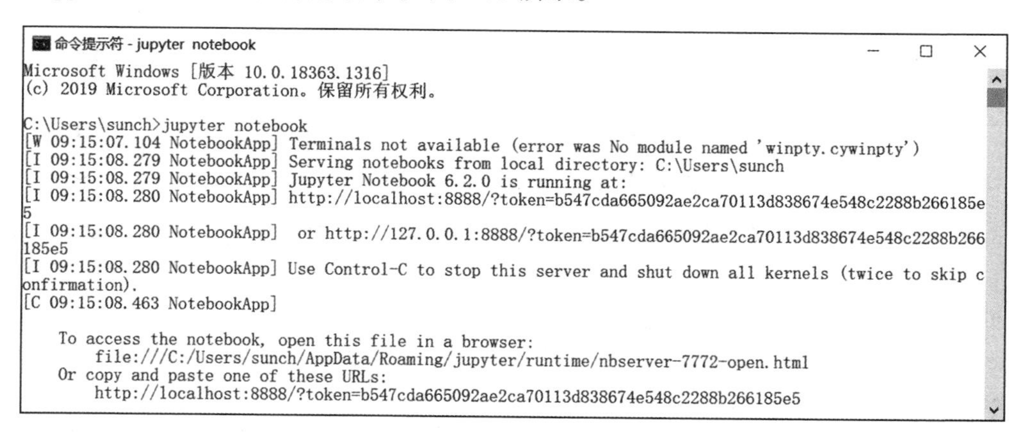

图 1-39 启动 Jupyter Notebook 后台服务

服务启动成功后，会在浏览器中出现图 1-40 所示的 Jupyter Notebook 的 Web 界面。点击界面右上角的 New，我们就可以创建 Python 程序。在使用 Jupyter Notebook 的过程中，后台服务不能关闭。

2. 利用 Jupyter Notebook 编写和运行 Python 程序

利用 Jupyter Notebook 编写程序的第一步仍然是新建一个文件。单击图 1-41 右上角的 New 按钮，然后选择 Python 3，就可以创建一个新的 Python 文件。文件创建成功后的界面如图 1-42 所示。

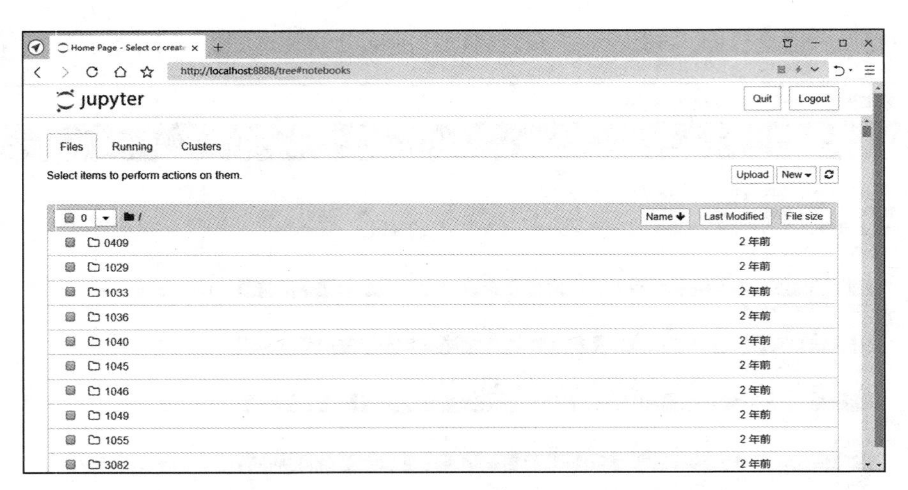

图 1-40 Jupyter Notebook 启动后弹出的 Web 界面

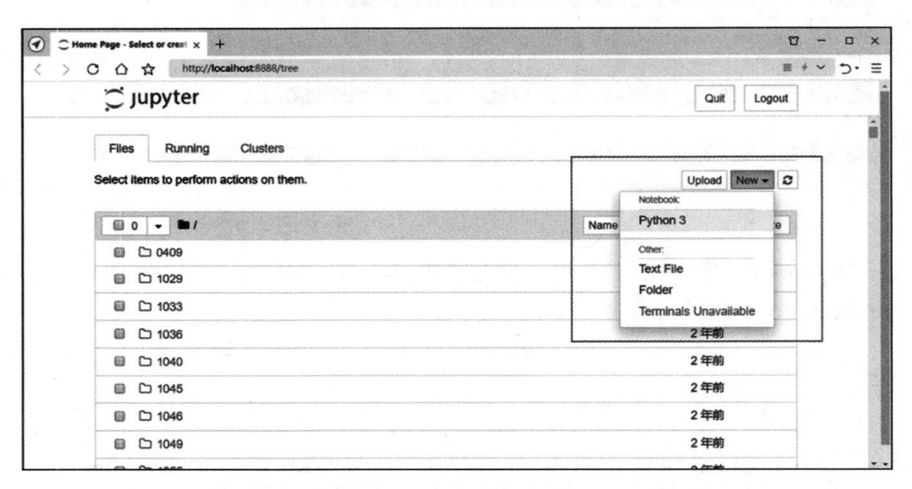

图 1-41 利用 Jupyter Notebook 新建 Python 文件

可以在图 1-42 中的单元里编写 Python 代码。在图 1-43 中，我们在第一个单元中输入了一行 Python 语句“print("Hello World!")”，单击图 1-43 方框中的“运行”按钮就可以运行我们输入的代码，并在代码对应的单元下显示运行结果，如图 1-44 所示。可以看到，在 Jupyter Notebook 中代码的编写、运行非常方便，结果展示非常友好，因此我们说 Jupyter Notebook 具有很好的交互性。

一个大的程序可以划分成不同的部分，把每个部分放到一个单元中，一个单元一个单元地编写、调试和运行。在工作中采用这种方式，可以提高程序的开发效率和质量；在学习中采用这种方式，可以更好地理解每段程序，达到庖丁解牛的效果。

用 Jupyter Notebook 新建文件时，它会自动生成文件名（如图 1-42 中的“Untitled”），采用默认的文件类型“ipynb”和默认的保存路径。默认路径与系统及 Jupyter Notebook 的安装路径相关，可以通过后台服务程序的提示信息获取，如图 1-39 中的“Serving notebooks from local directory: C:\Users\sunch”表示默认的文件存储路径为“C:\Users\sunch”。如果想要更改文件名，直接单击当前的文件名，然后在弹出的窗口中输入新的文件名即可，如图 1-45 所示。

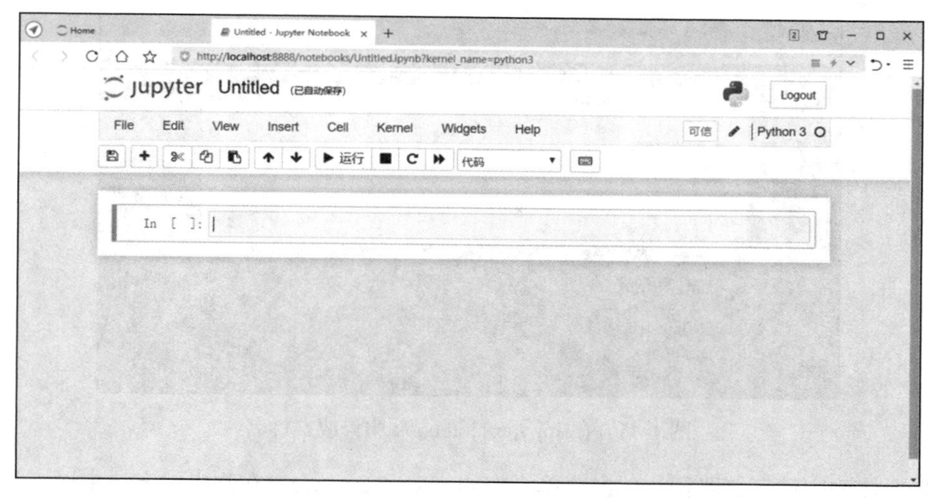

图 1-42　Jupyter Notebook 新建的 Python 文件

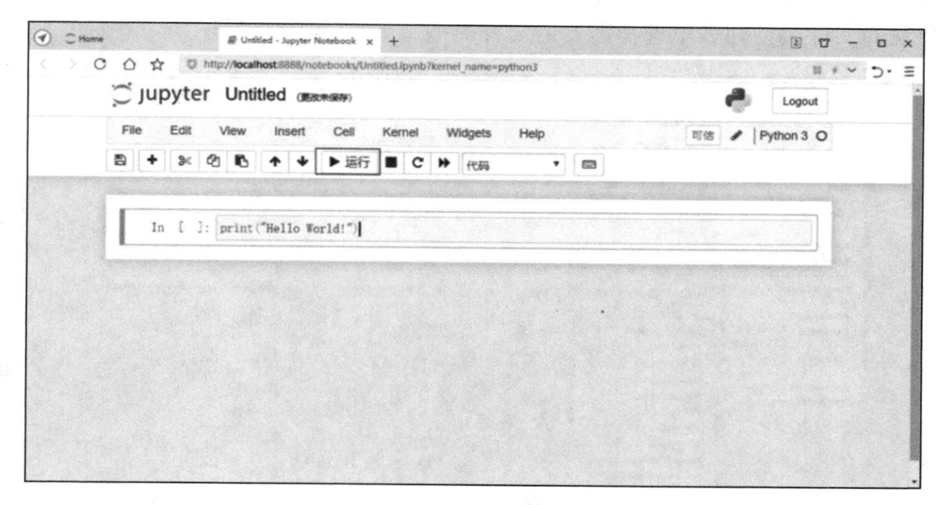

图 1-43　在 Jupyter Notebook 中编写程序

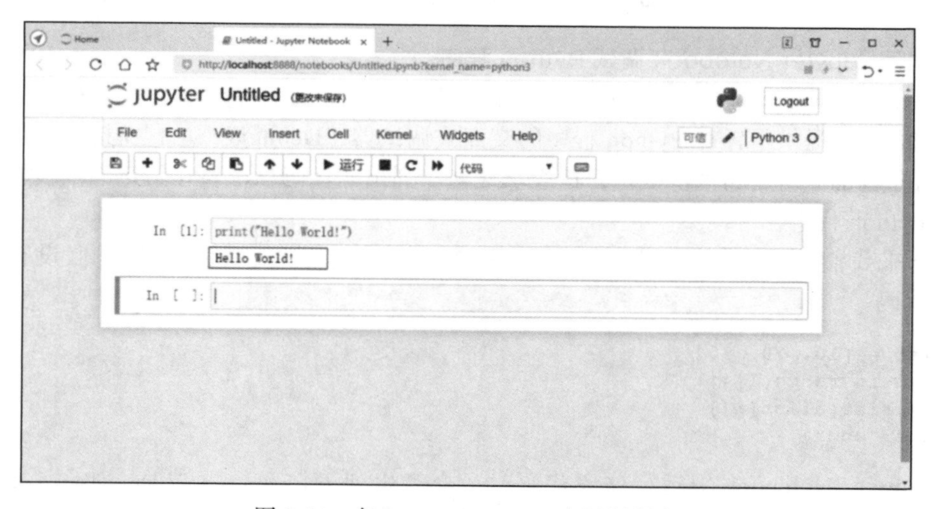

图 1-44　在 Jupyter Notebook 中运行程序

图 1-45　在 Jupyter Notebook 中修改文件名

如果要修改文件存储路径，单击菜单栏中的 File → Save as，在弹出的窗口中输入新的路径即可。如果要修改文件类型，可以在文件编辑结束后，单击菜单栏中的 File → Download as，然后在出现的文件类型列表里选择需要的文件类型，如图 1-46 所示。

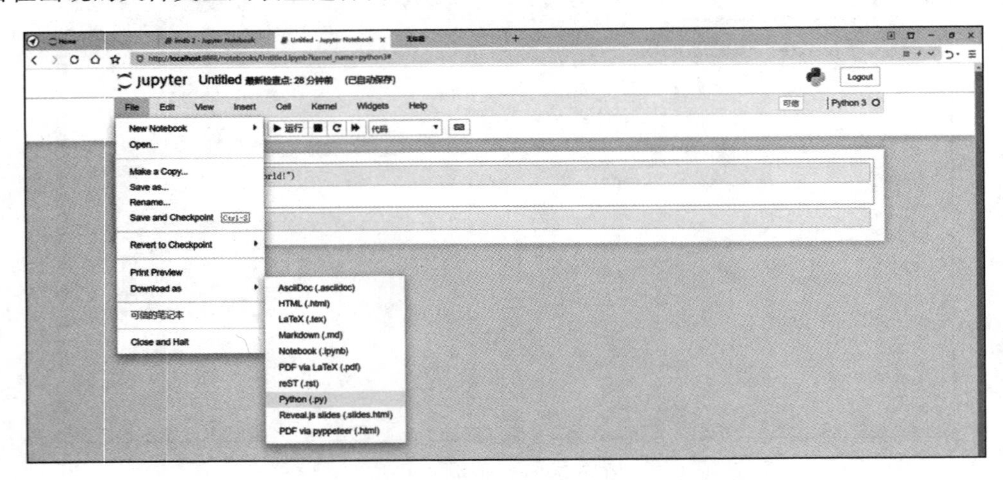

图 1-46　在 Jupyter Notebook 中选择文件类型

3. 利用 Jupyter Notebook 调试 Python 程序

Jupyter Notebook 对调试功能的支持比较简单，需要通过 Python 自带的 pdb 模块来进行调试。pdb 模块提供了针对 Python 程序的交互式调试器（Debugger）。它支持在源代码级别设置（有条件的）断点和单步执行，检查堆栈帧，列出源代码，以及在给定的堆栈帧上下文中执行 Python 代码。

接下来我们用一个例子来展示在 Jupyter Notebook 中进行调试的方法。假设有如下的 Python 代码：

```
alist = [10, 20, 30]
for i in range(1,4):
    print(alist[i])
print("end")
```

在 Jupyter Notebook 中运行这段代码时，会产生列表访问越界错误，如图 1-47 所示。如果想了解错误发生的具体原因，需要调试这段代码。

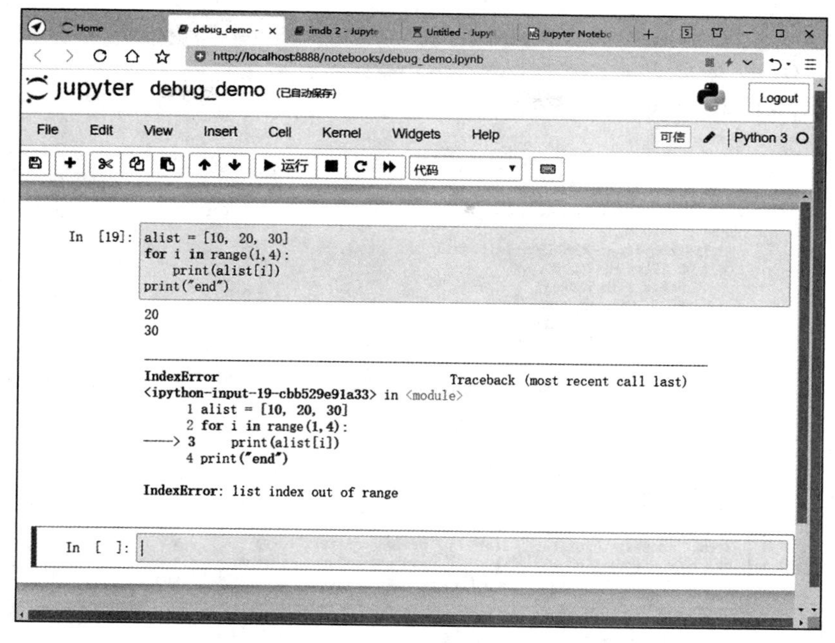

图 1-47　运行代码产生列表访问越界错误

在 Jupyter Notebook 中进行调试，首先需要导入 pdb，然后在可能有问题的语句前加入 pdb.set_trace()，这行语句的作用是在程序的运行过程中插入调试器（相当于在当前位置给程序设置了一个断点）。在图 1-48 中，pdb.set_trace() 使程序在第 5 行语句执行前中断，进入调试器。ipdb 是调试器的提示符，可以在其后的文本框内输入调试命令。pdb 模块提供了丰富的调试命令，在图 1-48 中的 ipdb 提示符后输入 h，可以列出所有的命令，如图 1-49 所示。

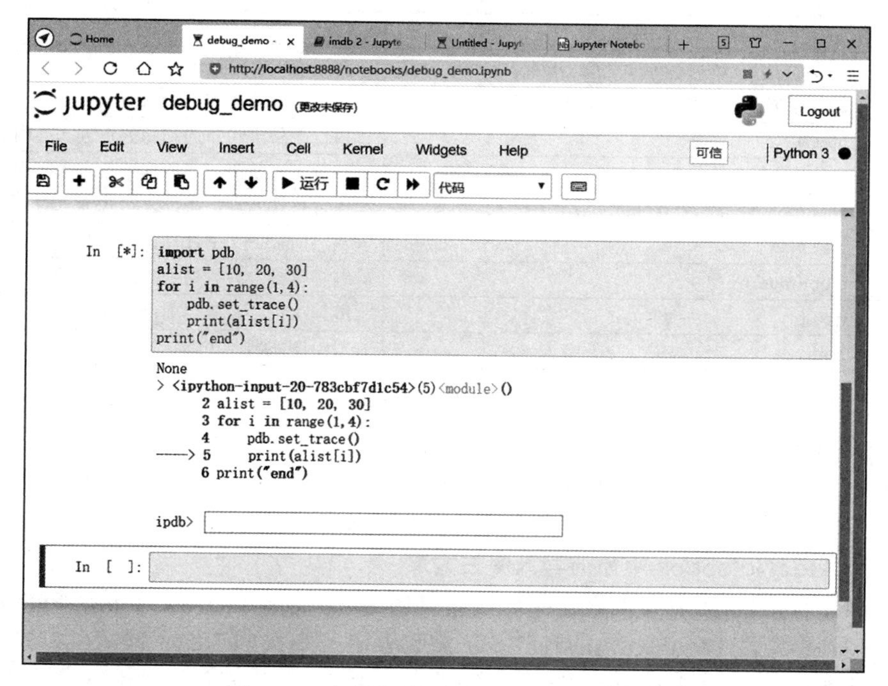

图 1-48　在程序的运行过程中插入调试器

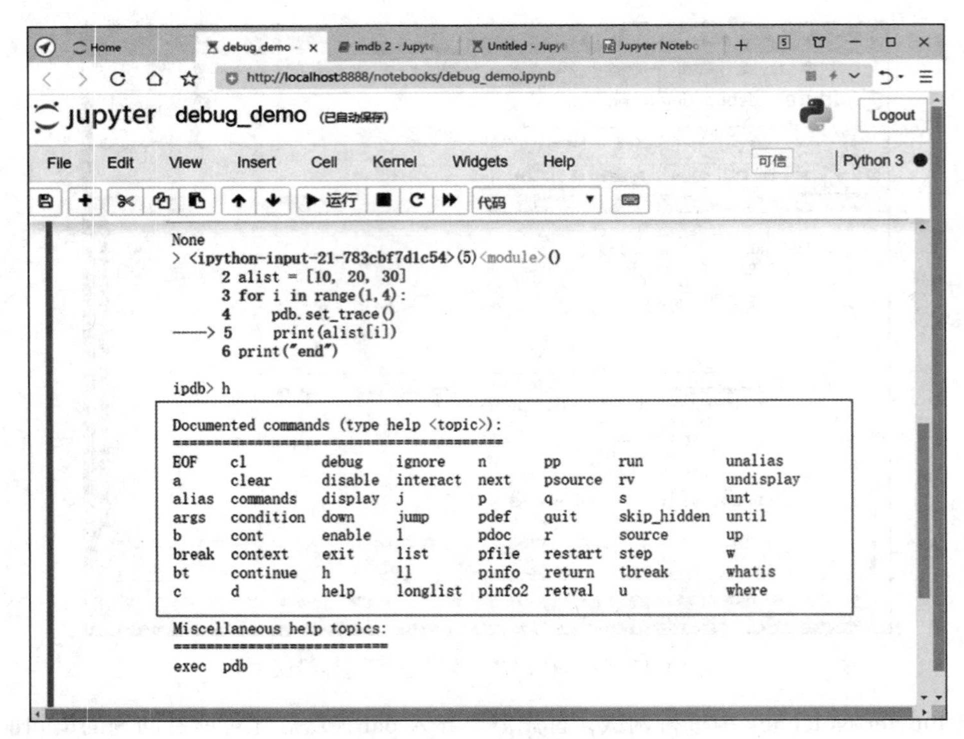

图 1-49 pdb 模块提供的调试命令

表 1-1 给出几个常用的调试命令的说明，如果想要了解调试命令的更多信息，可以参考 pdb 的在线文档 https://docs.python.org/3/library/pdb.html。

表 1-1 pdb 模块中常用调试命令说明

命令名	命令语法	命令描述
break	b(reak) *[([filename:]lineno | function) [, condition]]*	在文件中的指定位置设置断点
clear	cl(ear) *[filename:lineno | bpnumber ...]*	清除指定位置或编号的断点
next	n(ext)	执行下条语句，遇到函数不进入其内部
step	s(tep)	执行下一条语句，遇到函数进入其内部
condition	condition *bpnumber [condition]*	设置条件断点，条件表达式为真时，断点有效
p	p *expression*	在当前上下文中计算表达式并打印其值
continue	c(ont(inue))	继续执行，只有遇到断点时才停止
return	r(eturn)	继续执行，直到当前函数返回
quit	q(uit)	退出调试器，正在执行的程序被中止

为了搞清楚图 1-47 中的代码出现越界错误的原因，我们可以在图 1-48 中的 ipdb 提示符后输入 p *i*，查看变量 *i* 在当前时刻的值，发现 *i* 的值为 1；接着我们输入 p alist[1]，发现 alist[1]=20。由此我们可以了解到列表中的元素是从 0 开始编号的，alist 中的最后一个元素是 alist[2]，因此当 *i*=3 时，会发生越界错误，如图 1-50 所示。

4. 在 Jupyter Notebook 中如何导入第三方库

在 Jupyter Notebook 中导入第三库可以直接使用 pip 命令来实现。pip 是 Python 包管理工具，该工具提供了对 Python 包的查找、下载、安装、卸载的功能，详情可以参考 https://packaging.python.org/tutorials/installing-packages/。我们仍以安装 wordcloud 库为例，直

接在 Jupyter Notebook 的单元中输入 pip install wordcloud，然后运行该单元就可以了，如图 1-51 所示。

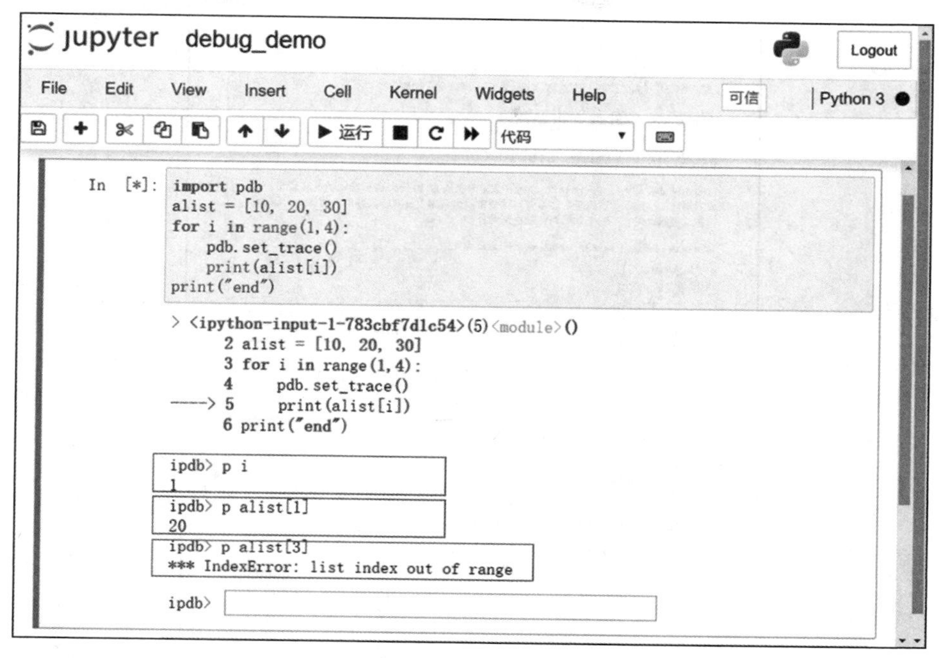

图 1-50　利用 pdb 模块中的调试命令进行调试

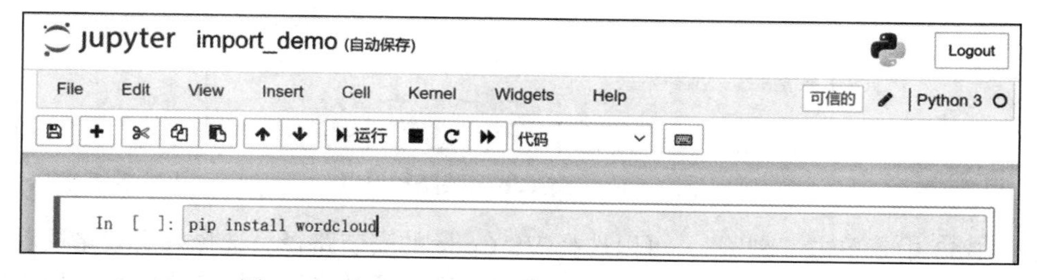

图 1-51　在 Jupyter Notebook 中导入 wordcloud 库

1.2.4　Visual Studio Code 的使用和调试方法

Visual Studio Code（简称“VS Code”）是微软公司 2015 年发布的一款跨平台（包括 Windows、macOS 和 Linux）免费 IDE。它具有对 JavaScript、TypeScript 和 Node.js 的内置支持，并具有丰富的其他语言（例如 C++、Java、Python 等）和运行时（例如 .NET 和 Unity）扩展的生态系统。VS Code 因免费、轻量、插件丰富、调试功能强大等特点，受到了开发者的喜爱。本节将介绍 VS Code 的安装以及如何使用 VS Code 进行 Python 编程。

1. 安装 Visual Studio Code

VS Code 的安装文件可以从 https://code.visualstudio.com/Download 下载，下面介绍 VS Code 的安装步骤。我们仍以 Windows 10 操作系统为例，展示安装过程。

双击下载后的安装包文件（如 VSCodeUserSetup-x64-1.54.2.exe）就可以启动安装过程，安装的初始界面如图 1-52 所示。选中“我同意此协议”，单击“下一步”按钮，进入安装路径设置窗口，如图 1-53 所示。

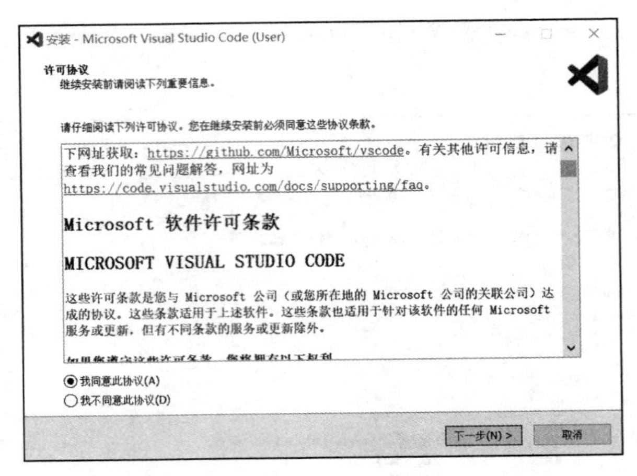

图 1-52　VS Code 安装初始界面

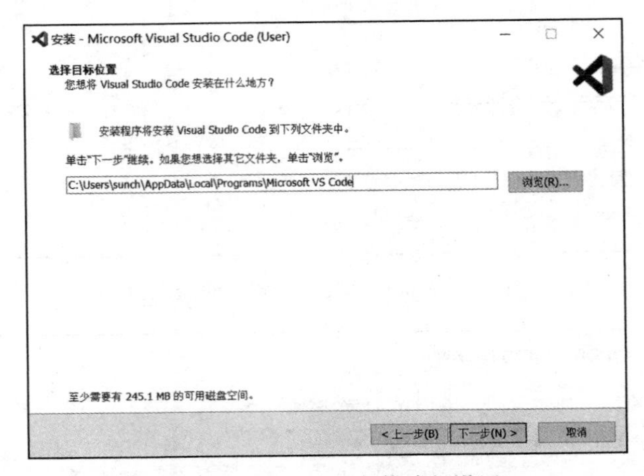

图 1-53　VS Code 安装路径设置

在图 1-53 中，单击“浏览”，可以选择 VS Code 的安装路径。选择好安装路径后，单击“下一步”按钮，出现图 1-54 所示的窗口，该窗口显示了目前设定的安装信息，如果确认无误，单击“安装”按钮，就可以开始安装过程。

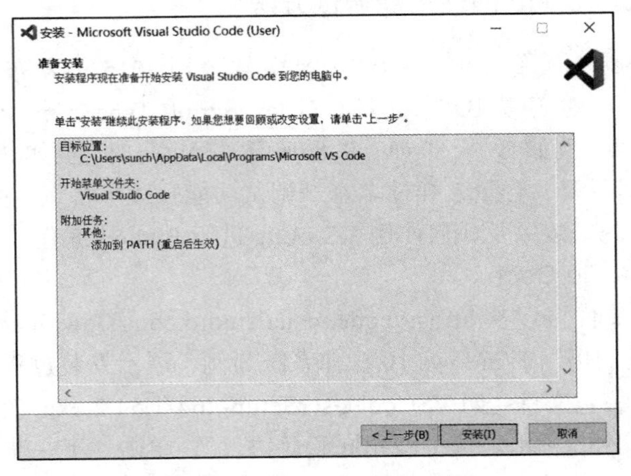

图 1-54　VS Code 安装开始

安装成功后的界面如图 1-55 所示，选中“运行 Visual Studio Code”复选框，单击“完成”按钮，就可以结束 VS Code 的安装，并运行 VS Code。首次运行 VS Code 的初始界面如图 1-56 所示。至此，我们已经成功地安装了 VS Code。

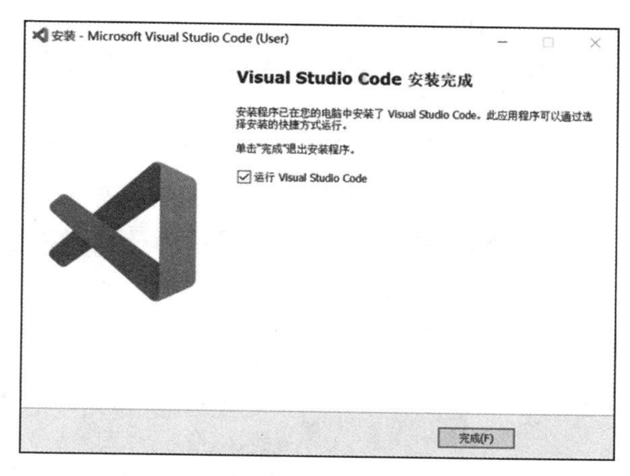

图 1-55　VS Code 安装完成

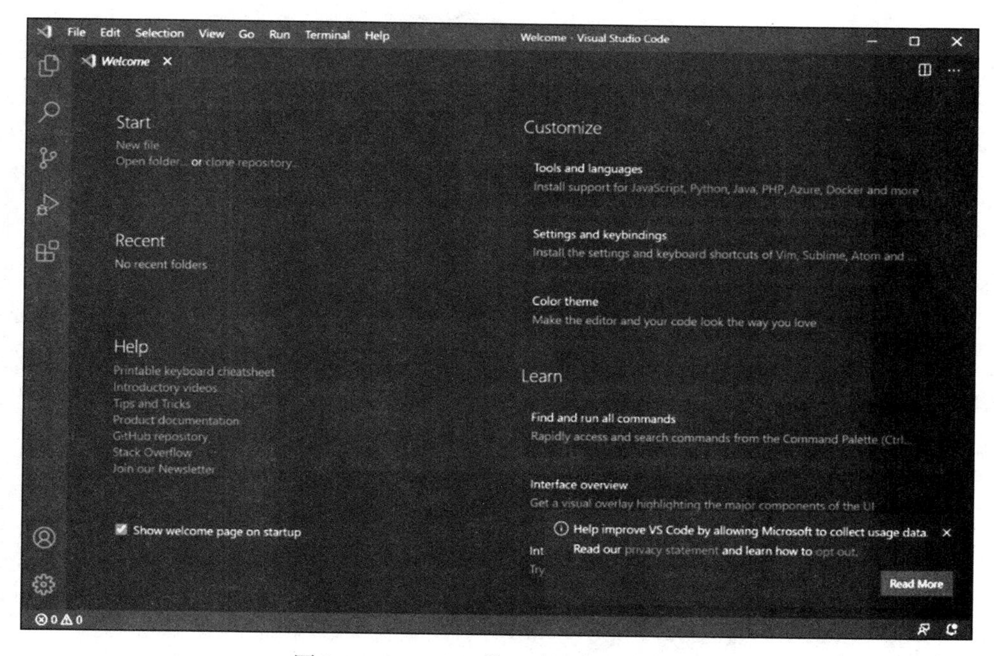

图 1-56　VS Code 第一次运行初始界面

因为 VS Code 没有内置对 Python 编程的支持，所以在使用 VS Code 进行 Python 编程前，需要先安装 VS Code 的 Python 扩展包，并完成相关配置，使其能够很好地支持 Python 编程。

2. 在 VS Code 中配置 Python 开发环境

在 VS Code 中配置 Python 开发环境需要 3 个步骤：

1）安装 Python；

2）安装 VS Code 的 Python 扩展；

3）设置 Python Interpreter。

Python 的安装我们已经在 IDLE 的安装过程中讲过了，这里不再重复。下面我们主要介绍第 2 步和第 3 步是如何完成的。

- **安装 VS Code 的 Python 扩展**

VS Code 的 Python 扩展对 Python 语言（3.6 版本及以上）提供了丰富的支持，包括智能感知、检测、调试、代码导航、代码格式化、Jupyter Notebook 支持、代码重构、变量资源管理器、测试资源管理器等。

VS Code 的 Python 扩展的安装非常简单，在 VS Code 的 Welcome 页面的右侧能看到 Tools and languages 栏目，单击其中的 Python，即可安装 Python 扩展，如图 1-57 所示。

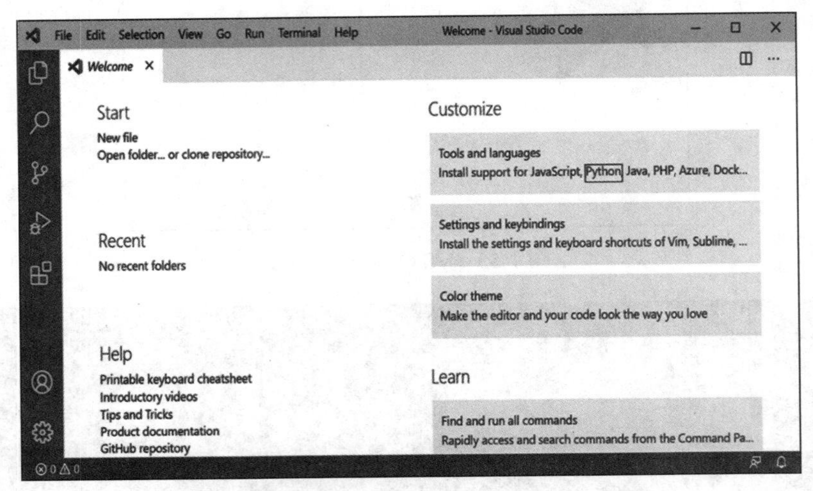

图 1-57　安装 Python 扩展

- **设置 Python Interpreter**

虽然我们已经安装了 Python 扩展，但是要想利用 VS Code 来开发 Python 程序，还需要设置 Python 解释器。单击 VS Code 界面左侧的 EXTENSIONS 标签页，然后单击 Python。在图 1-58 中单击页面最下面的状态栏上“Select Python Interpreter”提示，就会列出目前电脑上已经安装的 VS Code 支持的 Python Interpreter，如图 1-59 所示。

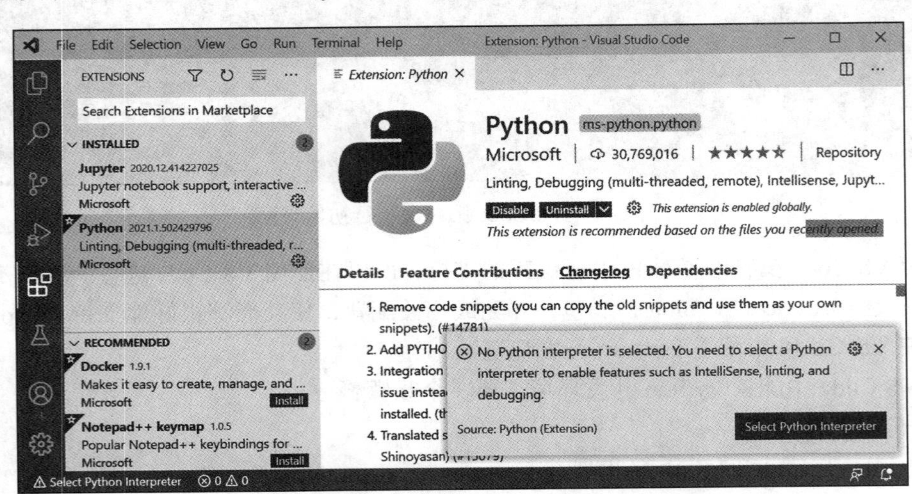

图 1-58　启动设置 Python Interpreter

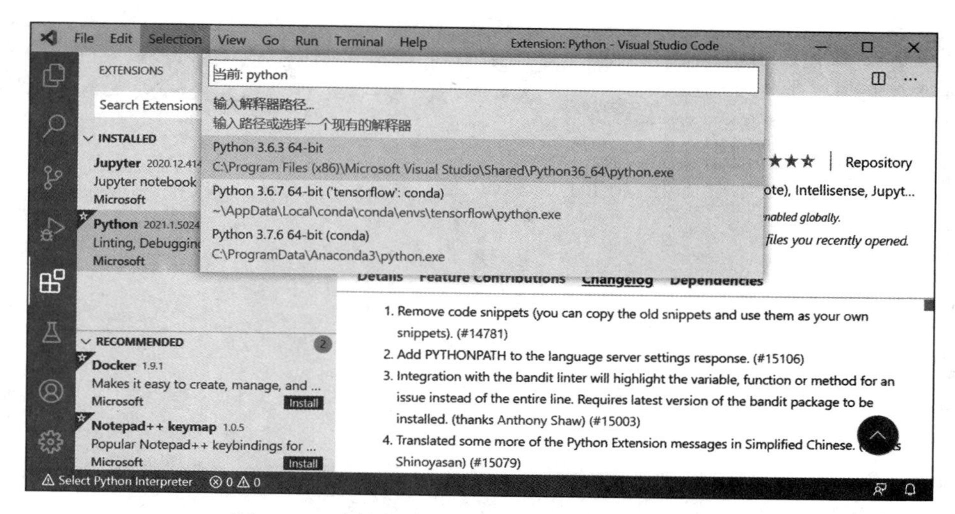

图 1-59 选择电脑上已安装的 Python Interpreter

选择想使用的 Python Interpreter 后，状态栏会给出提示（这里我们选择了 Python 3.6.3 64-bit），如图 1-60 所示。如果想要设置成其他版本的 Python Interpreter，只需再次点击状态栏上的提示，就会重新出现如图 1-59 所示的选择界面。

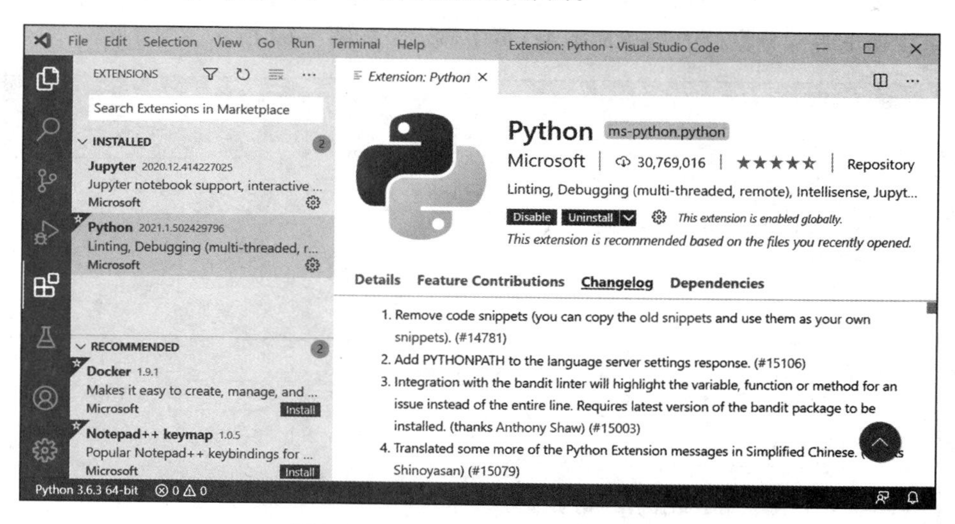

图 1-60 Python Interpreter 设置成功

到目前为止，我们已经在 VS Code 中配置好了 Python 开发环境，下面就可以在 VS Code 中编写和运行 Python 程序了。

3. 利用 VS Code 编写和运行 Python 程序

利用 VS Code 编写 Python 程序，也需要先创建一个 Python 源程序文件。在 VS Code 中，可以通过以下两种方式创建一个 Python 源程序文件：

1）选择主菜单 File → New File；

2）使用快捷键 Ctrl+N。

创建源代码文件后，编辑该文件并输入如图 1-61 所示内容。保存文件时，输入文件名 helloworld_vsc.py。

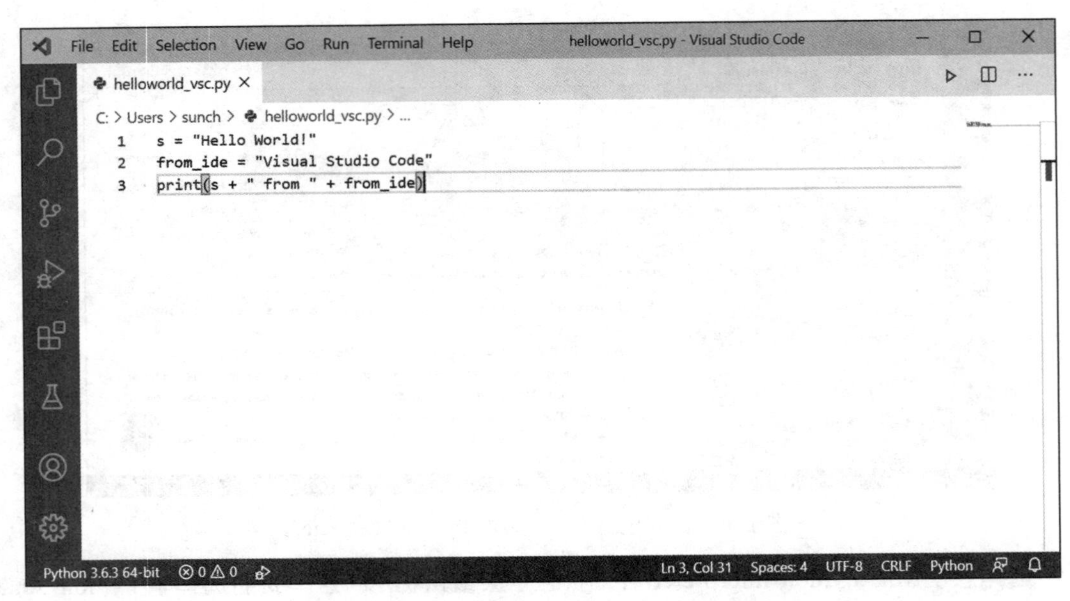

图 1-61　利用 VS Code 编写 Python 程序

如果想要运行这个 Python 程序，可以单击窗口右侧的三角形图标。单击之后，程序的运行结果会在下半部分窗口的 TERMINAL 页中显示，如图 1-62 所示。

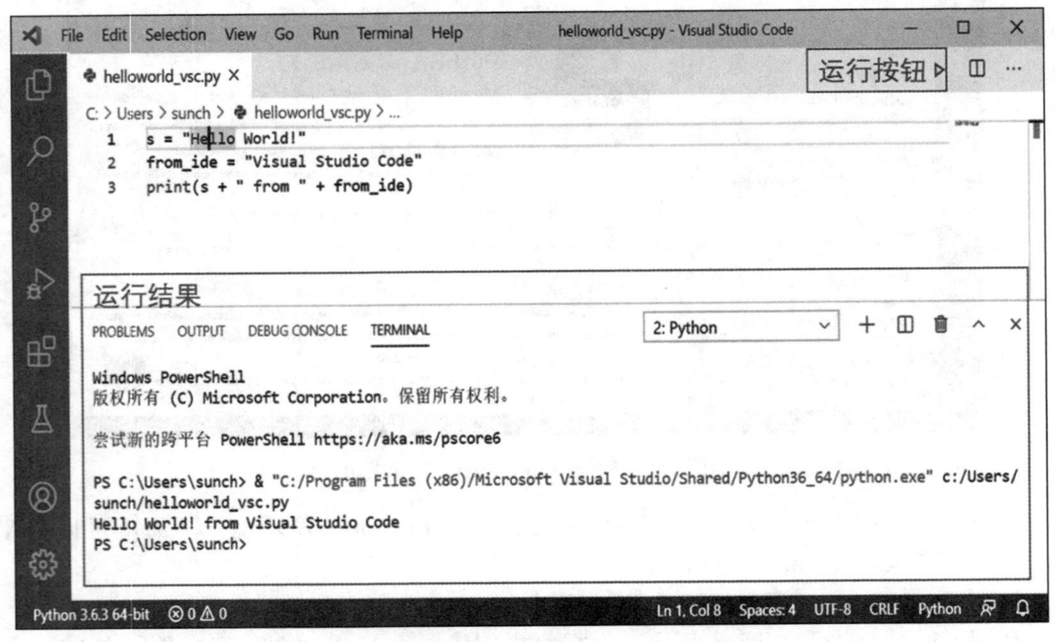

图 1-62　利用 VS Code 运行 Python 程序

4. 利用 VS Code 调试 Python 程序

我们仍然采用常用的断点调试方法。第一步还是设置断点，断点的设置方法与 PyCharm 很像，仍然是单击程序中对应行的左侧。断点设置成功后，会在对应位置出现一个红点；单击红点，即可取消该位置的断点。图 1-63 在 helloworld_vsc.py 文件的第 3 行设置了一个断点。

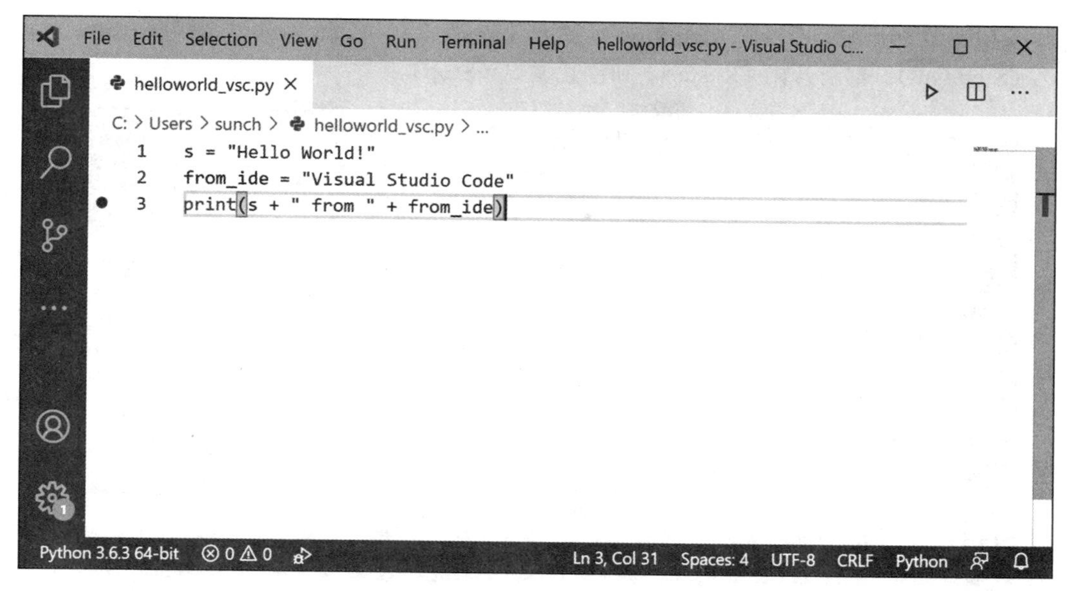

图 1-63　在 VS Code 中设置断点

断点设置好后，我们就可以开始调试了。单击菜单栏中的 Run → Start Debugging 或者使用快捷键 F5，启动调试模式。在 VS Code 中，调试正式开始前，还需要选择调试配置，选择界面如图 1-64 所示。这里我们是对一个文件进行调试，所以选择“ Python 文件　调试打开的 Python 文件”这个选项。

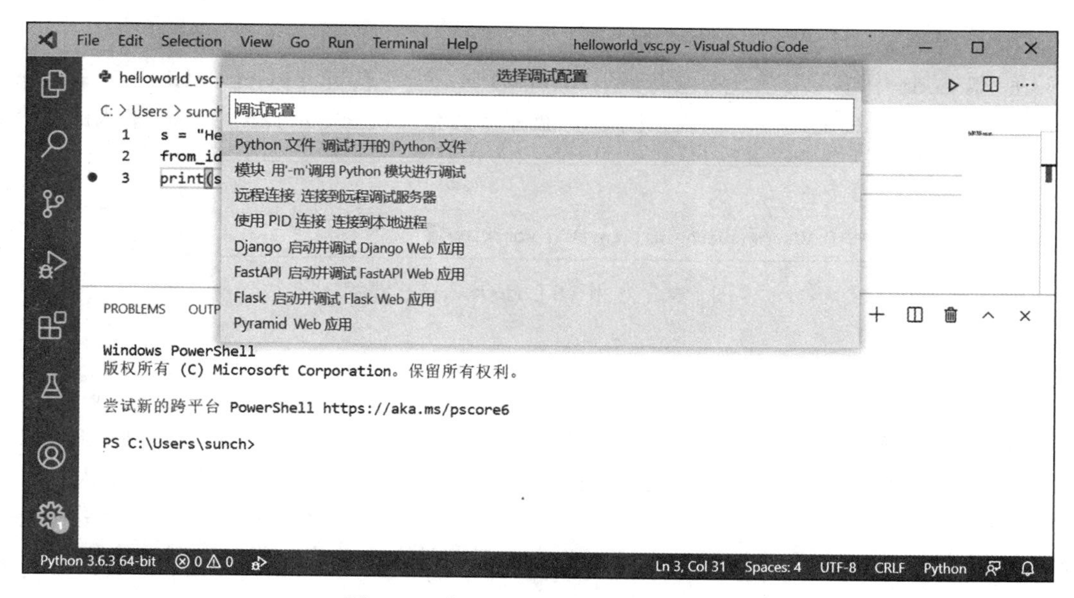

图 1-64　在 VS Code 中选择调试配置

选择好调试配置后，程序就开始以调试模式运行了，直到遇到第 1 个断点。在我们的例子中，第 1 个断点位于程序的第 3 行，所以程序执行了前两行，在第 3 行处停了下来，并将第 3 行高亮显示，如图 1-65 所示。

图 1-65 左侧显示了程序中的变量在当前时刻的值和监视窗口；右侧方框中的按钮对应

的调试功能分别是继续运行（Continue）、执行下一条语句（Step Over）、步入（Step Into）、步出（Step Out）、重新开始（Restart）和停止调试（Stop）。

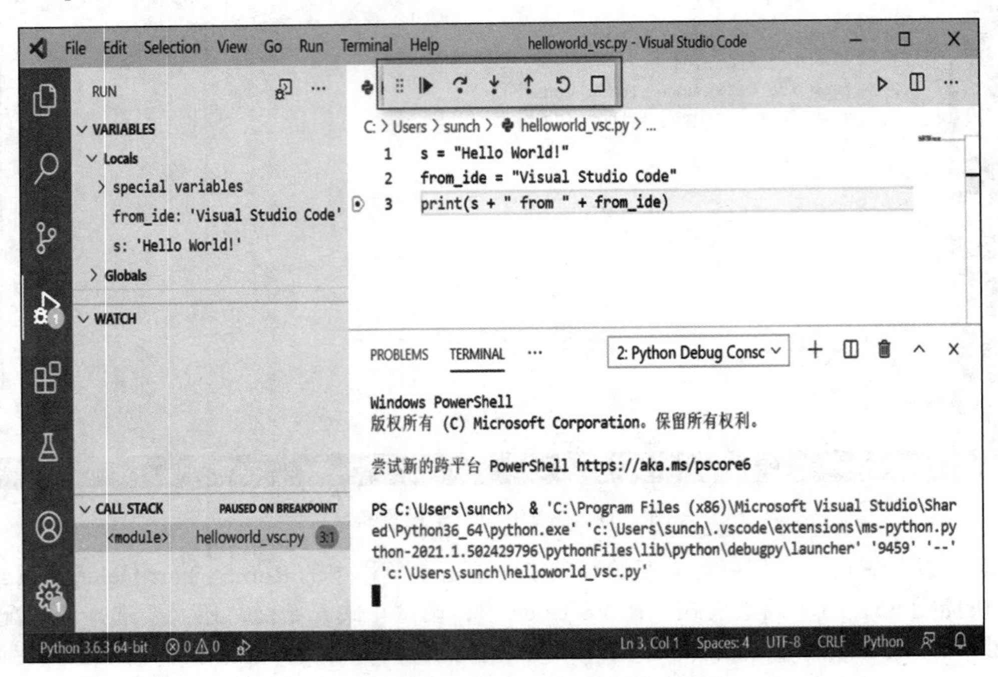

图 1-65　利用 VS Code 进行断点调试界面

5. 在 VS Code 中如何导入第三方库

在 VS Code 中导入第三方库也需要用到 pip 命令，这一点与 Jupyter Notebook 一样。pip 命令需要在 VS Code 的终端中输入，图 1-66 展示了安装 wordcloud 库时在终端输入的命令。

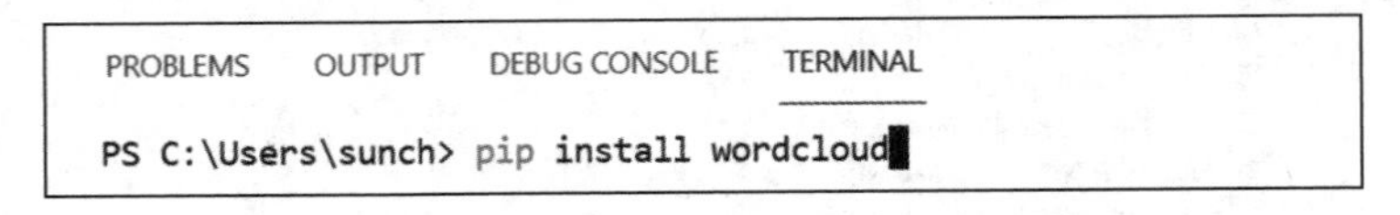

图 1-66　利用 VS Code 导入第三方库

1.3　小结

本章针对 4 种不同的 IDE 介绍了基本的 Python 程序编写、运行和调试方法。4 种 IDE 中，IDLE 是 Python 安装包默认的 IDE，适合进行交互式练习；PyCharm 功能最强大，适合进行大型 Python 程序的开发；Jupyter Notebook 的交互性和可视化功能强大，适合进行数据分析；VS Code 的功能虽然没有 PyCharm 强大，但因其完全免费，所以也深受 Python 开发者的喜爱。

在实际应用中，由于程序的复杂程度不同，对于复杂的程序需要结合多种方法来调试。当然，即便程序运行结果与预期相同，也不代表程序没有错误，只是错误还没有暴露。调试是为了找出错误，而错误的根源在于程序员自己。所以，为了减轻调试工作，在编写代码时要养成良好的习惯，保证代码的规范性，以及程序逻辑的严密和正确性。

第二部分

经典实验案例

第 2 章　基本运算和基本 I/O 专题

实验目的

- 掌握常用的 Python 语言集成开发环境，以及程序在计算机中编辑、编译、链接和运行的过程。
- 掌握变量和常量、运算符和表达式、赋值语句和对象的引用、Python 程序中常用的内置函数，以及在 Python 程序中导入和使用 math 标准库的方法，能够用顺序结构构造程序。
- 掌握键盘输入和屏幕输出等简单的 I/O 操作，包括用 input 函数从键盘上读取用户输入的数据、用 print 函数在屏幕上输出数据，以及用 f 字符串进行格式化输出的方法。

2.1　数位拆分 v1.0

1. 实验内容

请编写一个程序，将一个 4 位的正整数 *n*（例如 4321）拆分为两个 2 位的正整数 *a* 和 *b*（例如 43 和 21），计算并输出拆分后的两个数 *a* 和 *b* 的加、减、乘、除、取模的结果。

2. 实验要求

从键盘输入一个 4 位的正整数，然后输出拆分后的两个数的加、减、乘、除和取模的结果，要求除法运算结果保留小数点后两位小数。要求掌握整除和取模运算的方法。

测试编号	程序运行结果示例
1	Input n: 4321↙ a=43,b=21 a+b=64 a-b=22 a*b=903 a/b=2.05 a%b=1
2	Input n: 1234↙ a=12,b=34 a+b=46 a-b=-22 a*b=408 a/b=0.35 a%b=12

3. 实验参考程序

参考程序 1：

```
1    # 数位拆分 v1.0
2    def main():
```

```
3       n = int(input("Input n:"))
4       a, b = divmod(n, 100)  #divmod是Python的内置函数，返回两个参数相除的商和余数
5       print(f'a={a},b={b}')
6       print(f'a+b={a+b}')
7       print(f'a-b={a-b}')
8       print(f'a*b={a*b}')
9       print(f'a/b={a/b:.2f}')
10      print(f'a%b={a%b}')
11
12  if __name__ == '__main__':
13      main()
```

参考程序2：

```
1   # 数位拆分v1.0
2   def main():
3       n = int(input("Input n:"))
4       a = n // 100
5       b = n % 100
6       print(f'a={a},b={b}')
7       print(f'a+b={a+b}')
8       print(f'a-b={a-b}')
9       print(f'a*b={a*b}')
10      print(f'a/b={a/b:.2f}')
11      print(f'a%b={a%b}')
12
13  if __name__ == '__main__':
14      main()
```

2.2 身高预测v1.0

1. 实验内容

请按照下面的计算公式（暂不考虑后天因素的影响）编写一个程序，根据爸爸和妈妈的身高预测他们的儿子小明和女儿小红的遗传身高（单位：cm）。

设faHeight为其父身高，moHeight为其母身高，则身高预测公式为：

$$\text{男性成人时身高} = (\text{faHeight} + \text{moHeight}) \times 0.54$$

$$\text{女性成人时身高} = (\text{faHeight} \times 0.923 + \text{moHeight})/2$$

2. 实验要求

先输入爸爸的身高和妈妈的身高，然后输出他们的儿子小明和女儿小红的遗传身高。

测试编号	程序运行结果示例
1	Please input their father's height(cm):182↙ Please input their mother's height(cm):160↙ Height of xiao ming:185 Height of xiao hong:165
2	Please input their father's height(cm):180↙ Please input their mother's height(cm):170↙ Height of xiao ming:189 Height of xiao hong:168

3. 实验参考程序

参考程序：

```
1   # 身高预测 v1.0
2   def main():
3       fa_height = float(input("Please input their father's height(cm):"))
4       mo_height = float(input("Please input their mother's height(cm):"))
5       boy_height = (fa_height + mo_height) * 0.54
6       girl_height = (fa_height * 0.923 + mo_height) / 2.0
7       print(f'Height of xiao ming:{boy_height:.0f}')
8       print(f'Height of xiao hong:{girl_height:.0f}')
9
10  if __name__ == '__main__':
11      main()
```

2.3 计算三角形面积

1. 实验内容

请按照如下公式编写一个程序计算三角形的面积，假设三角形的三边 a、b、c 的值能构成一个三角形。

$$s=\frac{1}{2}(a+b+c)\text{ , }\mathrm{area}=\sqrt{s(s-a)(s-b)(s-c)}$$

2. 实验要求

从键盘任意输入三角形的三边长 a、b、c，输出三角形的面积，要求结果保留到小数点后两位。

测试编号	程序运行结果示例
1	Input a,b,c:3,4,5↙ area = 6.00
2	Input a,b,c:4,4,4↙ area = 6.93

3. 实验参考程序

参考程序 1：

```
1   # 计算三角形面积
2   import math
3
4   def main():
5       a, b, c = eval(input('Input a,b,c:'))  # 此处不能使用 float
6       s = (a + b + c) / 2.0
7       area = math.sqrt(s * (s - a) * (s - b) * (s - c))
8       print(f'area = {area:.2f}')
9
10
11  if __name__ == '__main__':
12      main()
```

参考程序 2：

```
1   # 计算三角形面积
2   import math
```

```
3
4   def main():
5       a, b, c = eval(input('Input a,b,c:')) # 此处不能使用 float
6       s = sum((a, b), c) / 2.0             #sum 是 Python 的内置函数，对两个参数求和
7       area = math.sqrt(s * (s - a) * (s - b) * (s - c))
8       print(f'area = {area:.2f}')
9
10  if __name__ == '__main__':
11      main()
```

2.4 存款计算器

1. 实验内容

某人向一个年利率为 rate 的定期储蓄账号内存入本金 capital 元，存期为 *n* 年。请编写一个程序，计算到期时能从银行得到的本利之和。

任务 1：按照如下普通计息方式计算本利之和：

$$deposit = capital \times (1 + rate \times n)$$

任务 2：按照如下复利计息方式计算本利之和，假设存款所产生的利息仍然存入同一个账号：

$$deposit = capital \times (1 + rate)^n$$

其中，capital 是最初存款总额（即本金），rate 是整存整取的年利率，*n* 是存款的期限（以年为单位），deposit 是第 *n* 年年底账号里的存款总额。

2. 实验要求

用 scanf() 从键盘输入存款的本金 capital、年利率 rate 和存款期限 *n*，用 printf() 输出 *n* 年后这个账号中的存款总额（保留小数点后两位小数）。

实验内容	测试编号	程序运行结果示例
1	1	Input rate, year, capital:0.0225,10,1000↙ deposit = 1225.00
	2	Input rate, year, capital:0.0273,2,10000↙ deposit = 10546.00
2	1	Input rate, year, capital:0.0225,10,1000↙ deposit = 1249.20
	2	Input rate, year, capital:0.0273,2,10000↙ deposit = 10553.45

3. 实验参考程序

任务 1 的参考程序：

```
1   # 任务 1：普通计息方式
2   def main():
3       rate, year, capital = eval(input('Input rate, year, capital:'))
4       deposit = capital * (1 + rate * year)
5       print(f'deposit = {deposit:.2f}')
6
7   if __name__ == '__main__':
8       main()
```

任务 2 的参考程序：

```
1    # 任务 2：复利计息方式
2    def main():
3        rate, year, capital = eval(input('Input rate, year, capital:'))
4        deposit = capital * pow(1 + rate, year)
5        print(f'deposit = {deposit:.2f}')
6
7    if __name__ == '__main__':
8        main()
```

【思考题】请编写一个程序，计算按照两种计息方式计算本利之和相差的钱数。

第 3 章　基本控制结构专题

实验目的

- 掌握选择结构和循环结构的基本控制方法，针对给定的设计任务，能够选择恰当的基本控制结构构造结构化的程序。
- 掌握累加求和、连乘求积、数据统计等常用算法。
- 掌握防御式编程方法以及 Python 语言中的错误和异常处理方法。

3.1　数位拆分 v2.0

1. 实验内容

请编写一个程序，将一个 4 位的整数 n 拆分为两个 2 位的整数 a 和 b（例如，假设 n=−2304，则拆分后的两个整数分别为 a=−23，b=−4），计算拆分后的两个整数的加、减、乘、除和取模运算的结果。

任务 1：对于负数的情形，要求取模运算计算的是负余数。例如，假设 n=−2304，则拆分后的两个整数分别为 a=−23，b=−4，其取模结果 a%b=−3。

任务 2：对于负数的情形，要求取模运算计算的是正余数。例如，假设 n=−2304，则拆分后的两个整数分别为 a=−23，b=−4，其取模结果 a%b=1。

【解题思路提示】注意，在 C 语言中，a%b 表示的是做取模运算，而在 Python 语言中，a%b 表示的是做取模运算。二者的区别在于：当 a 和 b 符号一致时，取模运算和取模运算的结果值是一样的，但是当 a 和 b 的符号不一致时，取模运算和取模运算的结果值是不一样的。具体而言，就是取模运算结果的符号和除数 b 的符号一致，而取模运算结果的符号和被除数 a 的符号一致。

因此，对于任务 1 可以直接用 a%b 得到期望的计算结果。而对于任务 2，为了在除数 b 为负数时能得到正余数的计算结果，需要使用 a%b + math.fabs(b)。

2. 实验要求

先输入一个 4 位的整数 n，输出其拆分后的两个数的加、减、乘、除和取模运算的结果。要求除法运算结果精确到小数点后两位。取模和除法运算需要考虑除数为 0 的情况，如果拆分后 b=0，则输出提示信息 "The second operator is zero!"。

要求用 if-else 语句编程实现，注意在输入数据为正和为负两种情况下取模运算的方法，以及整数除法“//”和浮点数除法“/”的区别。

实验内容	测试编号	程序运行结果示例

1	1	`Input n:1200↙`
		`a=12,b=0`
		`sum=12,sub=12,multi=0`
		`The second operator is zero!`

(续)

实验内容	测试编号	程序运行结果示例
1	2	Input n:-2304↙ a=-23,b=-4 sum=-27,sub=-19,multi=92 dev=5.75,mod=-3
	3	Input n:2304↙ a=23,b=4 sum=27,sub=19,multi=92 dev=5.75,mod=3
2	1	Input n:1200↙ a=12,b=0 sum=12,sub=12,multi=0 The second operator is zero!
	2	Input n:-2304↙ a=-23,b=-4 sum=-27,sub=-19,multi=92 dev=5.75,mod=1
	3	Input n:2304↙ a=23,b=4 sum=27,sub=19,multi=92 dev=5.75,mod=3

3. 实验参考程序

任务 1 的参考程序 1:

```
1    # 数位拆分 v2.0
2    # 任务 1 负数 - 负余数
3    def main():
4        n = int(input("Input n:"))
5        if n > 0:
6            a = n // 100
7            b = n % 100
8        else:
9            a = n // 100 + 1
10           b = n % -100
11       print(f'a={a},b={b}')
12       print(f'sum={a+b},sub={a-b},multi={a*b}')
13       if b == 0:
14           print("The second operator is zero!")
15       else:
16           print(f'dev={a/b:.2f},mod={a%b}')
17
18   if __name__ == '__main__':
19       main()
```

任务 1 的参考程序 2:

```
1    # 数位拆分 v2.0
2    # 任务 1 负数 - 负余数
3    def main():
4        n = int(input("Input n:"))
5        if n > 0:
6            a, b = divmod(n, 100)
```

```
7        else:
8            a = n // 100 + 1
9            b = n % -100
10       print(f'a={a},b={b}')
11       print(f'sum={a+b},sub={a-b},multi={a*b}')
12       if b == 0:
13           print("The second operator is zero!")
14       else:
15           print(f'dev={a/b:.2f},mod={a%b}')
16
17   if __name__ == '__main__':
18       main()
```

任务2的参考程序1：

```
1    # 数位拆分 v2.0
2    # 任务2 负数 - 正余数
3    import math
4    def main():
5        n = int(input("Input n:"))
6        if n > 0:
7            a, b = divmod(n, 100)
8        else:
9            a = n // 100 + 1
10           b = n % -100
11       print(f'a={a},b={b}')
12       print(f'sum={a+b},sub={a-b},multi={a*b}')
13       if b == 0:
14           print("The second operator is zero!")
15       elif b != 0 and a > 0:
16           print(f'dev={a/b:.2f},mod={a%b}')
17       else:
18           print(f'dev={a/b:.2f},mod={a % b + math.fabs(b):.0f}')
19
20   if __name__ == '__main__':
21       main()
```

任务2的参考程序2：

```
1    # 数位拆分 v2.0
2    # 任务2 负数 - 正余数
3    import math
4    def main():
5        n = int(input("Input n:"))
6        if n > 0:
7            a = n // 100
8            b = n % 100
9        else:
10           a = n // 100 + 1
11           b = n % -100
12       print(f'a={a},b={b}')
13       print(f'sum={a+b},sub={a-b},multi={a*b}')
14       if b == 0:
15           print("The second operator is zero!")
16       else:
17           if a > 0:
18               print(f'dev={a/b:.2f},mod={a%b}')
19           else:
```

```
20              print(f'dev={a/b:.2f},mod={a % b + math.fabs(b):.0f}')
21
22 if __name__ == '__main__':
23     main()
```

3.2　身高预测 v2.0

1. 实验内容

相关研究表明，影响小孩成人后的身高的因素不仅包括遗传因素，还包括饮食习惯与体育锻炼等。设 faHeight 为其父身高（单位：cm），moHeight 为其母身高，则遗传身高的预测公式为：

$$男性成人时身高 = (faHeight + moHeight) \times 0.54$$

$$女性成人时身高 = (faHeight \times 0.923 + moHeight)/2$$

此外，如果喜爱体育锻炼，那么可增加身高 2%；如果有良好的卫生饮食习惯，那么可增加身高 1.5%。

请编写一个程序，利用给定公式和身高预测方法对身高进行预测。

2. 实验要求

先输入用户的性别（F 或 f 表示女性，M 或 m 表示男性）、父母身高、是否喜爱体育锻炼（Y 或 y 表示喜爱，N 或 n 表示不喜爱）、是否有良好的饮食习惯（Y 或 y 表示良好，N 或 n 表示不好）等条件，输出预测的身高。

要求用级联形式的条件语句编程实现。

测试编号	程序运行结果示例
1	Are you a boy(M) or a girl(F)?F↙ Please input your father's height(cm):182↙ Please input your mother's height(cm):162↙ Do you like sports(Y/N)?N↙ Do you have a good habit of diet(Y/N)?Y↙ Your future height will be 167(cm)
2	Are you a boy(M) or a girl(F)?M↙ Please input your father's height(cm):182↙ Please input your mother's height(cm):162↙ Do you like sports(Y/N)?Y↙ Do you have a good habit of diet(Y/N)?N↙ Your future height will be 189(cm)

3. 实验参考程序

```
1   # 身高预测 v2.0
2   def main():
3       sex_string = input("Are you a boy(M) or a girl(F)?")
4       fa_height = float(input("Please input your father's height(cm):"))
5       mo_height = float(input("Please input your mother's height(cm):"))
6       if_like_sports = input("Do you like sports(Y/N)?")
7       if_have_habit = input("Do you have a good habit of diet(Y/N)?")
8       if sex_string in ['F', 'f']:
9           my_height = (fa_height * 0.923 + mo_height) / 2.0
10      elif sex_string in ['M', 'm']:
```

```
11            my_height = (fa_height + mo_height) * 0.54
12        if if_like_sports in ['Y', 'y']:
13            my_height = my_height * (1+0.02)
14        if if_have_habit in ['Y', 'y']:
15            my_height = my_height * (1 + 0.015)
16        print(f'Your future height will be {my_height:.0f} (cm)')
17
18    if __name__ == '__main__':
19        main()
```

3.3　体型判断

1. 实验内容

已知某人的身高为 h（以米为单位，如 1.74m）、体重为 w（以公斤为单位，如 70 公斤），则 BMI 体重指数的计算公式为：

$$t = w / h^2$$

请编写一个程序，根据上面的公式计算你的 BMI 值，同时根据下面的 BMI 中国标准判断你的体重属于何种类型。

当 $t < 18.5$ 时，属于偏瘦；

当 t 介于 18.5 和 24 之间时，属于正常体重；

当 t 介于 24 和 28 之间时，属于过重；

当 $t \geqslant 28$ 时，属于肥胖。

2. 实验要求

从键盘输入身高（以米为单位，如 1.74 米）和体重（以公斤为单位，如 70 公斤），将体重（以公斤为单位，如 70 公斤）和身高（以米为单位，如 1.74 米）输出在屏幕上，输出 BMI 值，要求结果保留到小数点后两位，同时输出体重属于何种类型。

要求用级联形式的条件语句编程实现。

测试编号	程序运行结果示例
1	Input weight, height: 45, 1.64↙ t=16.73 Lower weight!
2	Input weight, height: 60, 1.64↙ t=22.31 Standard weight!
3	Input weight, height: 70, 1.64↙ t=26.03 Higher weight!
4	Input weight, height: 76, 1.64↙ t=28.26 Too fat!

3. 实验参考程序

```
1    # 体型判断
2    def main():
3        weight, height = eval(input('Input weight, height:'))
4        t = weight / (height * height)
```

```
5        if t < 18.5:
6            print(f't={t:.2f}\nLower weight!')
7        elif t < 24:
8            print(f't={t:.2f}\nStandard weight!')
9        elif t < 28:
10           print(f't={t:.2f}\nHigher weight!')
11       else:
12           print(f't={t:.2f}\nToo fat!')
13
14   if __name__ == '__main__':
15       main()
```

3.4 算术计算器

1. 实验内容

任务 1：请编写一个程序，实现一个对整数进行加、减、乘、除和取模五种算术运算的简单计算器。

任务 2：请编写一个程序，实现一个对浮点数进行加、减、乘、除和幂运算的简单计算器。

2. 实验要求

先按如下格式输入算式（要求运算符前后有空格），然后输出表达式的值：

操作数 1　运算符 op　操作数 2

若除数为 0，则输出 "Division by zero!"。若运算符非法，则输出 "Invalid operator!"。

任务 1 要求实现加、减、乘、除、取模等 5 种运算。其中，要求用户输入“ / ”时表示要完成整除（//）运算。

任务 2 要求实现加、减、乘、除和幂运算。其中，要求用户输入“ ^ ”时表示要完成幂运算，用户输入 *、x 或 X，都表示要完成乘法运算。

要求使用白盒测试方法对程序进行测试，注意实数与 0 近似相等的比较方法，以及整数除法“ // ”和浮点数除法“ / ”的区别。掌握 Python 语言中用 split() 方法对输入字符串进行分割的方法，以及用字典模拟实现 C/C++ 等编程语言中 switch 语句功能的方法。

实验内容	测试编号	程序运行结果示例
1	1	Please enter an expression: 22 + 12↙ 22 + 12 = 34
	2	Please enter an expression: 22 - 12↙ 22 - 12 = 10
	3	Please enter an expression: 22 * 12↙ 22 * 12 = 264
	4	Please enter an expression: 22 / 12↙ 22 / 12 = 1
	5	Please enter an expression: 22 / 0↙ Division by zero!
	6	Please enter an expression: 22 % 12↙ 22 % 12 = 10
	7	Please enter an expression: 22 \ 12↙ Invalid operator!

(续)

实验内容	测试编号	程序运行结果示例
2	1	Please enter an expression:22 + 12↙ 22.00 + 12.00 = 34.00
	2	Please enter an expression:22 - 12↙ 22.00 - 12.00 = 10.00
	3	Please enter an expression: 22 * 12↙ 22.00 * 12.00 = 264.00
	4	Please enter an expression:22 X 12↙ 22.00 * 12.00 = 264.00
	5	Please enter an expression:22 x 12↙ 22.00 * 12.00 = 264.00
	6	Please enter an expression:22 / 12↙ 22.00 / 12.00 = 1.833333
	7	Please enter an expression: 22 / 0↙ Division by zero!
	8	Please enter the expression:3 ^ 5↙ 3.00 ^ 5.00 = 243.000000
	9	Please enter an expression: 22 \ 12↙ Invalid operator!

3. 实验参考程序

任务1的参考程序1：

```
1   # 算术计算器任务1：整数加、减、乘、除和取模
2   import math
3   def add_i(x, y):
4       print(f'{x} + {y} = {x + y}')
5
6   def sub_i(x, y):
7       print(f'{x} - {y} = {x - y}')
8
9   def multi_i(x, y):
10      print(f'{x} * {y} = {x * y}')
11
12  def dev_i(x, y):
13      if y == 0:
14          print("Division by zero!")
15      else:
16          print(f'{x} / {y} = {x // y}')
17
18  def mod_i(x, y):
19      if y == 0:
20          print("Division by zero!")
21      else:
22          print(f'{x} % {y} = {x % y}')
23
24  def default(x, y):
25      print("Invalid operator!")
26
27  def main():
28      expression = input("Please enter an expression:")
29      [data1, op, data2] = expression.split(' ')
30      switch_i = {'+': add_i,
```

```
31                  '-': sub_i,
32                  '*': multi_i,
33                  '/': dev_i,
34                  '%': mod_i,
35                  }
36      switch_i.get(op, default)(int(data1), int(data2))
37
38  if __name__ == '__main__':
39      main()
```

任务 1 的参考程序 2：

```
1   # 算术计算器任务1：整数加、减、乘、除和取模
2   import math
3   def add_i(x, y):
4       print(f'{x} + {y} = {x + y}')
5
6   def sub_i(x, y):
7       print(f'{x} - {y} = {x - y}')
8
9   def multi_i(x, y):
10      print(f'{x} * {y} = {x * y}')
11
12  def dev_i(x, y):
13      print(f'{x} / {y} = {x // y}')
14
15  def mod_i(x, y):
16      print(f'{x} % {y} = {x % y}')
17
18  def default(x, y):
19      print("Invalid operator!")
20
21  def main():
22      expression = input("Please enter an expression:")
23      [data1, op, data2] = expression.split(' ')
24      if op == '+':
25          add_i(int(data1), int(data2))
26      elif op == '-':
27          sub_i(int(data1), int(data2))
28      elif op == '*':
29          multi_i(int(data1), int(data2))
30      elif op == '/':
31          try:
32              dev_i(int(data1), int(data2))
33          except ZeroDivisionError:
34              print("Division by zero!")
35      elif op == '%':
36          try:
37              mod_i(int(data1), int(data2))
38          except ZeroDivisionError:
39              print("Division by zero!")
40
41  if __name__ == '__main__':
42      main()
```

任务 2 的参考程序 1：

```
1   # 算术计算器任务2：浮点数加、减、乘、除和幂运算
```

```
2    import math
3    def add_f(x, y):
4        print(f'{x:.2f} + {y:.2f} = {x + y:.2f}')
5
6    def sub_f(x, y):
7        print(f'{x:.2f} - {y:.2f} = {x - y:.2f}')
8
9    def multi_f(x, y):
10       print(f'{x:.2f} * {y:.2f} = {x * y:.2f}')
11
12   def dev_f(x, y):
13       if math.fabs(y) <= 1e-7:
14           print("Division by zero!")
15       else:
16           print(f'{x:.2f} / {y:.2f} = {x / y:.2f}')
17
18   def power_f(x, y):
19       print(f'{x:.2f} ^ {y:.2f} = {pow(x, y):.2f}')
20
21   def default(x, y):
22       print("Invalid operator!")
23
24   def main():
25       expression = input("Please enter an expression:")
26       [data1, op, data2] = expression.split(' ')
27       switch_f = {'+': add_f,
28                   '-': sub_f,
29                   '*': multi_f,
30                   'X': multi_f,
31                   'x': multi_f,
32                   '/': dev_f,
33                   '^': power_f
34                   }
35       switch_f.get(op, default)(float(data1), float(data2))
36
37   if __name__ == '__main__':
38       main()
```

任务 2 的参考程序 2:

```
1    # 算术计算器任务 2: 浮点数加、减、乘、除和幂运算
2    import math
3    def add_f(x, y):
4        print(f'{x:.2f} + {y:.2f} = {x + y:.2f}')
5
6    def sub_f(x, y):
7        print(f'{x:.2f} - {y:.2f} = {x - y:.2f}')
8
9    def multi_f(x, y):
10       print(f'{x:.2f} * {y:.2f} = {x * y:.2f}')
11
12   def dev_f(x, y):
13       if math.fabs(y) <= 1e-7:
14           print("Division by zero!")
15       else:
16           print(f'{x:.2f} / {y:.2f} = {x / y:.2f}')
17
```

```
18  def power_f(x, y):
19      print(f'{x:.2f} ^ {y:.2f} = {pow(x, y):.2f}')
20
21  def default(x, y):
22      print("Invalid operator!")
23
24  def main():
25      expression = input("Please enter an expression:")
26      [data1, op, data2] = expression.split(' ')
27      if op == '+':
28          add_f(float(data1), float(data2))
29      elif op == '-':
30          sub_f(float(data1), float(data2))
31      elif op == '*' or op == 'x' or op == 'X':
32          multi_f(float(data1), float(data2))
33      elif op == '/':
34          if math.fabs(float(data2)) <= 1e-7:
35              print("Division by zero!")
36          else:
37              dev_f(float(data1), float(data2))
38      elif op == '^':
39          power_f(float(data1), float(data2))
40
41  if __name__ == '__main__':
42      main()
```

3.5　国王的许诺

1. 实验内容

相传国际象棋是古印度舍罕王的宰相达依尔发明的。舍罕王十分喜欢象棋，决定让宰相自己选择希望得到的赏赐。这位聪明的宰相指着 8×8 共 64 格的象棋盘说："陛下，请您赏给我一些麦子吧，就在棋盘的第 1 格中放 1 粒，第 2 格中放 2 粒，第 3 格中放 4 粒，以后每一格都比前一格增加一倍，依此放完棋盘上的 64 个格子，我就感恩不尽了。"舍罕王让人扛来一袋麦子，他要兑现他的许诺。国王能兑现他的许诺吗？请编程计算舍罕王共需要多少粒麦子赏赐他的宰相，这些麦子合多少立方米（已知 1 立方米麦子约 1.42e8 粒）。

【解题思路提示】第 1 格放 1 粒，第 2 格放 2 粒，第 3 格放 $4=2^2$ 粒，…，第 i 格放 2^{i-1} 粒，所以，总麦粒数为 $sum=1+2+2^2+2^3+\cdots+2^{63}$。这是一个典型的等比数列求和问题。

2. 实验要求

本程序无须用户输入数据，输出结果包括总麦粒数和折合的总麦粒体积数。

要求掌握用 for 语句进行等比数列求和这类典型的累加累乘算法的程序实现方法，学会寻找累加项的构成规律。一般地，累加项的构成规律有两种：一种是寻找一个通式来表示累加项，直接计算累加的通项，例如本例的累加通项是 2^{i-1}；另一种是通过寻找前项与后项之间的联系，利用前项计算后项，例如本例的后项是前项的 2 倍。

测试编号	程序运行结果示例
1	sum=1.844674e+19 volumn=1.299066e+11

3. 实验参考程序

参考程序：

```
1   # 国王的许诺
2   CONST_VOLUM = 1.42e8
3   def get_sum(number):
4       total, term = 0, 0
5       for i in range(number):
6           term = pow(2, i)
7           total += term
8       return total
9   def main():
10      print(f'sum={get_sum(64):e}')
11      print(f'volumn={get_sum(64) / CONST_VOLUM:e}')
12
13  if __name__ == '__main__':
14      main()
```

3.6 计算圆周率

1. 实验内容

利用公式编程计算 π 的近似值。

2. 实验要求

任务 1：利用下面的两个公式，编程计算 π 的近似值，直到最后一项的绝对值小于 1e−4 时为止，输出 π 的值并统计累加的项数。

$$\frac{\pi}{4}=1-\frac{1}{3}+\frac{1}{5}-\frac{1}{7}+\cdots$$

任务 2：利用下面公式的前 5000 项之积，编程计算 π 的近似值，输出 π 的值。

$$\frac{\pi}{2}=\frac{2}{1}\times\frac{2}{3}\times\frac{4}{3}\times\frac{4}{5}\times\frac{6}{5}\times\frac{6}{7}\times\cdots$$

要求掌握用 while 语句实现累加累乘计算的方法。

实验内容	测试编号	程序运行结果示例
1	1	pi=3.1417926135957908
2	1	pi=3.141278447195826

3. 实验参考程序

任务 1 的参考程序：

```
1   # 计算圆周率
2   # 任务 1
3   def get_pi1():
4       sign, pi, n, term = 1, 1, 1, 1
5       while abs(term) >= 1e-4:
6           n += 2
7           sign = -sign
8           term = sign / n
9           pi += term
10      return 4 * pi
```

```
11
12  def main():
13      print(f'pi={get_pi1()}')
14
15  if __name__ == '__main__':
16      main()
```

任务 2 的参考程序 1：

```
1   # 计算圆周率
2   # 任务 2 程序 1
3   def get_pi2():
4       pi = 1
5       for i in range(2, 5000, 2):
6           pi *= (i*i) / ((i-1) * (i+1))
7       return 2 * pi
8
9   def main():
10      print(f'pi={get_pi2()}')
11
12  if __name__ == '__main__':
13      main()
```

任务 2 的参考程序 2：

```
1   # 计算圆周率
2   # 任务 2 程序 2
3   def get_pi2():
4       pi, i = 1, 2
5       while (i < 5000):
6           pi *= (i*i) / ((i-1) * (i+1))
7           i += 2
8       return 2 * pi
9
10  def main():
11      print(f'pi={get_pi2()}')
12
13  if __name__ == '__main__':
14      main()
```

【思考题】对于任务 1 的程序，如何知道其循环累加了多少项？

3.7　数字位数判断

1. 实验内容

请编程判断整数的位数。

2. 实验要求

任务 1：从键盘输入一个 int 型数据，输出该整数共有几位数字。

使用 while 语句通过“不断缩小到它的十分之一，直到为 0 为止”来判断整数 n 有几位数字并将其从函数返回。

任务 2：从键盘输入一个 int 型数据，输出该整数共有几位数字，以及包含各个数字的个数。

要求在输入负数的时候，能够忽略其负号。

实验内容	测试编号	程序运行结果示例
1	1	Input n:21125↙ 5 bits
	2	Input n:-12234↙ 5 bits
2	1	Input n:12226↙ 1: 1 2: 3 6: 1 5 bits
	2	Input n:-12243↙ 1:1 2:2 3:1 4:1 5 bits

3. 实验参考程序

任务1的参考程序：

```
1   # 数字位数判断任务 1
2   import math
3   def get_bits(n):
4       result = 0
5       while (n // 10) != 0:
6           result += 1
7           n /= 10
8       return result + 1
9
10  def main():
11      number = abs(int(input("Input n:")))
12      print(f'{get_bits(number)} bits')
13
14  if __name__ == '__main__':
15      main()
```

任务2的参考程序：

```
1   # 数字位数判断任务 2
2   import math
3   def get_bits(n):
4       result = 0
5       while (n // 10) != 0:
6           result += 1
7           n /= 10
8       return result + 1
9
10  def count_bits(string):
11      i, bits = 0, 0
12      count = [0] * 10
13      bits = get_bits(abs(int(string)))
14      while i < len(string):
15          if (string[i] >= '0') and (string[i] <= '9'):
16              m = int(string[i])
```

```
17                count[m] += 1
18            i += 1
19        for i in range(10):
20            if count[i] != 0:
21                print(f'{i}:{count[i]}')
22        return bits
23
24    def main():
25        number = input("Input n:")
26        print(f'{count_bits(number)} bits')
27
28    if __name__ == '__main__':
29        main()
```

3.8　阶乘求和

1. 实验内容

请采用防御性编程方法，编程计算从 1 到 n 的阶乘的和。要求程序具有对非法字符输入和错误输入等异常进行处理的能力，如果用户输入了不在合法范围内的数，则提示用户重新输入数据。

2. 实验要求

任务 1：先输入一个 [1,10] 范围内的数 n，然后计算并输出 $1! + 2! + 3! + \cdots + n!$。

要求用函数分别计算 n 的阶乘和 1 到 n 的阶乘的和（即 $1!+2!+\cdots+n!$）。

任务 2：先输入一个 [1,1000] 范围内的数 n，然后计算并输出 $S=1!+2!+\cdots+n!$ 的末 6 位（不含前导 0）。若 S 不足 6 位，则直接输出 S。

任务 3：先输入一个 [1, 1 000 000] 范围内的数 n，然后计算并输出 $S=1!+2!+\cdots+n!$ 的末 6 位（不含前导 0）。若 S 不足 6 位，则直接输出 S。

注意，不含前导 0 的意思是，如果末 6 位为 001234，则只输出 1234。

实验内容	测试编号	程序运行结果示例
1	1	Input n: 10↙ 4037913
	2	Input n: 5↙ 153
	3	Input n: a↙ Input n: -1↙ Input n: 15↙ Input n: 4↙ 33
2	1	Input n:8↙ 46233
	2	Input n:1000↙ 940313
	3	Input n: a↙ Input n: -1↙ Input n: 15↙ Input n: 10↙ 37913

（续）

实验内容	测试编号	程序运行结果示例
3	1	Input n:8↙ 46233
	2	Input n:23↙ 580313
	3	Input n:24↙ 940313
	4	Input n:1600↙ 940313
	5	Input n:1000000↙ 940313
	6	Input n: a↙ Input n: -1↙ Input n: 5000000↙ Input n: 10↙ 37913

3. 实验参考程序

任务1的参考程序：

```
1   # 阶乘求和
2   def fact(n):
3       p = 1
4       for i in range(1, n + 1):
5           p *= i
6       return p
7
8   def fact_sum(n):
9       total = 0
10      for i in range(1, n + 1):
11          total += fact(i)
12      return total
13
14  def main():
15      input_right = False
16      while not input_right:
17          try:
18              n = int(input("Input n:"))
19              if 1 <= n <= 10:
20                  input_right = True
21          except  ValueError:
22              input_right = False
23      print(fact_sum(n))
24
25  if __name__ == '__main__':
26      main()
```

任务2的参考程序：

```
1   # 阶乘求和末6位
2   MOD = 1000000
3   MIN = 1
4   MAX = 1000
```

```
5   def fact(n):
6       p = 1
7       for i in range(1, n + 1):
8           p *= i
9       return p
10
11  def fact_sum(n):
12      total = 0
13      for i in range(1, n + 1):
14          total += fact(i)
15      return total
16
17  def main():
18      input_right = False
19      while not input_right:
20          try:
21              n = int(input("Input n:"))
22              if n >= MIN and n <= MAX:
23                  input_right = True
24          except  ValueError:
25              input_right = False
26      print(fact_sum(n) % MOD)
27
28  if __name__ == '__main__':
29      main()
```

任务 3 的参考程序：

```
1   # 大数阶乘求和末 6 位
2   MOD = 1000000
3   MIN = 1
4   MAX = 1000000
5   def fact_sum_large(n):
6       if n > 24:
7           n = 24
8       total, f = 0, 1
9       for i in range(1, n + 1):
10          f = f * i % MOD
11          total = (total + f) % MOD
12      return total
13
14  def main():
15      input_right = False
16      while not input_right:
17          try:
18              n = int(input("Input n:"))
19              if n >= MIN and n <= MAX:
20                  input_right = True
21          except  ValueError:
22              input_right = False
23      print(fact_sum_large(n) % MOD)
24
25  if __name__ == '__main__':
26      main()
```

【思考题】请编写一个程序，计算所有的三位阶乘和数。三位阶乘和数是指这样一个三位数 m，假设其百位、十位和个位数字分别是 a、b、c，则有 $m = a!+b!+c!$（约定 $0!=1$）。

第 4 章　枚举法专题

实验目的

- 掌握用枚举法进行问题求解的基本原理和思想，针对给定的问题，能够选择恰当的方法求解问题，并使用启发式策略对程序进行优化。
- 掌握 break 语句、continue 语句以及标志变量在循环控制中的作用和使用方法。

4.1　还原算术表达式

1. 实验内容

任务 1：请编写一个程序求解以下算式中各字母所代表的数字的值，已知不同的字母代表不同的数字。

$$\begin{array}{r} \text{XYZ} \\ +\quad \text{YZZ} \\ \hline \text{一个三位数 } n \end{array}$$

【解题思路提示】本例中，枚举对象 X、Y、Z，Z 的枚举范围是 [0, 9]，X 和 Y 的枚举范围是 [1, 9]，找到所求解的判定条件为 100 × X+10 × Y+Z+Z+10 × Z+100 × Y==*n*。

任务 2：请编写一个程序求解以下算式中各字母所代表的数字的值，已知不同的字母代表不同的数字。

$$\begin{array}{r} \text{PEAR} \\ -\quad \text{ARA} \\ \hline \text{PEA} \end{array}$$

【解题思路提示】本例中，枚举对象 P、E、A、R，E 和 R 的枚举范围是 [0, 9]，两个数字的首位 P 和 A 的枚举范围是 [1, 9]，找到所求解的判定条件 P × 1000+E × 100+A × 10+R−(A × 100+R × 10+A)==P × 100+E × 10+A。

2. 实验要求

任务 1：先从键盘输入小于 1000 的 *n* 值，如果 *n* 不小于 1000，则重新输入 *n* 值，然后输出所有满足条件的解。

任务 2：输出满足条件的解，本程序无须输入数据。

实验内容	测试编号	程序运行结果示例

1	1	`Input n(n<1000):1021↙`
		`Input n(n<1000):532↙↙`
		`X=3,Y=2,Z=1`

	2	`Input n(n<1000):872↙` `X=2,Y=6,Z=1`

（续）

实验内容	测试编号	程序运行结果示例
1	3	Input n(n<1000):531↙ Not found!
2	1	PEAR=1098

3. 实验参考程序

任务 1 的参考程序 1：

```
1   # 还原算术表达式任务 1
2   def main():
3       find = False
4       n = int(input("Input n(n<1000):"))
5       while n > 1000 or n < 1:
6           n = int(input("Input n(n<1000):"))
7       for x in range(1, 10):
8           for y in range(1, 10):
9               for z in range(10):
10                  if 100 * x + 10 * y + z + z + 10 * z + 100 * y == n \
11                          and x != y and y != z and x != z:
12                      print(f'X={x},Y={y},Z={z}')
13                      find = True
14      if not find:
15          print("Not Found!")
16
17  if __name__ == '__main__':
18      main()
```

任务 1 的参考程序 2：

```
1   # 还原算术表达式任务 1
2   def main():
3       find = False
4       n = int(input("Input n(n<1000):"))
5       while n > 1000 or n < 1:
6           n = int(input("Input n(n<1000):"))
7       for x in range(1, 10):
8           for y in range(1, 10):
9               if y == x:
10                  continue
11              for z in range(10):
12                  if z == y or z == x:
13                      continue
14                  if 100 * x + 10 * y + z + z + 10 * z + 100 * y == n:
15                      print(f'X={x},Y={y},Z={z}')
16                      find = True
17      if not find:
18          print("Not Found!")
19
20  if __name__ == '__main__':
21      main()
```

任务 2 的参考程序 1：

```
1   # 还原算术表达式任务 2
2   def main():
3     for p in range(1, 10):
4       for e in range(10):
```

```
5          for a in range(1, 10):
6              for r in range(10):
7                  if p*1000+e*100+a*10+r-(a*100+r*10+a)==p*100+e*10+a\
8                          and r != p and r != e \
9                          and r != a and p != e \
10                         and p != a and e != a \
11                         and e != r and a != r:
12                     print(f'PEAR={p}{e}{a}{r}')
13
14 if __name__ == '__main__':
15     main()
```

任务2的参考程序2：

```
1  # 还原算术表达式任务2
2  def main():
3    for p in range(1, 10):
4      for e in range(10):
5          if e == p:
6              continue
7          for a in range(1, 10):
8              if a == p or a == e:
9                  continue
10             for r in range(10):
11                 if r == p or r == e or r == a:
12                     continue
13                 if p*1000+e*100+a*10+r-(a*100+r*10+a)==p*100+e*10+a:
14                     print(f'PEAR={p}{e}{a}{r}')
15
16 if __name__ == '__main__':
17     main()
```

4.2 求解不等式

1. 实验内容

任务1：请编写一个程序，对用户指定的正整数 n，计算并输出满足下面不等式的正整数 m。

$$1!+2!+\cdots+m!<n$$

任务2：请编写一个程序，对用户指定的正整数 n，计算并输出满足下面平方根不等式的最小正整数 m。

$$\sqrt{m}+\sqrt{m+1}+\cdots+\sqrt{2m}>n$$

任务3：请编写一个程序，对用户指定的正整数 n，计算并输出满足下面调和级数不等式的正整数 m。

$$n<1+1/2+1/3+\cdots+1/m<n+1$$

【解题思路提示】在本例的三个任务中，枚举对象均为 m，不等式本身就是判定条件，找到满足判定条件的解后需要使用break或标志变量的方法退出循环。采用枚举法对 m 从1开始试验，可得满足判定条件的 m 值。

2. 实验要求

任务1：先输入一个正整数 n 的值，然后输出满足不等式的正整数 m。

任务 2：先输入一个正整数 n 的值，然后输出满足不等式的最小正整数 m。

任务 3：先输入一个正整数 n 的值，然后输出满足不等式的正整数 m。

实验内容	测试编号	程序运行结果示例
1	1	Input n: 1000000↙ m<=9
	2	Input n: 10000↙ m<=7
2	1	Input n:10000↙ m>=407
	2	Input n: 100000↙ m>=1888
3	1	Input n:10↙ m=12367
	2	Input n: 5↙ m=83

3. 实验参考程序

任务 1 的参考程序：

```
1   # 求解不等式任务 1
2   import math
3
4   def main():
5       n = int(input("Input n:"))
6       i, term, total = 0, 1, 0
7       while total < n:
8           i += 1
9           term *= i
10          total += term
11      print(f'm<={i-1}')
12
13  if __name__ == '__main__':
14      main()
```

任务 2 的参考程序：

```
1   # 求解不等式任务 2
2   import math
3
4   def main():
5       m = 1
6       n = int(input("Input n:"))
7       while True:
8           s = 0
9           for i in range(m, 2*m+1):
10              s += math.sqrt(i)
11          if s > n:
12              break
13          m += 1
14      print(f'm>={m}')
15
16  if __name__ == '__main__':
17      main()
```

任务 3 的参考程序：

```
1   # 求解不等式任务 3
2   import math
3
4   def main():
5       n = int(input("Input n:"))
6       s, i = 0, 0
7       while s <= n
8           i += 1
9           s += 1 / i
10      print(f'm={i}')
11
12  if __name__ == '__main__':
13      main()
```

请读者分析为什么下面的代码执行效率会很低。

```
1   # 求解不等式任务 3
2   import math
3
4   def main():
5       m = 1
6       n = int(input("Input n:"))
7       while True:
8           s = 0
9           for i in range(1, m + 1):
10              s += 1 / i
11          if n < s < n + 1:
12              break
13          m += 1
14      print(f'm={m}')
15
16  if __name__ == '__main__':
17      main()
```

4.3　韩信点兵

1. 实验内容

韩信有一队兵，他想知道有多少人，便让士兵排队报数。按从 1 至 5 报数，最后一个士兵报的数为 1；按从 1 至 6 报数，最后一个士兵报的数为 5；按从 1 至 7 报数，最后一个士兵报的数为 4；最后再按从 1 至 11 报数，最后一个士兵报的数为 10。请编写一个程序，确定韩信至少有多少兵。

【解题思路提示】本例中枚举对象为兵数，设兵数为 x，按题意 x 应满足判定条件 $x\%5 == 1$ && $x\%6==5$ && $x\%7==4$ && $x\%11==10$，采用枚举法对 x 从 1 开始试验，可得到韩信至少有多少兵。

2. 实验要求

程序输出为韩信至少拥有的兵数，本程序无须输入数据。

测试编号	程序运行结果示例
1	x=2111

3. 实验参考程序

参考程序 1：

```
1   # 韩信点兵
2   def main():
3       x = 1
4       while True:
5           if x % 5 == 1 and x % 6 == 5 and x % 7 == 4 and x % 11 == 10:
6               print(f'x={x}')
7               break
8           x += 1
9
10  if __name__ == '__main__':
11      main()
```

参考程序 2：

```
1   # 韩信点兵
2   def main():
3       find = False
4       x = 1
5       while not find:
6           if x % 5 == 1 and x % 6 == 5 and x % 7 == 4 and x % 11 == 10:
7               print(f'x={x}')
8               find = True
9           x += 1
10
11  if __name__ == '__main__':
12      main()
```

【思考题】 爱因斯坦曾出过这样一道数学题：有一个长阶梯，若每步跨 2 阶，最后剩下 1 阶；若每步跨 3 阶，最后剩下 2 阶；若每步跨 5 阶，最后剩下 4 阶；若每步跨 6 阶，最后剩下 5 阶；只有每步跨 7 阶，最后才正好 1 阶不剩。请编程计算这个阶梯共有多少阶。

4.4 减肥食谱

1. 实验内容

某女生因减肥每餐限制摄入热量 900 卡，可以选择的食物包括：主食，一份面条 160 卡；副食，一份橘子 40 卡、一份西瓜 50 卡、一份蔬菜 80 卡。请编程帮助该女生计算如何选择一餐的食物，使总热量为 900 卡，同时至少包含一份面条和一份水果，而且总的份数不超过 10 份。

2. 实验要求

程序输出为该女生每天吃的面条份数、橘子份数、西瓜份数、蔬菜份数，要求按照“面条份数、橘子份数、西瓜份数、蔬菜份数”这个顺序输出所有可能的解。本程序无须输入数据。

测试编号	程序运行结果示例
1	2 0 2 6 3 0 2 4 3 2 2 3 4 0 2 2 4 2 2 1 4 4 2 0 5 0 2 0

3. 实验参考程序

参考程序 1：

```
1    # 减肥食谱
2    def main():
3        for i in range(1, 6):
4            for j in range(0, 23):
5                for k in range(0, 19):
6                    for m in range(0, 12):
7                        if i + j + k + m <= 10 and (j != 0 or k != 0):
8                            total = i * 160 + j * 40 + k * 50 + m * 80
9                            if total == 900:
10                               print(f"{i} {j} {k} {m}")
11                       else:
12                           break
13
14   if __name__ == '__main__':
15       main()
```

参考程序 2：

```
1    # 减肥食谱
2    def main():
3        for i in range(1, 6):
4            for j in range(0, 23):
5                for k in range(0, 19):
6                    for m in range(0, 12):
7                        if i + j + k + m <= 10 and (j != 0 or k != 0):
8                            total = i * 160 + j * 40 + k * 50 + m * 80
9                            if total == 900:
10                               print(f"{i} {j} {k} {m}")
11
12   if __name__ == '__main__':
13       main()
```

【思考题】某男生因减肥每天需要活动消耗热量，可以选择的活动包括：慢跑，30 分钟消耗 320 卡；洗衣服，一次 30 分钟消耗 50 卡；看电影，一次一小时消耗 60 卡；学习，一次 40 分钟消耗 60 卡。请帮助该男生计算如何安排这些活动，保证能消耗掉不低于 600 卡、不超过 1000 卡的热量，而花费的时间不超过 3 小时，同时每天至少安排一次学习、至多看一次电影。

第 5 章　递推法专题

实验目的

- 掌握用递推法进行问题求解的基本原理和思想，理解正向顺推和反向逆推在求解问题时的不同特点。
- 针对给定的问题，能够选择恰当的方法求解问题，并使用启发式策略对程序的效率进行优化。

5.1　猴子吃桃

1. 实验内容

猴子第一天摘了若干个桃子，吃了一半，不过瘾，又多吃了 1 个。第二天早上将剩余的桃子又吃掉一半，并且又多吃了 1 个。此后每天都是吃掉前一天剩下的一半零一个。到第 n 天再想吃时，发现只剩下 1 个桃子。请编写一个程序，计算第一天它摘了多少桃子。

【解题思路提示】根据题意，猴子每天剩下的桃子数都比前一天的一半少一个，假设第 i+1 天的桃子数是 x_{i+1}，第 i 天的桃子数是 x_i，则有 $x_{i+1}= x_i/2-1$。换句话说，就是每天剩下的桃子数加 1 之后，刚好是前一天的一半，即 $x_i=2\times(x_{i+1}+1)$，第 n 天剩余的桃子数是 1，即 $x_n=1$。根据递推公式 $x_i=2\times(x_{i+1}+1)$，从初值 $x_n=1$ 开始反向逆推依次得到 $x_{n-1}=4$，$x_{n-2}=10$，$x_{n-3}=22$，…，直到推出第 1 天的桃子数即为所求。

2. 实验要求

先输入天数 n，然后输出第一天摘的桃子数。要求掌握反向逆推的问题求解方法以及递推程序实现方法。

测试编号	程序运行结果示例
1	Input days:5↙ x=46
2	Input days:10↙ x=1534

3. 实验参考程序

参考程序：

```
1    # 猴子吃桃
2    def monkey(n):
3        x = 1
4        while n > 1:
5            x = (x + 1) * 2
6            n -= 1
7        return x
8
9    def main():
10       days = int(input("Input days:"))
```

```
11      total = monkey(days)
12      print(f'x={total}')
13
14
15  if __name__ == '__main__':
16      main()
```

5.2　吹气球

1. 实验内容

已知一只气球最多能充 h 升气体，如果气球内的气体超过 h 升，气球就会爆炸。小明每天吹一次气，每次吹进去 m 升气体，由于气球慢撒气，到了第二天早晨发现少了 n 升气体，若小明从早晨开始吹一只气球，请编写一个程序计算第几天气球才能被吹爆。

【解题思路提示】假设气球内的气体体积 volume 的初值为 0，那么吹气的过程就是执行下面这个累加运算：

```
volume = volume + m;
```

而气球撒气的过程就是执行下面这个累加运算：

```
volume = volume - n;
```

在每次吹气后（注意不是撒气后）判断气球是否会被吹爆。当 volume $>h$ 时，表示气球被吹爆，此时函数返回累计的天数。

2. 实验要求

先输入 h、m、n，然后输出气球被吹爆所需的天数。要求输入的 h 和 m 大于 0，n 大于等于 0，并且一次吹进去的气体 m 大于一次撒气的气体量 n，否则重新输入数据。要求用函数编写程序。

要求掌握正向顺推的问题求解方法和防御式编程方法。

测试编号	程序运行结果示例
1	请输入 h,m,n:20,2,3↙ 请输入 h,m,n:20,5,3↙ 气球第 9 天被吹爆
2	请输入 h,m,n:30,40,1↙ 气球第 1 天被吹爆

3. 实验参考程序

参考程序：

```
1   # 吹气球
2   def get_days(h, m, n):
3       days, volumn, today = 0, 0, 0
4       while today <= h:
5           days += 1
6           volumn += m
7           today = volumn
8           volumn -= n
9       return days
10
11  def main():
12      input_right = False
```

```
13      while not input_right:
14          h, m, n = eval(input("请输入h,m,n:"))
15          if h <= 0 or m <= 0 or n < 0 or m <= n:
16              input_right = False
17          else:
18              input_right = True
19              print(f'气球第{get_days(h, m, n)}天被吹爆')
20
21  if __name__ == '__main__':
22      main()
```

【思考题】已知一只气球最多能充 h 升气体，如果气球内的气体超过 h 升，气球就会爆炸。小明每天吹一次气，每次吹进去 m 升气体，由于气球慢撒气，到了中午发现少了 n 升气体，到了第二天早晨发现气球依然有气，但比前一天中午又少 $2\times n$ 升气体。若小明从早晨开始吹一只气球，每天允许吹两次气，早晨和中午各一次，请编写一个程序计算第几天的什么时刻（早晨或中午）气球能被吹爆。

要求 m 与 n 的关系满足 $m > 3\times n$，当输入的 h 和 m 小于等于 0 以及 $m \leqslant 3\times n$ 时，重新输入数据。

5.3　发红包

1. 实验内容

某公司现提供 n 个红包，每个红包 1 元钱，假设所有人都可以领。在红包足够的情况下，排在第 i 位的人领 Fib(i) 个红包，这里 Fib(i) 是 Fibonacci 数列的第 i 项（第 1 项为 1）。若轮到第 i 个人领取时剩余的红包不到 Fib(i) 个，那么他就获得所有剩余的红包，第 i+1 个人及以后的人无法获得红包。小白希望自己能拿到最多的红包，请编写一个程序帮小白算一算他应该排在第几个位置，能拿到多少个红包。

【解题思路提示】计算每个人领取红包的个数，需要先计算 Fibonacci 数列。计算 Fibonacci 数列的递推公式如下：

$$f_1 = 1 \qquad (i = 1)$$
$$f_2 = 1 \qquad (i = 2)$$
$$f_i = f_{i-1} + f_{i-2} \qquad (i \geqslant 3)$$

依次令 i=1，2，3，…，可由上述公式递推求出 Fibonacci 数列的前几项分别为：

1，1，2，3，5，8，13，21，34，55，89，144，…

将这些项累加在一起，直到累加和大于等于 n 为止。如果 n 与前 $i-1$ 项的累加和的差值大于 fib($i-1$)，则 n 与前 $i-1$ 项的累加和的差值即为小白可以拿到的最多红包数，i 就是他应排的位置，否则 fib($i-1$) 即为小白可以拿到的最多红包数，$i-1$ 就是他应排的位置。

$n \leqslant 3$ 的情况需要单独处理，此时小白能拿到的最多红包数都是 1。

要计算 Fibonacci 数列，需要使用正向顺推方法求解。

方法 1：使用三个变量 $f1$、$f2$、$f3$ 求出 Fibonacci 数列的第 n 项。用 $f1$、$f2$、$f3$ 分别记录数列中相邻的三项数值，这样不断由前项求出后项，通过 $n-2$ 次递推，即可求出数列中的第 n 项。如下所示，计算 Fibonacci 数列的第 12 项需递推 10 次。

序号	1	2	3	4	5	6	7	8	9	10	11	12
数列值	1	1	2	3	5	8	13	21	34	55	89	144
第 1 次迭代	*f*1	*f*2	*f*3									
第 2 次迭代		*f*1	*f*2	*f*3								
第 3 次迭代			*f*1	*f*2	*f*3							
第 4 次迭代				*f*1	*f*2	*f*3						
第 5 次迭代					*f*1	*f*2	*f*3					
第 6 次迭代						*f*1	*f*2	*f*3				
第 7 次迭代							*f*1	*f*2	*f*3			
第 8 次迭代								*f*1	*f*2	*f*3		
第 9 次迭代									*f*1	*f*2	*f*3	
第 10 次迭代										*f*1	*f*2	*f*3

方法 2：使用两个变量 *f*1、*f*2 求出 Fibonacci 数列的第 *n* 项。如下所示，递推 6 次即可计算出 Fibonacci 数列的第 12 项。

序号	1	2	3	4	5	6	7	8	9	10	11	12
数列值	1	1	2	3	5	8	13	21	34	55	89	144
第 1 次迭代	*f*1	*f*2										
第 2 次迭代			*f*1	*f*2								
第 3 次迭代					*f*1	*f*2						
第 4 次迭代							*f*1	*f*2				
第 5 次迭代									*f*1	*f*2		
第 6 次迭代											*f*1	*f*2

方法 3：用数组作为函数参数，用数组保存递推计算的 Fibonacci 数列的前 *n* 项。

2. 实验要求

先输入公司提供的总的红包数量 *n*，然后输出小白的位置以及他能拿到的红包数量（即红包金额）。如果存在多个位置获得的最多红包金额相同，则输出第一个位置。

要求掌握正向顺推的问题求解方法以及递推程序实现方法。

测试编号	程序运行结果示例
1	Input n:1↙ pos=1 Hongbao=1
2	Input n:20↙ pos=6 Hongbao=8
3	Input n:21↙ pos=6 Hongbao=8
4	Input n:29↙ pos=7 Hongbao=9
5	Input n:1018↙ pos=14 Hongbao=377

3. 实验参考程序

参考程序 1：

```
1   # 发红包
2   def fib(n):
3       f1, f2 = 1, 1
4       if n == 1 or n == 2:
5           return 1
6       else:
7           for i in range(3, n+1):
8               f3 = f1 + f2
9               f1 = f2
10              f2 = f3
11          return f3
12
13  def main():
14      total, i = 2, 2
15      n = int(input("Input n:"))
16      if n > 3:
17          while total < n:
18              i += 1
19              total += fib(i)
20          total -= fib(i)
21          if n-total > fib(i-1):
22              print(f'pos={i}\nHongbao={n-total}')
23          else:
24              print(f'pos={i-1}\nHongbao={fib(i-1)}')
25      else:
26          print("pos=1\nHongbao=1")
27
28  if __name__ == '__main__':
29      main()
```

参考程序 2：

```
1   # 发红包
2
3   def fib(n):
4       f1, f2 = 1, 1
5       if n == 1 or n == 2:
6           return 1
7       else:
8           for i in range(1, (n+1)//2):
9               f1 = f1 + f2
10              f2 = f2 + f1
11          return f1 if n % 2 != 0 else f2
12
13  def main():
14      total, i = 2, 2
15      n = int(input("Input n:"))
16      if n > 3:
17          while total < n:
18              i += 1
19              total += fib(i)
20          total -= fib(i)
21          if n-total > fib(i-1):
22              print(f'pos={i}\nHongbao={n-total}')
23          else:
```

```
24                print(f'pos={i-1}\nHongbao={fib(i-1)}')
25        else:
26            print("pos=1\nHongbao=1")
27
28    if __name__ == '__main__':
29        main()
```

参考程序 3：

```
1     # 发红包
2     def fib(n):
3         f = [0, 1, 1]
4         for i in range(1, n+1):
5             f.append(f[i] + f[i+1])
6         return f
7
8     def main():
9         total, i = 2, 2
10        n = int(input("Input n:"))
11        f = fib(n)
12        if n > 3:
13            while total < n:
14                i += 1
15                total += f[i]
16            total -= f[i]
17            if n-total > f[i-1]:
18                print(f'pos={i}\nHongbao={n-total}')
19            else:
20                print(f'pos={i-1}\nHongbao={f[i-1]}')
21        else:
22            print("pos=1\nHongbao=1")
23
24    if __name__ == '__main__':
25        main()
```

【思考题】某公司现提供 n 个红包，每个红包 1 元钱，假设所有人都可以领。在红包足够的情况下，排在第 i 位的人领 Fib(i) 个红包，这里 Fib(i) 是 Fibonacci 数列的第 i 项（第 1 项为 1）。若轮到第 i 个人领取时剩余的红包不到 Fib(i) 个，那么他就获得所有剩余的红包，第 i+1 个人及以后的人无法获得红包。请编写一个程序，计算一共可以有多少人能够领到红包，并计算最后一个人能拿到多少红包。

5.4　水手分椰子

1. 实验内容

n（$1 < n \leqslant 8$）个水手在岛上发现一堆椰子，先由第 1 个水手把椰子分为等量的 n 堆，还剩下 1 个给了猴子，自己藏起 1 堆。然后，第 2 个水手把剩下的 n−1 堆混合后重新分为等量的 n 堆，还剩下 1 个给了猴子，自己藏起 1 堆。以后第 3、4 个水手依次按此方法处理。最后，第 n 个水手把剩下的椰子分为等量的 n 堆后，同样剩下 1 个给了猴子。请编写一个程序，计算原来这堆椰子至少有多少个。

【解题思路提示】依题意，前一水手面对的椰子数减 1（给了猴子）后，取其 4/5，就是留给当前水手的椰子数。因此，若当前水手面对的椰子数是 y 个，则他前一个水手面对的

椰子数是 $y\times5/4+1$ 个，依此类推。若某一个整数 y 经上述 5 次迭代都是整数，则最后的结果即为所求。因为依题意 y 一定是 5 的倍数加 1，所以让 y 从 $5x+1$ 开始取值（x 从 1 开始取值），在按 $y\times5/4+1$ 进行的 4 次迭代中，若某一次 y 不是整数，则将 x 加 1 后用新的 x 再试，直到 5 次迭代的 y 值全部为整数，输出 y 值即为所求。

一般来说，对 n（$n>1$）个水手，按 $y\times n/(n-1)+1$ 进行 n 次迭代可得 n 个水手分椰子问题的解。

2. 实验要求

先从键盘输入 n 的值，然后输出原来至少应该有的椰子数。

要求掌握联合递推与枚举进行问题求解的方法。

测试编号	程序运行结果示例
1	Input n:5↙ y = 3121
2	Input n:8↙ y = 16777209

3. 实验参考程序

```
1   # 水手分椰子
2   def cocount(n):
3       i, x = 1, 1
4       y = n * x + 1
5       while i < n:
6           y = y * n / (n - 1) + 1
7           i += 1
8           if y != int(y):
9               x += 1
10              y = n * x + 1
11              i = 1
12      return int(y)
13
14  def main():
15      n = int(input("Input n:"))
16      while n < 1 or n > 8:
17          n = int(input("Input n:"))
18      print(f'y={cocount(n)}')
19
20  if __name__ == '__main__':
21      main()
```

【思考题】 本题还可以从另一个角度联合枚举和递推方法进行求解。首先确定枚举对象为椰子数 m，m 从 $n+1$ 开始试，按照 $m=m+n$ 来试下一个 m，判定条件需要通过递推方法来确定，令 y 的初值为 m，若 $y-1$ 对 n 的取模结果为 0，则剩下的椰子数为 $y=(n-1)\times(y-1)/n$。依此类推，递推 n 次都能满足 $y-1$ 对 n 的取模结果为 0，则 m 即为所求。只要有一次循环不满足此条件，就继续试下一个 n。请按此思路编写程序求解。

第 6 章　近似迭代法专题

实验目的

- 掌握近似迭代法的基本原理和思想，掌握简单迭代、牛顿迭代以及二分法在求解方程根时的不同特点。
- 对比不同迭代法的收敛速度。

6.1　直接迭代法求方程根

1. 实验内容

用简单迭代法（也称直接迭代法）求一元二次方程 $x^3-x-1=0$ 在 [1,3] 之间的根。

【解题思路提示】 设迭代变量为 x，从方程 $x^3-x-1=0$ 可以推出以下迭代关系式：

$$x_{n+1}=\sqrt[3]{x_n+1}$$

设迭代初值为 x_0，满足迭代结束条件 $|x_{n+1}-x_n|<\varepsilon$（$\varepsilon$ 是一个很小的数，例如 10^{-6}）的 x_{n+1} 即为所求。请编写一个程序，用简单迭代法求解方程的根，并输出所需的迭代次数。

2. 实验要求

先从键盘输入迭代初值 x_0 和允许的误差 ε，然后输出求得的方程根和所需的迭代次数。要求掌握求解方程根的简单迭代方法的基本思想及程序实现方法。

测试编号	程序运行结果示例
1	Input x0,eps:2,1e-6↙ x=1.324718 count=9

3. 实验参考程序

参考程序 1：

```
1   # 直接迭代法求方程根
2   import math
3
4   def iteration(x1, eps):
5       count = 0
6       while True:
7           x0 = x1
8           x1 = pow(x0 + 1, 1 / 3)
9           count += 1
10          if math.fabs(x1-x0) < eps:
11              break
12      return x1, count
13
14  def main():
15      x0, eps = eval(input("Input x0,eps:"))
16      x1, count = iteration(x0, eps)
```

```
17      print("x={:f}".format(x1))
18      print("count={:d}".format(count))
19
20  if __name__ == '__main__':
21      main()
```

参考程序 2：

```
1   # 直接迭代法求方程根
2   import math
3
4   def iteration(x1, eps):
5       count = 0
6       x1, x0 = 1, 0
7       while math.fabs(x1-x0) >= eps:
8           x0 = x1
9           x1 = pow(x0 + 1, 1 / 3)
10          count += 1
11      return x1, count
12
13  def main():
14      x0, eps = eval(input("Input x0,eps:"))
15      x1, count = iteration(x0, eps)
16      print(f'x={x1:f}')
17      print(f'count={count}')
18
19  if __name__ == '__main__':
20      main()
```

6.2 牛顿迭代法求方程根

1. 实验内容

用牛顿迭代法求一元二次方程 $x^3-x-1=0$ 在 [1,3] 之间的根。

【解题思路提示】求方程 $f(x)=0$ 的根相当于求函数 $f(x)$ 与 x 轴交点的横坐标。如图 6-1 所示，牛顿迭代法的基本原理就是，用函数 $f(x)$ 的切线与 x 轴交点的横坐标近似代替函数 $f(x)$ 与 x 轴交点的横坐标。用牛顿迭代法解非线性方程，实质上是以直代曲，把非线性方程 $f(x)=0$ 线性化的一种近似方法，相当于使用函数 $f(x)$ 的泰勒级数的前两项（取其线性部分）来近似得到方程 $f(x)=0$ 的根。

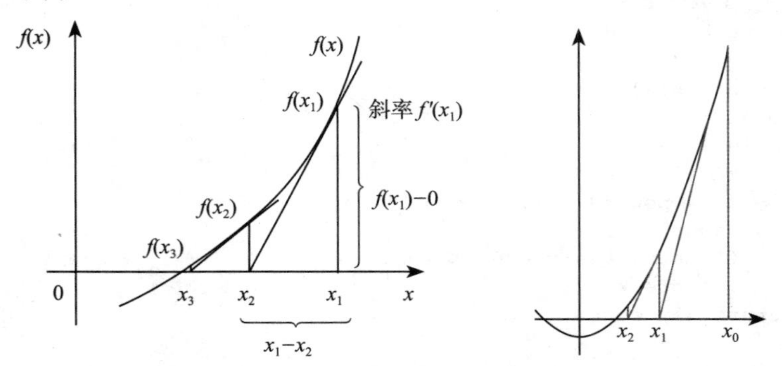

图 6-1 牛顿迭代法求方程根的原理示意图

设 x^* 是方程 $f(x)=0$ 的根，选取 x_1 作为 x^* 的初始估值，过点 $(x_1, f(x_1))$ 作曲线 $y = f(x)$ 的

切线 L，切线 L 的斜率为 $f'(x_1)$，切线 L 的方程为：

$$y=f(x_1)+f'(x_1)(x-x_1)$$

设 $f'(x)\neq 0$，则求出切线 L 与 x 轴交点 $(x_2,0)$ 的横坐标 x_2 作为根 x^* 的一个新估值，将交点 $(x_2,0)$ 代入切线方程得 x_2 的值为

$$x_2=x_1-\frac{f(x_1)}{f'(x_1)}$$

过点 $(x_2,f(x_2))$ 作曲线 $y=f(x)$ 的切线，并求该切线与 x 轴交点的横坐标 x_3 为

$$x_3=x_2-\frac{f(x_2)}{f'(x_2)}$$

重复以上过程，得 x^* 的近似值序列为 $x_1, x_2,\cdots, x_n,\cdots$。其中，

$$x_{n+1}=x_n-\frac{f(x_n)}{f'(x_n)}$$

上式称为求解方程 $f(x)=0$ 根的牛顿迭代公式。x_n 称为迭代变量，在每次迭代中不断以新值 x_{n+1} 取代旧值 x_n 继续迭代，直到 $|x_{n+1}-x_n|<\varepsilon$（$\varepsilon$ 是一个很小的数，例如 10^{-6}）为止，于是认为 x_{n+1} 是方程 $f(x)=0$ 的根。

2. 实验要求

先从键盘输入迭代初值 x_0 和允许的误差 ε，然后输出求得的方程根和所需的迭代次数。要求掌握求解方程根的牛顿迭代方法的基本思想及程序实现方法。

测试编号	程序运行结果示例
1	Input x0,eps:2,1e-6↙ x=1.324718 count=6

3. 实验参考程序

参考程序 1：

```
1   # 牛顿迭代法求方程根
2   import math
3
4   def fun(x):
5       return pow(x, 3) - x - 1
6
7   def fun1(x):
8       return 3 * x * x - 1
9
10  def newton_iteration(x1, eps):
11      count = 0
12      while True:
13          x0 = x1
14          x1 = x0 - fun(x0) / fun1(x0)
15          count += 1
16          if math.fabs(x1 - x0) < eps:
17              break
18      return x1, count
19
20  def main():
21      x0, eps = eval(input("Input x0,eps:"))
```

```
22      x1, count = newton_iteration(x0, eps)
23      print(f'x={x1:f}')
24      print(f'count={count:d}')
25
26  if __name__ == '__main__':
27      main()
```

参考程序 2：

```
1   # 牛顿迭代法求方程根
2   import math
3
4   def fun(x):
5       return pow(x, 3) - x - 1
6
7   def fun1(x):
8       return 3 * x * x - 1
9
10  def newton_iteration(x1, eps):
11      count = 1
12      x0 = x1
13      x1 = x0 - fun(x0) / fun1(x0)
14      while math.fabs(x1 - x0) >= eps:
15          x0 = x1
16          x1 = x0 - fun(x0) / fun1(x0)
17          count += 1
18      return x1, count
19
20  def main():
21      x0, eps = eval(input("Input x0,eps:"))
22      x1, count = newton_iteration(x0, eps)
23      print(f'x={x1:f}')
24      print(f'count={count:d}')
25
26  if __name__ == '__main__':
27      main()
```

参考程序 3：

```
1   # 牛顿迭代法求方程根
2   import math
3
4   def fun(x):
5       return pow(x, 3) - x - 1
6
7   def fun1(x):
8       return 3 * x * x - 1
9
10  def newton_iteration(x1, eps):
11      count = 1
12      x0 = x1
13      x1 = x0 - fun(x0) / fun1(x0)
14      while not math.isclose(x1, x0, rel_tol=eps/max(abs(x0), abs(x1))):
15          x0 = x1
16          x1 = x0 - fun(x0) / fun1(x0)
17          count += 1
18      return x1, count
19
```

```
20 def main():
21     x0, eps = eval(input("Input x0,eps:"))
22     x1, count = newton_iteration(x0, eps)
23     print(f'x={x1:f}')
24     print(f'count={count:d}')
25
26 if __name__ == '__main__':
27     main()
```

6.3 二分法求方程根

1. 实验内容

用二分法求一元三次方程 $x^3-x-1=0$ 在区间 [1, 3] 上误差不大于 10^{-6} 的根。

【解题思路提示】 如图 6-2 所示，用二分法求方程的根的基本原理是：若函数有实根，则函数曲线应当在根 x^* 这一点上与 x 轴有一个交点，并且由于函数是单调的，在根附近的左右区间内，函数值的符号应当相反。利用这一特点，可以不断地将求根区间二分，每次将求根区间缩小为原来的一半，在新的折半后的区间内继续搜索方程的根，对根所在区间继续二分，直到求出方程的根为止，输出方程的根并打印出所需的迭代次数。

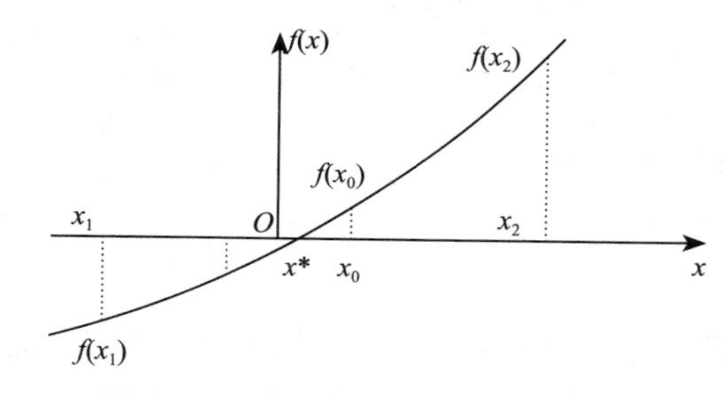

图 6-2 二分法求方程的根原理示意图

该方法的关键在于解决如下两个问题：

1）如何对区间进行二分，并在二分后的左右两个区间中确定下一次求根搜索的区间？

假设区间端点为 x_1 和 x_2，则通过计算区间的中点 x_0，即可将区间 $[x_1, x_2]$ 二分为 $[x_1, x_0]$ 和 $[x_0, x_2]$。这时，为了确定下一次求根搜索的区间，必须判断方程的根在哪一个区间内，由图 6-2 可知方程的根所在区间的两个端点处的函数值的符号一定是相反的。也就是说，如果 $f(x_0)$ 与 $f(x_1)$ 是异号的，则根一定在左区间 $[x_1, x_0]$ 内，否则根一定在右区间 $[x_0, x_2]$ 内。

2）如何终止这个搜索过程？也就是说，如何确定找到了方程的根？

对根所在区间继续二分，直到 $|f(x_0)| \leqslant \varepsilon$（$\varepsilon$ 是一个很小的数，例如 10^{-6}），即 $|f(x_0)| \approx 0$，认为 x_0 是逼近函数 $f(x)$ 的根。

2. 实验要求

先从键盘输入迭代初值 x_0 和允许的误差 ε，然后输出求得的方程根和所需的迭代次数。

要求掌握求解方程根的二分法的基本思想及程序实现方法。

测试编号	程序运行结果示例
1	Input x1,x2,eps:1,3,1e-6↙ x=1.324718 count=22

3. 实验参考程序

```
1   # 二分法求方程根
2   import math
3
4   def fun(x):
5       return pow(x, 3) - x - 1
6
7   def dichotomy_iteration(x1, x2, eps):
8       count = 1
9       x0 = (x1 + x2) / 2
10      while math.fabs(fun(x0)) > eps:
11          if fun(x0) * fun(x1) < 0:
12              x2 = x0
13          else:
14              x1 = x0
15          count += 1
16          x0 = (x1 + x2) / 2
17      return x1, count
18
19  def main():
20      x1, x2, eps = eval(input("Input x1,x2,eps:"))
21      while fun(x1) * fun(x2) > 0:
22          x1, x2, eps = eval(input("Input x1,x2,eps:"))
23      x0, count = dichotomy_iteration(x1, x2, eps)
24      print(f'x={x0:f}')
25      print(f'count={count}')
26
27  if __name__ == '__main__':
28      main()
```

【思考题】请读者自己对比分析简单迭代、牛顿迭代以及二分法求方程根这几种方法的不同特点。

6.4　计算平方根

1. 实验内容

已知可用下面的迭代公式求 m 的平方根：

$$x_{n+1} = (x_n + m / x_n) /2$$

在每次迭代中不断以新值 x_{n+1} 取代旧值 x_n 继续迭代，直到 $| x_{n+1}-x_n | < \varepsilon$（$\varepsilon$ 是一个很小的数，例如 10^{-6}）为止。

2. 实验要求

先从键盘输入迭代初值 x_0 和允许的误差 ε，然后输出求得的平方根和所需的迭代次数。要求平方根的输出结果保留 3 位小数。

要求掌握近似迭代方法的基本思想及程序实现方法。

测试编号	程序运行结果示例
1	Input m,eps:3,1e-6↙ 1.732
2	Input m,eps:24,1e-6↙ 4.899

3. 实验参考程序

```
1   # 计算平方根
2   import math
3
4   def my_sqrt(m, eps):
5       x = m
6       y = (x + m / x) / 2
7       while math.fabs(x-y) >= eps:
8           x = y
9           y = (x + m / x) / 2
10      return y
11
12  def main():
13      m, eps = eval(input("Input m,eps:"))
14      y = my_sqrt(m, eps)
15      print(f'{y:.3f}')
16
17  if __name__ == '__main__':
18      main()
```

【思考题】在本专题中，几种迭代算法在某些情况下都有可能无法收敛，如果数列发散，那么这个迭代过程将永远不会结束。为防止这种情况发生，一定要给迭代设置一个迭代次数的上限值 N，当迭代次数达到 N 时，即使误差没有降到指定范围，也要停止迭代。此外，在涉及除法运算时还要检查除数是否为 0，以避免发生除 0 错误，请读者根据这些提示优化算法的程序实现。

第7章　递归法专题

实验目的

- 掌握用递归法进行问题求解的基本思想。理解分治与递归、递归与迭代之间的关系。
- 掌握递归程序的设计和实现方法。理解递归函数的定义、调用和执行过程，以及条件递归的基本要素。

7.1　最大公约数

1. 实验内容

两个正整数的最大公约数（Greatest Common Divisor，GCD）是能够整除这两个整数的最大整数。从键盘任意输入两个正整数 a 和 b，请分别采用如下几种方法编程计算并输出 a 和 b 的最大公约数。

任务 1：枚举法。由于 a 和 b 的最大公约数不可能比 a 和 b 中的较小者还大，否则一定不能整除它，因此，先找到 a 和 b 中的较小者 t，然后从 t 开始逐次减 1 来尝试每种可能，即检验 t 到 1 之间的所有整数，第一个满足公约数条件的 t，就是 a 和 b 的最大公约数。

任务 2：欧几里得算法，也称辗转相除法。对正整数 a 和 b，连续进行取模运算，直到余数为 0 为止，此时非 0 的除数就是最大公约数。设 $r=a \bmod b$ 表示 a 除以 b 的余数，若 $r \neq 0$，则将 b 作为新的 a，r 作为新的 b，即 $\mathrm{Gcd}(a, b)=\mathrm{Gcd}(b, r)$，重复 $a \bmod b$ 运算，直到 $r=0$ 时为止，此时 b 为所求的最大公约数。例如，50 和 15 的最大公约数的求解过程可表示为：$\mathrm{Gcd}(50, 15)=\mathrm{Gcd}(15, 5)=\mathrm{Gcd}(5, 0)=5$。

该算法既可以用迭代程序实现，也可以用递归程序实现。

任务 3：利用最大公约数的性质计算。对正整数 a 和 b，当 $a > b$ 时，若 a 中含有与 b 相同的公约数，则 a 中去掉 b 后剩余的部分 $a-b$ 中也应含有与 b 相同的公约数，对 $a-b$ 和 b 计算公约数就相当于对 a 和 b 计算公约数。反复使用最大公约数的上述性质，直到 a 和 b 相等为止，这时，a 或 b 就是它们的最大公约数。

这三条性质也可以表示为：

性质 1　如果 $a > b$，则 a 和 b 与 $a-b$ 和 b 的最大公约数相同，即 $\mathrm{Gcd}(a, b) = \mathrm{Gcd}(a-b, b)$

性质 2　如果 $b > a$，则 a 和 b 与 a 和 $b-a$ 的最大公约数相同，即 $\mathrm{Gcd}(a, b) = \mathrm{Gcd}(a, b-a)$

性质 3　如果 $a=b$，则 a 和 b 的最大公约数与 a 值和 b 值相同，即 $\mathrm{Gcd}(a, b) = a = b$

该算法既可以用迭代程序实现，也可以用递归程序实现。

2. 实验要求

从键盘输入的两个数中只要有一个是负数，就输出“Input error !”。程序输出的是两个正整数的最大公约数。

要求掌握最大公约数的多种求解方法，理解递归函数的定义、调用和执行过程，以及条件递归的基本要素。

测试编号	程序运行结果示例
1	Input a,b:16,24↙ 8
2	Input a,b:-2,-8↙ Input error!

3. 实验参考程序

任务 1 的参考程序：

```
1   # 最大公约数任务 1
2   def enumerate_gcd(a, b):
3       if a <= 0 or b <= 0:
4           return -1
5       t = a if a < b else b
6       for i in range(t, 0, -1):
7           if a % i == 0 and b % i == 0:
8               return i
9       return 1
10
11  def main():
12      a, b = eval(input("Input a,b:"))
13      c = enumerate_gcd(a, b)
14      if c != -1:
15          print(c)
16      else:
17          print("Input error!")
18
19  if __name__ == '__main__':
20      main()
```

任务 2 的用非递归方法编写的参考程序 1：

```
1   # 最大公约数任务 2
2   def euclidean_algorithm_gcd(a, b):
3       if a <= 0 or b <= 0:
4           return -1
5       r = a % b
6       while r != 0:
7           a = b
8           b = r
9           r = a % b
10      return b
11
12  def main():
13      a, b = eval(input("Input a,b:"))
14      c = euclidean_algorithm_gcd(a, b)
15      if c != -1:
16          print(c)
17      else:
18          print("Input error!")
19
20  if __name__ == '__main__':
21      main()
```

任务 2 的用递归方法编写的参考程序 2：

```
1   # 最大公约数任务 2
2   def euclidean_algorithm_gcd(a, b):
```

```
3         if a <= 0 or b <= 0:
4             return -1
5         if a % b == 0:
6             return b;
7         else:
8             return euclidean_algorithm_gcd(b, a%b)
9
10    def main():
11        a, b = eval(input("Input a,b:"))
12        c = euclidean_algorithm_gcd(a, b)
13        if c != -1:
14            print(c)
15        else:
16            print("Input error!")
17
18    if __name__ == '__main__':
19        main()
```

任务 3 的用非递归方法编写的参考程序 1:

```
1     # 最大公约数任务 3
2     def greatest_common_divisor_gcd(a, b):
3         if a <= 0 or b <= 0:
4             return -1
5         while a != b:
6             if a > b:
7                 a = a - b
8             elif b > a:
9                 b = b - a
10        return a
11
12    def main():
13        a, b = eval(input("Input a,b:"))
14        c = greatest_common_divisor_gcd(a, b)
15        if c != -1:
16            print(c)
17        else:
18            print("Input error!")
19
20    if __name__ == '__main__':
21        main()
```

任务 3 的用递归方法编写的参考程序 2:

```
1     # 最大公约数任务 3
2     def greatest_common_divisor_gcd(a, b):
3         if a <= 0 or b <= 0:
4             return -1
5         if a == b:
6             return a
7         elif a > b:
8             return greatest_common_divisor_gcd(a - b, b)
9         else:
10            return greatest_common_divisor_gcd(a, b - a)
11
12    def main():
13        a, b = eval(input("Input a,b:"))
14        c = greatest_common_divisor_gcd(a, b)
15        if c != -1:
```

```
16            print(c)
17        else:
18            print("Input error!")
19
20    if __name__ == '__main__':
21        main()
```

7.2　汉诺塔问题

1. 实验内容

汉诺塔（Hanoi）是必须用递归方法才能解决的经典问题。它来自印度神话。大梵天创造世界时做了三根金刚石柱子，在第一根柱子上从下往上按大小顺序摞着 64 片黄金圆盘。大梵天命令婆罗门把圆盘从下面开始按大小顺序重新摆放到第二根柱子上，并且规定每次只能移动一个圆盘，在小圆盘上不能放大圆盘。请编写一个程序，求解 n（$n>1$）个圆盘的汉诺塔问题。

【解题思路提示】 图 7-1 是有 n（$n>1$）个圆盘的汉诺塔的初始状态。首先考虑最简单的问题：1 个圆盘的汉诺塔问题，只要直接将一个圆盘从一根柱子移到另一根柱子上即可求解。接下来考虑有 n 个圆盘的汉诺塔问题的求解。采用数学归纳法来分析，假设有 $n-1$ 个圆盘的汉诺塔问题已经得到解决，利用这个已解决的问题来求解 n 个圆盘的汉诺塔问题。具体方法是：将“上面的 $n-1$ 个圆盘”看成一个整体，即将 n 个圆盘分成两部分：上面的 $n-1$ 个圆盘和最下面的第 n 号圆盘。于是，移动 n 个圆盘的汉诺塔问题可简化为：

1）如图 7-2 所示，将前 $n-1$ 个圆盘从第一根柱子移到第三根柱子上，即 A → C；

2）如图 7-3 所示，将第 n 号圆盘从第一根柱子移到第二根柱子上，即 A → B；

3）如图 7-4 所示，将前 $n-1$ 个圆盘从第三根柱子移到第二根柱子上，即 C → B。

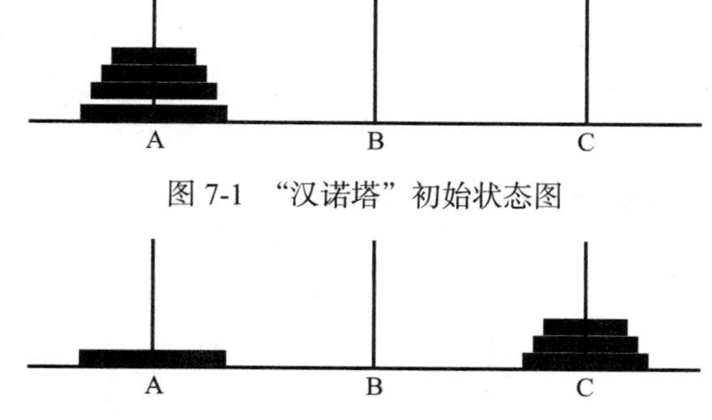

图 7-1　“汉诺塔”初始状态图

图 7-2　前 $n-1$ 个圆盘从第一根柱子移到第三根柱子上

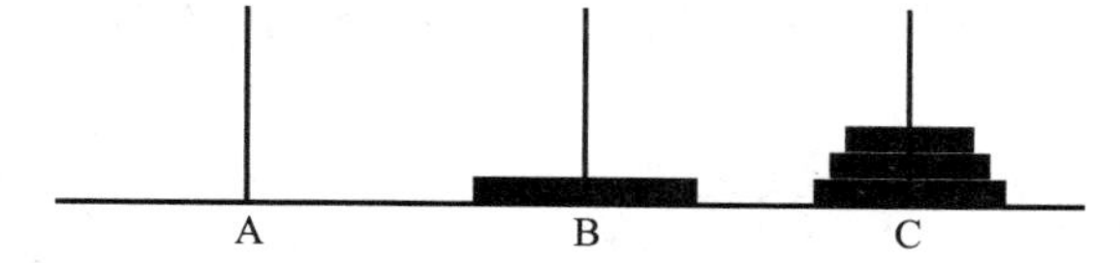

图 7-3　第 n 个圆盘从第一根柱子移到第二根柱子上

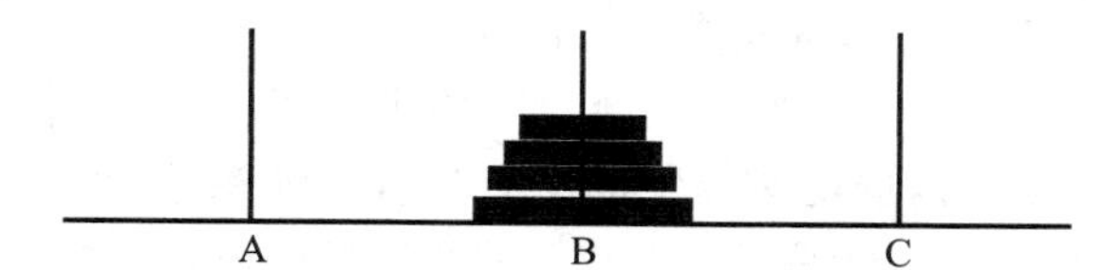

图 7-4　前 $n-1$ 个圆盘再从第三根柱子移到第二根柱子上

2. 实验要求

先输入圆盘的数量，然后输出圆盘移动的步骤。

测试编号	程序运行结果示例
1	Input the number of disks:3↙ Steps of moving 3 disks from A to B by means of C: Move 1: from A to B Move 2: from A to C Move 1: from B to C Move 3: from A to B Move 1: from C to A Move 2: from C to B Move 1: from A to B
2	Input the number of disks:2↙ Steps of moving 2 disks from A to B by means of C: Move 1: from A to C Move 2: from A to B Move 1: from C to B

3. 实验参考程序

```
1   # 汉诺塔问题
2   def move(n, a, b):
3       print(f'Move {n}: from {a} to {b}')
4
5   def hanoi(n, a, b, c):
6       if n == 1:
7           move(n, a, b)
8       else:
9           hanoi(n - 1, a, c, b)
10          move(n, a, b)
11          hanoi(n - 1, c, b, a)
12
13  def main():
14      n = eval(input("Input the number of disks:"))
15      print(f'Steps of moving {n} disks from A to B by means of C:')
16      hanoi(n, 'A', 'B', 'C')
17
18  if __name__ == '__main__':
19      main()
```

【思考题】当 $n=64$ 时，需移动 18 446 744 073 709 551 615 即 1844 亿亿次，若按每次耗时 1 微秒计算，则移动 64 个圆盘需 60 万年，你知道这个数是怎样算出来的吗？

7.3　骑士游历

1. 实验内容

给出一块具有 n^2 个格子的 $n\times n$ 棋盘，如图 7-5 所示，一位骑士从初始位置 (x_0, y_0) 开始，按照“马跳日”规则在棋盘上移动。问：能否在 n^2-1 步内遍历棋盘上的所有位置，即每个格子刚好游历一次，如果能，请编写一个程序找出这样的游

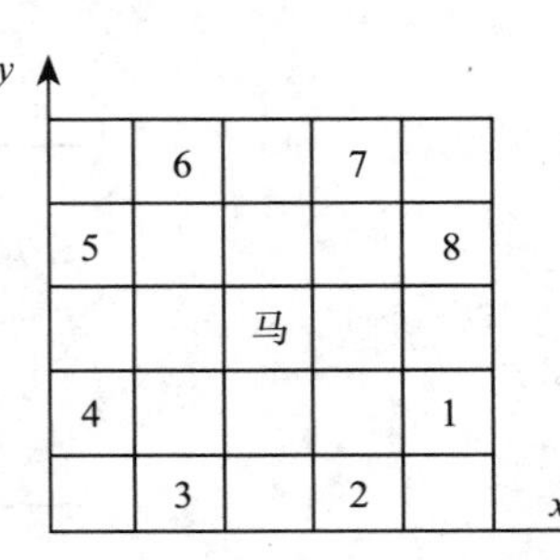

图 7-5　骑士游历问题示意

历方案。

【解题思路提示】首先，要确定数据的表示方法。这里用二维数组来表示 $n\times n$ 的棋盘格子，例如，用 $h[i][j]$ 记录坐标为 (i, j) 的棋盘格子被游历的历史，其值为整数，表示格子 (i, j) 被游历的情况，约定 $h[x][y]=0$，表示格子 (x, y) 未被游历过，$h[x][y]=$i（$1\leqslant i\leqslant n^2$），表示格子 (x, y) 在第 i 步移动中被游历，或者说在第 i 步移动的移动位置为 (x, y)。注意，在 Python 语言中，我们可以用下面的方式来定义一个 $N\times N$ 的二维数组：

```
h = [[0 for i in range(N+1)] for i in range(N+1)]
```

其次，设计合理的函数入口参数和出口参数。本问题可以简化为考虑下一步移动或发现无路可走的子问题，用深度优先搜索和回溯算法求解，用递归函数来实现。如果还有候选者，则递归下去，尝试下一步移动；如果发现该候选者走不通，进入“死胡同”，不能最终解决问题，则抛弃该候选者，将其从记录中删掉，然后回溯到上一次，从移动表中选择下一候选者，直到试完所有候选者。因此，该递归函数的入口参数应包括：确定下一步移动的初始状态，即出发点坐标位置 (x, y)；骑士已经移动了多少步，即移动次数 i；记录棋盘格子被游历历史的数组 h。出口参数应为游历是否成功的信息，用返回值 1 表示游历成功，用返回值 0 表示游历失败。

在上述分析的基础上，按照自顶向下、逐步求精方法设计该问题的抽象算法，如下：

```
HorseTry(尝试下一步移动)
{
    进行移动前的准备(预置游历标志变量为不成功,计算下一步移动的候选者的位置);
    do{
        从下一步移动表中挑选下一步移动的候选者;
        if (该候选者可接受)
        {
            记录这一步移动的移动位置;
            if (棋盘未遍历完毕)
            {
                尝试下一步移动;
                if (移动不成功)
                    删去以前的记录;
            }
            else 置游历标志变量为成功;
        }
    }while (移动不成功 && 移动表中还有候选者);
    return 游历标志变量记录的成功与否信息;
}
```

如图 7-5 所示，考虑“马跳日”规则，若给定起点坐标 (x, y)，则移动表中最多可有 8 个移动的候选者，它们的坐标可用如下方法进行计算：

```
u = x + a[count];
v = y + b[count];
```

其中，a 和 b 两个列表分别用于存放 x 和 y 方向上的相对位移量，即

```
a = [0, 2, 1, -1, -2, -2, -1, 1, 2];
b = [0, 1, 2, 2, 1, -1, -2, -2, -1]。
```

2. 实验要求

先输入骑士的初始位置，然后输出相应的游历方案。要求掌握简单的深度优先搜索和回

溯算法，采用递归函数实现。

测试编号	程序运行结果示例
1	Input the initial position x,y:1,1↙ 1 6 1 10 21 14 9 20 5 16 19 2 7 22 11 8 13 24 17 4 25 18 3 12 23
2	Input the initial position x,y:1,2↙ No solution!
3	Input the initial position x,y:6,6↙ Input error

3. 实验参考程序

```
1    # 骑士游历问题
2    N = 5
3    NSQUARE = N * N
4    a = [0, 2, 1, -1, -2, -2, -1, 1, 2]
5    b = [0, 1, 2, 2, 1, -1, -2, -2, -1]
6
7    def horse_try(i, x, y, h):
8        flag, count = False, 0
9        while not flag and count < 8:
10           count += 1
11           flag = False
12           u = x + a[count]
13           v = y + b[count]
14           if 1 <= u <= N and 1 <= v <= N and h[u][v] == 0:
15               h[u][v] = i
16               if i < NSQUARE:
17                   flag = horse_try(i + 1, u, v, h)
18                   if not flag:
19                       h[u][v] = 0
20               else:
21                   flag = True
22       return flag
23
24
25   def main():
26       h = [[0 for i in range(N + 1)] for i in range(N + 1)]
27       try:
28           x, y = eval(input("Input the initial position x,y:"))
29           h[x][y] = 1
30           flag = horse_try(2, x, y, h)
31           if flag:
32               for i in range(1, N + 1):
33                   for j in range(1, N + 1):
34                       print(f'{h[i][j]:5d}', end='')  # 不换行输出
35                   print("")                          # 换行输出
36           else:
37               print("No solution!")
38       except ValueError:
39           print("Input error")
40
```

```
41  if __name__ == '__main__':
42      main()
```

7.4　八皇后问题

1. 实验内容

八皇后问题是 1850 年由数学家高斯首先提出的，这个问题是这样的：在一个 8×8 的国际象棋棋盘上放置 8 个皇后，要求每个皇后两两之间不“冲突”，即没有一个皇后能“吃掉”任何其他一个皇后。如图 7-6 所示，简而言之，就是没有任何两个皇后占据棋盘上的同一行或同一列或同一对角线，即在每一横列、竖列、斜列都只有一个皇后。

请编写一个程序，找出其中的一个解，即输出每一行中的皇后所在的列数。

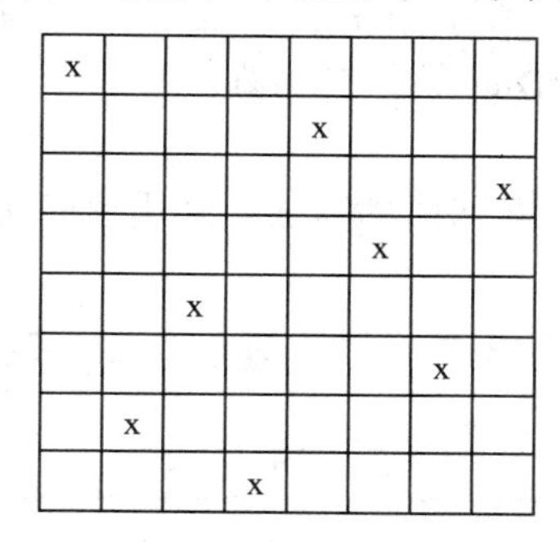

图 7-6　八皇后问题的一个解

【解题思路提示】 先规定每行只放置一个皇后，在此前提下放置皇后，可以减少判断皇后是否冲突的次数。然后，确定数据的表示方法。与骑士游历问题不同的是：本问题中最常用的信息不是每个皇后的位置，而是每列和每条对角线上是否已经放置了皇后，因此，这里不用二维数组表示棋盘，而选用 rowPos、col、leftDiag 、rightDiag 这 4 个列表表示行、列和左右对角线上放置皇后的情况。其中，rowPos[*i*] 表示第 *i* 行上皇后的位置（即位于第 *i* 行的第几列），col[*j*] 表示第 *j* 列上没有皇后，leftDiag[*k*] 表示第 *k* 条左对角线（↙）上没有皇后，rightDiag[*k*] 表示第 *k* 条右对角线（↘）上没有皇后。

仍然用深度优先搜索和回溯法求解，用递归函数来实现，分别测试每一种摆法，直到得出满足题目约束条件的答案。

在上述分析基础上，按自顶向下、逐步求精方法设计该问题的抽象算法，如下：

```
QueenTry( 尝试第 i 种摆法 ) {
    进行选择第 i 行皇后位置的准备；
    do{
        选择下一个位置；
        if ( 该位置安全 ) {
            在该位置放置皇后；
            if (i<7) {
                尝试第 i+1 种摆法；
                if ( 不成功 )
                    移走该位置上的皇后；
            }
            else
                置标志变量为成功；
        }
```

```
    } while ( 不成功 && 位置未试完 );
    return  标志变量记录的成功与否信息 ;
}
```

由于对角线有两个方向，在同一对角线上的所有点（设其坐标为 (i, j)），要么行列坐标之和 $i+j$ 是常数，要么行列坐标之差 $i-j$ 是常数，其中，行列坐标之和（在 0 ～ 14 范围内）相等的诸方格在同一条左对角线上，而行列坐标之差（在 −7 ～ 7 范围内）相等的诸方格在同一条右对角线上，因此，可用 $b[i+j]$ 的值表示位置为 (i, j) 的左对角线上是否有皇后（若无皇后，则置 $b[i+j]$ 为真，否则置 $b[i+j]$ 为假），用 $c[i-j+7]$ 表示位置为 (i, j) 的右对角线上是否有皇后（若无皇后，则置 $c[i-j+7]$ 为真，否则置 c[$i-j$+7] 为假）。如果 col[j]、leftDiag[$i+j$] 和 rightDiag[$i-j$+7] 都为真，则说明位置 (i, j) 是安全的，可以放置一个皇后。而在位置 (i, j) 放置皇后，就是置 col[j]、leftDiag[$i+j$] 和 rightDiag[$i-j$+7] 为假；从位置 (i, j) 移走皇后，就是置 col[j]、leftDiag[$i+j$] 和 rightDiag[$i-j$+7] 为真。

2. 实验要求

要求掌握简单的深度优先搜索和回溯算法，采用递归函数实现。本程序无须用户输入数据。

测试编号	程序运行结果示例
1	Result: 0　4　7　5　2　6　1　3

3. 实验参考程序

```
1    # 八皇后问题
2    def queen_try(i, row_pos, col, left_diag, right_diag):
3        j = -1
4        flag = False
5        while (not flag) and (j < 7):
6            flag = False
7            j += 1
8            if col[j] and left_diag[i + j] and right_diag[i - j + 7]:
9                row_pos[i] = j
10               col[j] = 0
11               left_diag[i + j] = 0
12               right_diag[i - j + 7] = 0
13               if i < 7:
14                   flag = queen_try(i + 1, row_pos, col, left_diag, right_diag)
15                   if not flag:
16                       col[j] = 1
17                       left_diag[i + j] = 1
18                       right_diag[i - j + 7] = 1
19               else:
20                   flag = True
21       return flag
22
23   def main():
24       row_pos = [0] * 8
25       col = [1] * 8
26       left_diag = [1] * 15
27       right_diag = [1] * 15
28       flag = queen_try(0, row_pos, col, left_diag, right_diag)
29       if flag:
30           print("Result:")
```

```
31          for i in range(8):
32              print(f'{row_pos[i]:4d}', end='')
33          print("")
34
35  if __name__ == '__main__':
36      main()
```

【思考题】下面程序是计算八皇后问题全部 92 个解的程序，请读者自己分析原理。

```
1   # 八皇后问题
2   global m
3   m = 0
4   def queen_try(i, row_pos, col, left_diag, right_diag):
5       global m
6       for j in range(8):
7           if col[j] and left_diag[i + j] and right_diag[i - j + 7]:
8               row_pos[i] = j
9               col[j] = 0
10              left_diag[i + j] = 0
11              right_diag[i - j + 7] = 0
12              if i < 7:
13                  queen_try(i + 1, row_pos, col, left_diag, right_diag)
14              else:
15                  m += 1
16                  print(f'<{m}>', end='')
17                  for k in range(8):
18                      print(f'{row_pos[k]:4d}', end='')
19                  print("")
20              col[j] = 1
21              left_diag[i + j] = 1
22              right_diag[i - j + 7] = 1
23
24  def main():
25      row_pos = [0] * 8
26      col = [1] * 8
27      left_diag = [1] * 15
28      right_diag = [1] * 15
29      queen_try(0, row_pos, col, left_diag, right_diag)
30
31  if __name__ == '__main__':
32      main()
```

第 8 章　趣味数字专题

实验目的

- 综合运用三种基本控制结构，枚举、递推、递归等常用问题求解方法，以及数组这种顺序存储的数据结构解决与趣味数字相关的实际问题。
- 掌握以空间换时间等常用的程序优化方法以及防御式程序设计方法。

8.1　杨辉三角形

1. 实验内容

任务 1：编程计算并输出如下所示的直角三角形形式的杨辉三角形。

```
1
1   1
1   2   1
1   3   3   1
1   4   6   4   1
1   5   10  10  5   1
1   6   15  20  15  6   1
```

任务 2：编程计算并输出如下所示的等腰三角形形式的杨辉三角形。

```
                  1
              1       1
          1       2       1
      1       3       3       1
  1       4       6       4       1
1     5      10      10       5       1
1     6     15     20     15      6      1
```

任务 3：编程计算并输出如下所示的直角三角形形式的杨辉三角形。

```
                                                1
                                        1       1
                                1       2       1
                        1       3       3       1
                1       4       6       4       1
        1       5       10      10      5       1
1       6       15      20      15      6       1
```

2. 实验要求

先输入想要输出的杨辉三角形的行数，然后输出相应行数的杨辉三角形。

任务 1 和任务 3 要求输出的每个数字左对齐，任务 2 要求输出的每个数字右对齐。

实验任务	测试编号	程序运行结果示例
1	1	Input n(n<20): 7↙ 1 1 1 1 2 1 1 3 3 1 1 4 6 4 1 1 5 10 10 5 1
	2	Input n(n<20): 10↙ 1 1 1 1 2 1 1 3 3 1 1 4 6 4 1 1 5 10 10 5 1 1 6 15 20 15 6 1 1 7 21 35 35 21 7 1 1 8 28 56 70 56 28 8 1 1 9 36 84 126 126 84 36 9 1
2	1	Input n(n<20): 7↙ 1 1 1 1 2 1 1 3 3 1 1 4 6 4 1 1 5 10 10 5 1 1 6 15 20 15 6 1
	2	Input n(n<20): 10↙ 1 1 1 1 2 1 1 3 3 1 1 4 6 4 1 1 5 10 10 5 1 1 6 15 20 15 6 1 1 7 21 35 35 21 7 1 1 8 28 56 70 56 28 8 1 1 9 36 84 126 126 84 36 9 1
3	1	Input n(n<20): 7↙ 1 1 1 1 2 1 1 3 3 1 1 4 6 4 1 1 5 10 10 5 1 1 6 15 20 15 6 1

（续）

实验任务	测试编号	程序运行结果示例
3	2	Input n(n<20): 10↙ 1 1 1 1 2 1 1 3 3 1 1 4 6 4 1 1 5 10 10 5 1 1 6 15 20 15 6 1 1 7 21 35 35 21 7 1 1 8 28 56 70 56 28 8 1 1 9 36 84 126 126 84 36 9 1

3. 实验参考程序

任务 1 的参考程序：

```
1   # 杨辉三角形任务 1
2   N = 20
3   def calculate_yh(a, n):
4       for i in range(n):
5           for j in range(i + 1):
6               if j == 0 or i == j:
7                   a[i][j] = 1
8               else:
9                   a[i][j] = a[i - 1][j - 1] + a[i - 1][j]
10
11  def print_yh_1(a, n):
12      for i in range(n):
13          for j in range(i+1):
14              print(f'{a[i][j]:<4d}', end='')
15          print("")
16
17  def main():
18      n = int(input("Input n(n<20):"))
19      a = [[0 for i in range(n)] for i in range(n)]
20      calculate_yh(a, n)
21      print_yh_1(a, n)
22
23  if __name__ == '__main__':
24      main()
```

任务 2 的参考程序：

```
1   # 杨辉三角形任务 2
2   N = 20
3   def calculate_yh(a, n):
4       for i in range(n):
5           for j in range(i + 1):
6               if j == 0 or i == j:
7                   a[i][j] = 1
8               else:
9                   a[i][j] = a[i - 1][j - 1] + a[i - 1][j]
10
11  def print_yh_2(a, n):
12      for i in range(n):
```

```
13          for j in range(n-i, 0, -1):
14              print(f'  ', end='')
15          for j in range(i+1):
16              print(f'{a[i][j]:^4d}', end='')
17          print("")
18
19  def main():
20      n = int(input("Input n(n<20):"))
21      a = [[0 for i in range(n)] for i in range(n)]
22      calculate_yh(a, n)
23      print_yh_2(a, n)
24
25  if __name__ == '__main__':
26      main()
```

任务 3 的参考程序：

```
1   # 杨辉三角形任务 3
2   N = 20
3   def calculate_yh(a, n):
4       for i in range(n):
5           for j in range(i + 1):
6               if j == 0 or i == j:
7                   a[i][j] = 1
8               else:
9                   a[i][j] = a[i - 1][j - 1] + a[i - 1][j]
10
11  def print_yh_3(a, n):
12      for i in range(n):
13          for j in range(n-i, 0, -1):
14              print(f'    ', end='')
15          for j in range(i):
16              print(f'{a[i][j]:<4d}', end='')
17          print("")
18
19  def main():
20      n = int(input("Input n(n<20):"))
21      a = [[0 for i in range(n)] for i in range(n)]
22      calculate_yh(a, n)
23      print_yh_3(a, n)
24
25  if __name__ == '__main__':
26      main()
```

8.2 好数对

1. 实验内容

已知一个集合 A，对 A 中任意两个不同的元素，若其和仍在 A 内，则称其为好数对，例如，对于由 1、2、3、4 构成的集合，因为有 $1 + 2 = 3$，$1 + 3 = 4$，所以好数对有两个。请编写一个程序，统计并输出好数对的个数。

【解题思路提示】定义两个数组 a 和 b，先将输入的元素值存到数组 a 中，另一个数组 b 为在集合中存在的数做标记，标记值为 1 表示该数在集合中存在，标记值为 0 表示该数在集合中不存在。然后用双重循环遍历数组 a，先计算数组 a 中任意两个元素之和，然后将其作为下标，检查数组 b 中对应这个下标的元素值是否为 1，若为 1，则表示这两个数组元素是好数对。

2. 实验要求

程序先输入集合中元素的个数，然后输出能够组成的好数对的个数。已知集合中最多有1000个元素。如果输入的数据不满足要求，则重新输入。

测试编号	程序运行结果示例
1	Input n:5↙ Input 5 numbers:0 1 2 3 4↙ 6
2	Input n:4000↙ Input n:4↙ Input 4 numbers:1 2 3 4↙ 2

3. 实验参考程序

参考程序1：

```
1   # 好数对
2   N = 10001
3   def good_num(a, n):
4       s = 0
5       b = [0] * N
6       for i in range(n):
7           b[a[i]] = 1
8       for i in range(n):
9           for j in range(i + 1, n):
10              if b[a[i] + a[j]] == 1:
11                  s += 1
12      return s
13
14  def main():
15      n = int(input("Input n:"))
16      while n > 1000:
17          n = int(input("Input n:"))
18      string = input(f'Input {n} numbers:')
19      data = list(map(int, string.split(' '))) # 将参数 2 的每一项处理为 int 后转换为列表
20
21      print(good_num(data, n))
22
23  if __name__ == '__main__':
24    main()
```

参考程序2：

```
1   # 好数对
2   N = 10000
3   total = [0] * N
4   def good_num(a, n):
5       cnt, result = 0, 0
6       for i in range(n):
7           for j in range(i + 1, n):
8               total[cnt] = a[i] + a[j]
9               cnt += 1
10      for i in range(n):
11          for j in range(cnt):
12              if a[i] == total[j]:
13                  result += 1
```

```
14        print(f'{result}')
15
16    def main():
17        n = int(input("Input n:"))
18        while n > 1000:
19            n = int(input("Input n:"))
20        string = input(f'Input {n} numbers:')
21        data = list(map(int, string.split(' '))) # 将参数 2 的每一项处理为 int 后转换为列表
22
23        good_num(data, n)
24
25    if __name__ == '__main__':
26        main()
```

8.3　完全数

1. 实验内容

完全数（perfect number)，又称完美数或完数，它是指这样的一些特殊的自然数：它所有的真因子（即除了自身以外的约数）的和恰好等于它本身，即 m 的所有小于 m 的不同因子（包括 1）加起来恰好等于 m 本身。注意：1 没有真因子，所以 1 不是完全数。计算机已经证实，在 10^{300} 以下没有奇数的完全数。例如，因为 $6 = 1 + 2 + 3$，所以 6 是一个完全数。

任务 1：请编写一个程序，判断一个整数 m 是否是完全数。

任务 2：请编写一个程序，计算一个整数 m 的全部因子，以验证 m 是否是一个完全数。

任务 3：请编写一个程序，输出 n 以内所有的完全数。

任务 4：对任务 3 的程序进行优化，以提高其执行效率。

2. 实验要求

任务 1：先输入一个整数 m，若 m 是完全数，则输出 "Yes!"，否则输出 "No!"。

任务 2：先输入一个整数 m，若 m 是完全数，则输出 "Yes!"，同时输出 m 的全部因子。若 m 不是完全数，则输出 "No!"。

任务 3：先输入 n，然后输出 n 以内所有的完全数。要求 n 的值不小于 1，并且不超过 1 000 000，如果超出这个范围或者输入了非法字符，则输出 "Input error!\n"，并且结束程序的运行。

任务 4：以高于任务 3 的程序执行速度，输出 n 以内所有的完全数。如果 n 的值超过了 1 000 000 或者输入了非法字符，则重新输入。

【解题思路提示】假如 x 能被 i 整除，那么 x 必定可以表示为 $i \times x/i$，即如果 i 是 x 的一个因子，那么 x/i 必定也是 x 的一个因子，因此可以在每次循环时同时加上两个因子 i 和 x/i，这样循环次数就可以减少一半，从而提高程序的执行效率。

实验任务	测试编号	程序运行结果示例
1	1	Input m:28↙ Yes!
	2	Input m:8↙ No!
	3	Input m:1↙ No!
2	1	Input m:28↙ Yes! 1,2,4,7,14

（续）

实验任务	测试编号	程序运行结果示例
2	2	Input m:6↙ Yes! 1,2,3
	3	Input m:1↙ No!
3	1	Input n:100000↙ 6 28 496 8128
	2	Input n:2000000↙ Input error!
4	1	Input n:100000↙ 6 28 496 8128
	2	Input n:2000000↙ Input n:a↙ Input n:1000 6 28 496

3. 实验参考程序

任务 1 的参考程序：

```
1    # 完全数任务 1
2    import math
3    def is_perfect(x):
4        total = 0
5        for i in range(1, x // 2 + 1):
6            if x % i == 0:
7                total += i
8        return 1 if total == x else 0
9
10   def main():
11       m = int(input("Input m:"))
12       if is_perfect(m):
13           print("Yes!")
14       else:
15           print("No!")
16
17   if __name__ == '__main__':
18       main()
```

任务 2 的参考程序：

```
1    # 完全数任务 2
2    import math
3    def is_perfect(x):
4        total = 0
```

```
5       for i in range(1, x // 2 + 1):
6           if x % i == 0:
7               total += i
8       return 1 if total == x else 0
9
10  def out_factor(m):
11      is_first_factor = True
12      for i in range(1, int(math.fabs(m))):
13          if m % i == 0:
14              if not is_first_factor:
15                  print(',', end='')
16              print(f'{i}', end='')
17              is_first_factor = False
18      print("")
19
20  def main():
21      m = int(input("Input m:"))
22      if is_perfect(m):
23          print("Yes!")
24          out_factor(m)
25      else:
26          print("No!")
27
28  if __name__ == '__main__':
29      main()
```

任务 3 的参考程序：

```
1   # 完全数任务 3
2   import math
3   def is_perfect(x):
4       total = 0
5       for i in range(1, x // 2 + 1):
6           if x % i == 0:
7               total += i
8       return 1 if total == x else 0
9
10  def main():
11      m = 0
12      while m < 1 or m > 1000000:
13          try:
14              m = int(input("Input m:"))
15          except ValueError:
16              print("Input error!")
17
18      for i in range(1, m):
19          if is_perfect(i):
20              print(f'{i}')
21
22  if __name__ == '__main__':
23      main()
```

任务 4 的参考程序：

```
1   # 完全数任务 4
2   import math
3   def is_perfect(x):
4       if x == 1:
5           return 0
```

```
6       total = 1
7       k = int(math.sqrt(x))
8       for i in range(2, k + 1):
9           if x % i == 0:
10              total += i
11              total += x // i
12      return 1 if total == x else 0
13
14  def main():
15      m = 0
16      while m < 1 or m > 1000000:
17          try:
18              m = int(input("Input m:"))
19          except ValueError:
20              print("Input error!")
21
22      for i in range(1, m):
23          if is_perfect(i):
24              print(f'{i}')
25
26  if __name__ == '__main__':
27      main()
```

8.4 亲密数

1. 实验内容

2500年前，数学大师毕达哥拉斯就发现220与284之间存在着奇妙的联系：

- 220的真因数之和为1+2+4+5+10+11+20+22+44+55+110=284。
- 284的真因数之和为1+2+4+71+142=220。

毕达哥拉斯把这样的数对称为亲密数（也称为相亲数）。其定义是：如果整数A的全部因子（包括1，不包括A本身）之和等于B，且整数B的全部因子（包括1，不包括B本身）之和等于A，则将整数A和B称为亲密数。

任务1：请编写一个程序，判断两个整数m和n是否是亲密数。

任务2：请编写一个程序，计算并输出n以内的全部亲密数。

任务3：请编写一个程序，计算并输出n以内的全部亲密数，并输出这些亲密数的真因数之和。

2. 实验要求

任务1：先输入m和n，若m和n是亲密数，则输出"Yes!"，否则输出"No!"。

任务2：先输入一个整数n，然后输出n以内的全部亲密数。要求对程序进行优化，以提高程序的执行速度，并对比优化前和优化后的程序执行速度。

任务3：先输入一个整数n，然后输出n以内的全部亲密数，同时输出这些亲密数的真因数之和。

实验任务	测试编号	程序运行结果示例
1	1	Input m, n:220,284↙ Yes!
	2	Input m, n:224,280↙ No!

（续）

实验任务	测试编号	程序运行结果示例
2	1	Input n:1000↙ (220,284)
	2	Input n:3000↙ (220,284) (1184,1210) (2620,2924)
	3	Input n:10000↙ (220,284) (1184,1210) (2620,2924) (5020,5564) (6232,6368)
3	1	Input n:6000↙ 相亲数：220,284 220 的真因数之和为：1+2+4+5+10+11+20+22+44+55+110=284 284 的真因数之和为：1+2+4+71+142=220 相亲数：1184,1210 1184 的真因数之和为：1+2+4+8+16+32+37+74+148+296+592=1210 1210 的真因数之和为：1+2+5+10+11+22+55+110+121+242+605=1184 相亲数：2620,2924 2620 的真因数之和为：1+2+4+5+10+20+131+262+524+655+1310=2924 2924 的真因数之和为：1+2+4+17+34+43+68+86+172+731+1462=2620 相亲数：5020,5564 5020 的真因数之和为：1+2+4+5+10+20+251+502+1004+1255+2510=5564 5564 的真因数之和为：1+2+4+13+26+52+107+214+428+1391+2782=5020
	2	Input n:1000↙ 相亲数：220,284 220 的真因数之和为：1+2+4+5+10+11+20+22+44+55+110=284 284 的真因数之和为：1+2+4+71+142=220

3. 实验参考程序

任务 1 的参考程序：

```
1   # 亲密数任务 1
2   import math
3   def factor_sum(x):
4       total = 0
5       for i in range(1, x):
6           if x % i == 0:
7               total += i
8       return total
9
10  def main():
11      m, n = eval(input("Input m,n:"))
12      if factor_sum(m) == n and factor_sum(n) == m:
13          print("Yes!")
14      else:
15          print("No!")
16
17  if __name__ == '__main__':
18      main()
```

任务 2 优化前的参考程序：

```
1   # 亲密数任务 2 优化前
2   import math
3   def factor_sum(x):
4       total = 0
5       for i in range(1, x):
6           if x % i == 0:
7               total += i
8       return total
9
10  def main():
11      n = eval(input("Input n:"))
12      for i in range(1, n):
13          j = factor_sum(i)
14          k = factor_sum(j)
15          if i == k and i < j:
16              print(f'({i},{j})')
17
18
19  if __name__ == '__main__':
20      main()
```

任务 2 优化后的参考程序：

```
1   # 亲密数任务 2 优化后
2   import math
3   def factor_sum(x):
4       total = 1
5       k = int(math.sqrt(x))
6       for i in range(2, k + 1):
7           if x % i == 0:
8               total += i
9               total += x // i
10      return total
11
12  def main():
13      n = eval(input("Input n:"))
14      for i in range(1, n):
15          j = factor_sum(i)
16          k = factor_sum(j)
17          if i == k and i < j:
18              print(f'({i},{j})')
19
20  if __name__ == '__main__':
21      main()
```

任务 3 的参考程序：

```
1   # 亲密数任务 3
2   import math
3   def factor_sum(x):
4       total = 1
5       k = int(math.sqrt(x))
6       for i in range(2, k + 1):
7           if x % i == 0:
8               total += i
9               total += x // i
10      return total
```

```
11
12 def print_factor(t, s):
13     print(f'{t}的真因数之和为1', end='')
14     for j in range(2, t // 2 + 1):
15         if t % j == 0:
16             print(f'+{j}', end='')
17     print(f'={s}')
18
19 def main():
20     n = eval(input("Input n:"))
21     for i in range(1, n):
22         j = factor_sum(i)
23         k = factor_sum(j)
24         if i == k and i < j:
25             print(f'相亲数:{i},{j}')
26             print_factor(i, j)
27             print_factor(j, i)
28
29 if __name__ == '__main__':
30     main()
```

8.5　素数求和

1. 实验内容

任务 1：请编写一个程序，计算并输出 1 ～ n 之间的所有素数之和。

任务 2：利用筛法对任务 1 进行加速。

埃拉托斯特尼筛法（简称筛法）是一种著名的快速求素数的方法。所谓“筛”就是“对给定的到 N 为止的自然数，从中排除所有的非素数，最后剩下的就都是素数”，筛法的基本思想就是筛掉所有素数的倍数，剩下的一定不是素数。

【解题思路提示】筛法求素数的过程为：将 2，3，…，N 依次存入相应下标的列表元素中。假设用列表 a 保存这些值，则将列表中的元素分别初始化为以下数值：

$$a[2]=2, a[3]=3, \cdots, a[N]=N$$

然后，依次从 a 中筛掉 2 的倍数，3 的倍数，5 的倍数，…，sqrt(N) 的倍数，即筛掉所有素数的倍数，直到 a 中仅剩下素数为止，因此剩下的数不是任何数的倍数（除 1 之外）。筛法求素数的过程如下所示：

$a[i]$	2	3	4	5	6	7	8	9	10	11	12	13
筛 2 的倍数		3	0	5	0	7	0	9	0	11	0	13
筛 3 的倍数			0	5	0	7	0	0	0	11	0	13
筛 5 的倍数					0	7	0	0	0	11	0	13

……

根据上述基本原理，按照自顶向下、逐步求精的设计方法设计该算法的步骤为：

1）设计总体算法。

```
初始化列表 a，使 a[2]=2, a[3]=3, ..., a[N]=N
对 i=2,3,...,sqrt(N) 分别做："筛掉 a 中所有 a[i] 的倍数"
输出列表中余下的数 (a[i]!=0 的数)
```

2）对“筛掉 a 中所有的 $a[i]$ 的倍数”求精。

对数组 a 中下标为 i 的数组元素后面的所有元素 a[j] 分别做：如果"该数是 a[i] 的倍数"，则"筛掉该数"

3）
```
for(i=2; i<=sqrt(N); ++i)
      for(j=i+1; j<=N; ++j)
        if(a[i]!=0&&a[j]!=0&&a[j]%a[i]==0)
          a[j]=0;
```

2. 实验要求

先输入 n，然后输出 1 ～ n 之间的所有素数之和。

测试编号	程序运行结果示例
1	Input n:8↙ sum=17
2	Input n:100↙ sum=1060

3. 实验参考程序

任务 1 的参考程序：

```
1   # 素数求和任务 1
2   import math
3   def is_prime(x):
4       square_root = int(math.sqrt(x))
5       if x <= 1:
6           return False
7       for i in range(2, square_root + 1):
8           if x % i == 0:
9               return False
10      return True
11
12  def sum_of_prime(n):
13      total = 0
14      for m in range(1, n+1):
15          if is_prime(m):
16              total += m
17      return total
18
19  def main():
20      n = int(input("Input n:"))
21      print(f'sum={sum_of_prime(n)}')
22
23
24  if __name__ == '__main__':
25      main()
```

任务 2 的参考程序：

```
1   # 素数求和任务 2
2   import math
3   N = 100
4   def sift_prime(a, n):
5       for i in range(1, n+1):
6           a[i] = i
7       for i in range(2, int(math.sqrt(n))+1):
8           for j in range(i+1, n+1):
```

```
9                 if a[i] != 0 and a[j] != 0 and a[j] % a[i] == 0:
10                    a[j] = 0
11
12    def sift_sum_of_prime(n):
13        total = 0
14        a = [0] * (N+1)
15        sift_prime(a, n)
16        for m in range(2, n+1):
17            if a[m] != 0:
18                total += m
19        return total
20
21    def main():
22        n = int(input("Input n:"))
23        print(f'sum={sift_sum_of_prime(n)}')
24
25    if __name__ == '__main__':
26        main()
```

8.6　验证哥德巴赫猜想

1. 实验内容

著名的“哥德巴赫猜想”的大致内容是：任何一个大于或等于 6 的偶数总能表示为两个素数之和。例如，8=3+5，12=5+7 等。请编写一个程序，验证“哥德巴赫猜想”。

【解题思路提示】基本思路是将 n 分解为两个奇数之和，即 $n=a+b$，然后测试 a 和 b 是否均为素数。若 a 和 b 均为素数，则验证了 n 符合“哥德巴赫猜想”。为了编程实现方便，可采用枚举法，从 3 开始测试所有的奇数，直到 $n/2$ 为止，只要测试 a 和 $n-a$ 是否均为素数即可。因为 a 和 b 的对称性，所以分解后的两个数中至少有一个是小于等于 $n/2$ 的。

2. 实验要求

先从键盘输入一个取值在 [6,2 000 000 000] 内的任意偶数 n，如果超过这个范围或者出现非法字符，则重新输入。如果 n 符合哥德巴赫猜想，则输出将 n 分解为两个素数之和的等式，否则输出“n 不符合哥德巴赫猜想！”的提示信息。

测试编号	程序运行结果示例
1	Input n: 3000000000↙ Input n:5↙ Input n:d↙ Input n:8↙ 8=3+5
2	Input n:12↙ 12=5+7
3	Input n:2000000000↙ 2000000000=73+1999999927

3. 实验参考程序

参考程序：

```
1    # 验证哥德巴赫猜想
2    import math
3    def is_prime(x):
4        square_root = int(math.sqrt(x))
```

```
5       if x <= 1:
6           return False
7       for i in range(2, square_root + 1):
8           if x % i == 0:
9               return False
10      return True
11
12  def gold_bach(n):
13      for a in range(3, n//2+1, 2):
14          if is_prime(a) and is_prime(n-a):
15              print("%d=%d+%d" % (n, a, n-a))
16              return True
17      return False
18
19  def main():
20      n = 0
21      while n % 2 != 0 or n < 6 or n > 2000000000:
22          try:
23              n = int(input("Input n:"))
24          except ValueError:
25              continue
26      if not gold_bach(n):
27          print("%d 不符合哥德巴赫猜想" % n)
28
29  if __name__ == '__main__':
30      main()
```

【思考题】如果要求输出所有可能的分解等式，则应该如何修改程序？

8.7　孪生素数

1. 实验内容

相差为 2 的两个素数称为孪生素数。例如，3 与 5、41 与 43 等都是孪生素数。请编写一个程序，计算并输出指定区间 $[c,d]$ 上的所有孪生素数对，并统计这些孪生素数的对数。

2. 实验要求

先输入区间 $[c,d]$ 的下限值 c 和上限值 d，要求 $c>2$，如果数值不符合要求或出现非法字符，则重新输入。然后输出指定区间 $[c,d]$ 上的所有孪生素数对以及这些孪生素数的对数。

测试编号	程序运行结果示例
1	Input c,d(c>2):3,10↙ (3,5)(5,7) count=2
2	Input c,d(c>2):1,100↙ Input c,d(c>2):2,100↙ Input c,d(c>2):3,100↙ (3,5)(5,7)(11,13)(17,19)(29,31)(41,43)(59,61)(71,73) count=8

3. 实验参考程序

参考程序：

```
1   # 孪生素数
2   import math
```

```
3    def is_prime(x):
4        square_root = int(math.sqrt(x))
5        if x <= 1:
6            return False
7        for i in range(2, square_root + 1):
8            if x % i == 0:
9                return False
10       return True
11
12   def twin_prime(min, max):
13       front, count = 0, 0
14       if min % 2 == 0:
15           min += 1
16       for i in range(min, max+1, 2):
17           if is_prime(i):
18               if i - front == 2:
19                   print(f'({front},{i})', end='')
20                   count += 1
21               front = i
22       print("")
23       return count
24
25   def main():
26       c = 0
27       while c <= 2 or c >= d:
28           try:
29               c, d = eval(input("Input c,d(c>2):"))
30           except ValueError:
31               continue
32       n = twin_prime(c, d)
33       print(f'count={n}')
34
35   if __name__ == '__main__':
36       main()
```

8.8 回文素数

1. 实验内容

对一个素数 *n*，从左到右读和从右到左读都是相同的，这样的数就称为回文素数，例如 11、101、313 等。请编写一个程序，计算并输出 *n* 以内的所有回文素数，并统计这些回文素数的个数。

2. 实验要求

先输入一个取值在 [100,1000] 范围内的任意整数 *n*，如果超过这个范围或者出现非法字符，则重新输入。然后输出 *n* 以内的所有回文素数，以及这些回文素数的个数。

测试编号	程序运行结果示例
1	Input n:10↙ Input n:100↙ 11 count=1
2	Input n:2000↙ Input n:1000↙ 11 101 131 151 181 191 313 353 373 383 727 757 787 919 929 count=16

3. 实验参考程序

参考程序 1：

```
1   # 回文素数
2   import math
3   def is_prime(x):
4       square_root = int(math.sqrt(x))
5       if x <= 1:
6           return False
7       for i in range(2, square_root + 1):
8           if x % i == 0:
9               return False
10      return True
11
12  def palindromic_prime(n):
13      count = 0
14      for m in range(10, n+1):
15          i = m // 100
16          j = (m - i * 100) // 10
17          k = m % 10
18          if m < 100:
19              t = k*10+j
20          else:
21              t = k * 100 + j * 10 + i
22          if m == t and is_prime(m):
23              print(f'{m}', end=' ')
24              count += 1
25      print("")
26      return count
27
28  def main():
29      n = 0
30      while n < 100 or n > 1000:
31          try:
32              n = int(input("Input n:"))
33          except ValueError:
34              continue
35      count = palindromic_prime(n)
36      print(f'count={count}')
37
38  if __name__ == '__main__':
39      main()
```

参考程序 2：

```
1   # 回文素数
2   import math
3   def is_prime(x):
4       square_root = int(math.sqrt(x))
5       if x <= 1:
6           return False
7       for i in range(2, square_root + 1):
8           if x % i == 0:
9               return False
10      return True
11
12  def is_palindrome(n):              # 利用序列的切片操作判断回文
13      if str(n) == str(n)[::-1]:  # 仅适用于判断三位数以内的回文
```

```
14            return True
15
16  def palindromic_prime(n):
17      count = 0
18      for m in range(10, n + 1):
19          if is_palindrome(m) and is_prime(m):
20              print(f'{m}', end=' ')
21              count += 1
22      print("")
23      return count
24
25  def main():
26      n = 0
27      while n < 100 or n > 1000:
28          try:
29              n = int(input("Input n:"))
30          except ValueError:
31              continue
32      count = palindromic_prime(n)
33      print(f'count={count}')
34
35
36  if __name__ == '__main__':
37      main()
```

参考程序3：

```
1   # 回文素数
2   import math
3   def is_prime(x):
4       square_root = int(math.sqrt(x))
5       if x <= 1:
6           return False
7       for i in range(2, square_root + 1):
8           if x % i == 0:
9               return False
10      return True
11
12  def is_palindrome(n):              # 利用序列的切片操作判断回文
13      if str(n) == str(n)[::-1]:  # 仅适用于判断三位数以内的回文
14          return True
15
16  def is_palindromic_prime(n):
17      if is_palindrome(n) and is_prime(n):
18          return True
19
20  def print_palindromic_prime(n):
21      count = 0
22      for m in range(10, n + 1):
23          if is_palindromic_prime(m):
24              print(f'{m}', end=' ')
25              count += 1
26      print("")
27      print(f'count={count}')
28
29  def main():
30      n = 0
31      while n < 100 or n > 1000:
32          try:
```

```
33                n = int(input("Input n:"))
34            except ValueError:
35                continue
36        print_palindromic_prime(n)
37
38    if __name__ == '__main__':
39        main()
```

如果要求以列表的方式打印回文素数，即

```
Input n:1000
[11, 101, 131, 151, 181, 191, 313, 353, 373, 383, 727, 757, 787, 797, 919, 929]
count=16
```

则还可以使用 Python 的内置函数 filter 和 list 在指定的范围内提取回文素数，参考程序如下：

```
1    # 回文素数
2    import math
3    def is_prime(x):
4        square_root = int(math.sqrt(x))
5        if x <= 1:
6            return False
7        for i in range(2, square_root + 1):
8            if x % i == 0:
9                return False
10       return True
11
12   def is_palindrome(n):              # 利用序列的切片操作判断回文
13       if str(n) == str(n)[::-1]:  # 仅适用于判断三位数以内的回文
14           return True
15
16   def is_palindromic_prime(n):
17       if is_palindrome(n) and is_prime(n):
18           return True
19
20   def count_palindromic_prime(n):
21       count = 0
22       for m in range(10, n + 1):
23           if is_palindromic_prime(m):
24               count += 1
25       return count
26
27   def main():
28       n = 0
29       while n < 100 or n > 1000:
30           try:
31               n = int(input("Input n:"))
32           except ValueError:
33               continue
34       print(f'{list(filter(is_palindromic_prime, range(10, n + 1)))}', end=' ')
35       print("")
36       count = count_palindromic_prime(n)
37       print(f'count={count}')
38
39
40   if __name__ == '__main__':
41       main()
```

第 9 章　矩阵运算专题

实验目的

- 掌握 Python 中列表的创建和使用方法，以及利用列表解析表达式高效地处理一个可迭代对象并生成结果列表、对列表进行索引访问、切片操作、连接操作、重复操作、成员关系操作、反转和排序操作，以及计算列表长度、最大值、最小值等。
- 综合运用三种基本控制结构和列表解决与矩阵计算相关的实际问题。

9.1　矩阵转置

1. 实验内容

请编写一个程序，计算并输出 $m \times n$ 阶矩阵的转置矩阵。

2. 实验要求

输入 n 的值，然后输出 $m \times n$ 阶矩阵的转置矩阵。

测试编号	程序运行结果示例
1	Input m,n:3,4↙ Input 3*4 matrix: 1 2 3 4↙ 5 6 7 8↙ 9 10 11 12↙ The transposed matrix is: 1　5　9 2　6　10 3　7　11 4　8　12
2	Input m,n:2,3↙ Input 2*3 matrix: 1 2 3↙ 4 5 6↙ The transposed matrix is: 1　4 2　5 3　6

3. 实验参考程序

```
1    # 矩阵转置
2    def trans_pose(a, st, m, n):
3        for row in range(m):
4            for column in range(n):
5                st[column][row] = a[row][column]
6
```

```
7   def input_matrix(a, m, n):
8       print(f'Input {m}*{n} matrix:')
9       for row in range(m):
10          temp = list(map(int, input().split(' ')))
11          for number in temp:
12              a[row].append(number)
13
14  def print_matrix(a, m, n):
15      for row in range(m):
16          for column in range(n):
17              print(f'{a[row][column]}', end=' ')
18          print("")
19
20  def main():
21      m, n = eval(input("Input m,n:"))
22      s = [[0 for i in range(0)] for i in range(n)]
23      input_matrix(s, m, n)
24      st = [[0 for i in range(m)] for i in range(n)]
25      trans_pose(s, st, m, n)
26      print("The transposed matrix is:")
27      print_matrix(st, n, m)
28
29  if __name__ == '__main__':
30      main()
```

9.2 幻方矩阵

1. 实验内容

任务 1：幻方矩阵检验。在 $n \times n$（$n \leqslant 15$）阶幻方矩阵中，每一行、每一列、每一对角线上的元素之和都是相等的。请编写一个程序，将这些幻方矩阵中的元素读到一个二维整型数组中，然后检验其是否为幻方矩阵，并将其按下面示例中的格式显示到屏幕上。

任务 2：生成奇数阶幻方矩阵。所谓的 n 阶魔方矩阵是指把 $1 \sim n \times n$ 的自然数按一定方法排列成 $n \times n$ 的矩阵，使得任意行、任意列以及两个对角线上的数字之和都相等（已知 n 为奇数，假设 n 不超过 15）。请编写一个程序，实现奇数阶魔方矩阵的生成。

【解题思路提示】奇数阶魔方矩阵的算法如下：

第 1 步：将 1 放入第一行的正中处。

第 2 步：按照如下方法将第 i（i 从 2 到 $n \times n$）个数依次放到合适的位置上。

如果第 i-1 个数的右上角位置没有放数，则将第 i 个数放到前一个数的右上角位置。

如果第 i-1 个数的右上角位置已经有数，则将第 i 个数放到第 i-1 个数的下一行且列数相同的位置，即放到前一个数的下一行。

在这里，计算右上角位置的行列坐标是一个难点，当右上角位置超过矩阵边界时，要把矩阵元素看成是首尾衔接的。因此，可以采用对 n 取模的方式来计算。

2. 实验要求

任务 1：先输入矩阵的阶数 n（假设 $n \leqslant 15$），再输入 $n \times n$ 阶矩阵，如果该矩阵是幻方矩阵，则输出“It is a magic square!”，否则输出“It is not a magic square!”。

任务 2：先输入矩阵的阶数 n（假设 $n \leqslant 15$），然后生成并输出 $n \times n$ 阶幻方矩阵。

实验任务	测试编号	程序运行结果示例
1	1	Input n:5↙ Input 5*5 matrix: 17 24 1 8 15↙ 23 5 7 14 16↙ 4 6 13 20 22↙ 10 12 19 21 3↙ 11 18 25 2 9↙ It is a magic square!
	2	Input n:5↙ Input 5*5 matrix: 17 24 1 15 8↙ 23 5 7 14 16↙ 4 6 13 20 22↙ 10 12 19 21 3↙ 11 18 25 2 9↙ It is not a magic square!
	3	Input n:7↙ Input 7*7 matrix: 30 39 48 1 10 19 28↙ 38 47 7 9 18 27 29↙ 46 6 8 17 26 35 37↙ 5 14 16 25 34 36 45↙ 13 15 24 33 42 44 4↙ 21 23 32 41 43 3 12↙ 22 31 40 49 2 11 20↙ It is a magic square!
2	1	Input n:5↙ 5*5 magic square: 17 24 1 8 15 23 5 7 14 16 4 6 13 20 22 10 12 19 21 3 11 18 25 2 9
	2	Input n:7↙ 7*7 magic square: 30 39 48 1 10 19 28 38 47 7 9 18 27 29 46 6 8 17 26 35 37 5 14 16 25 34 36 45 13 15 24 33 42 44 4 21 23 32 41 43 3 12 22 31 40 49 2 11 20

3. 实验参考程序

任务 1 的参考程序：

```
1   # 幻方矩阵任务 1
2   def input_matrix(a, m, n):
3       print(f'Input {m}*{n} matrix:')
4       for i in range(m):
```

```
5            temp = list(map(int, input().split(' ')))
6            j = 0
7            for number in temp:
8                a[i][j] = number
9                j += 1
10
11   def print_matrix(a, m, n):
12       for row in range(m):
13           for column in range(n):
14               print(f'{a[row][column]}', end=' ')
15           print("")
16
17   def is_magic_square(x, n):
18       flag = True
19       row_sum = [0 for i in range(n)]
20       col_sum = [0 for i in range(n)]
21       for i in range(n):
22           row_sum[i] = 0
23           for j in range(n):
24               row_sum[i] += x[i][j]
25       for j in range(n):
26           col_sum[j] = 0
27           for i in range(n):
28               col_sum[j] += x[i][j]
29       diag_sum1, diag_sum2 = 0, 0
30       for j in range(n):
31           diag_sum1 += x[j][j]
32           diag_sum2 += x[j][n-1-j]
33       if diag_sum1 != diag_sum2:
34           flag = False
35       else:
36           for i in range(n):
37               if row_sum[i] != diag_sum1 or col_sum[i] != diag_sum1:
38                   flag = False
39       return flag
40
41   def main():
42       n = int(input("Input n:"))
43       x = [[0 for i in range(n)] for i in range(n)]
44       input_matrix(x, n, n)
45       if is_magic_square(x, n):
46           print("It is a magic square")
47       else:
48           print("It is not a magic square")
49
50   if __name__ == '__main__':
51       main()
```

任务 2 的参考程序：

```
1    # 幻方矩阵任务 2
2    def print_matrix(a, m, n):
3        for row in range(m):
4            for column in range(n):
5                print(f'{a[row][column]}', end=' ')
6            print("")
7
8    def generate_magic_square(x, n):
9        row, col = 0, (n-1) // 2
```

```
10      x[row][col] = 1
11      for i in range(2, n*n+1):
12          r, c = row, col
13          row = (row - 1 + n) % n
14          col = (col + 1) % n
15          if x[row][col] == 0:
16              x[row][col] = i
17          else:
18              r = (r+1) % n
19              x[r][c] = i
20              row, col = r, c
21
22  def main():
23      n = int(input("Input n:"))
24      matrix = [[0 for i in range(n)] for i in range(n)]
25      generate_magic_square(matrix, n)
26      print(f'{n}*{n} magic square:')
27      print_matrix(matrix, n, n)
28
29  if __name__ == '__main__':
30      main()
```

【思考题】所谓四阶素数幻方矩阵，就是在一个 4×4 的矩阵中，每一个元素位置填入一个数字，使得每一行、每一列和两条对角线上的四个数字所组成的四位数均为可逆素数。请编写一个程序，计算并输出四阶的素数幻方矩阵。

9.3　蛇形矩阵

1. 实验内容

已知 4×4 和 5×5 的蛇形矩阵如下所示：

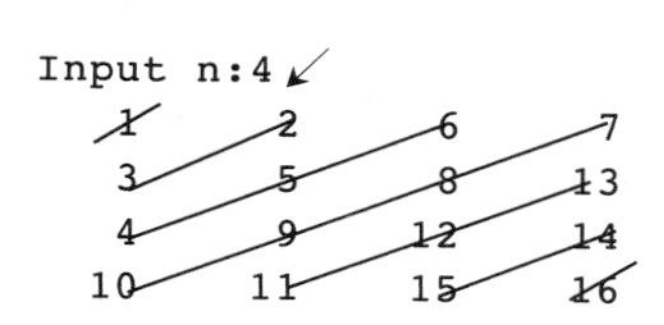

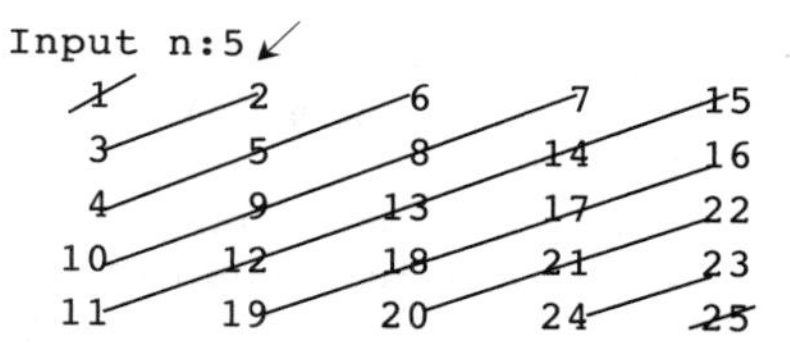

请编写一个程序，输出一个 $n\times n$ 的蛇形矩阵。

【解题思路提示】用两个双重循环分别计算 $n\times n$ 矩阵的左上三角和右下三角，设置一个计数器，从 1 开始记录当前要写入矩阵的元素值，每次写完一个，计数器加 1，在计算左上角和右下角矩阵元素时，需要分两种情况考虑待写入的元素在矩阵中的行列下标位置。

总计有 $2\times n-1$ 条左对角线，假设 $2\times n-1$ 条左对角线的顺序号依次为 i=0，1，2，3，…，$2\times n-2$，则左对角线上元素的两个下标之和即为对角线的顺序号 i，左上角的对角线元素个数是递增的，右上角的对角线元素个数是递减的。偶数序号的左对角线上的元素是从下往上写的，其行下标是递减的，列下标是递增的；奇数序号的左对角线上的元素是从上往下写的，其行下标是递增的，列下标是递减的。

以写入左上角矩阵元素为例。当 i=0 时，在 a[0][0] 位置写入一个数；当 i=1 时，换一个方向写入两个数，从上到下在 a[0][1] 和 a[1][0] 位置各写入一个数；当 i=2 时，换一个方向写入三个数，从下到上在 a[2][0]、a[1][1]、a[0][2] 位置各写入一个数；当 i=3 时，换一个方向写入 4 个数，从上到下在 a[0][3]、a[1][2]、a[2][1]、a[3][0] 位置各写入一个数；后面依此类推。同理，可推得写入右下角矩阵元素的方法。

2. 实验要求

先输入矩阵的阶数 *n*(假设 *n* 不超过 100)，如果 *n* 不是自然数或者输入了不合法的数字，则输出 "Input error!"，然后结束程序的执行。

测试编号	程序运行结果示例
1	Input n:4↙ 1 2 6 7 3 5 8 13 4 9 12 14 10 11 15 16
2	Input n:5↙ 1 2 6 7 15 3 5 8 14 16 4 9 13 17 22 10 12 18 21 23 11 19 20 24 25
3	Input n:-2↙ Input error!
4	Input n:q↙ Input error!

3. 实验参考程序

```
1   # 蛇形矩阵
2   def print_matrix(a, m, n):
3       for i in range(m):
4           for j in range(n):
5               print(f'{a[i][j]:4d}', end=' ')
6           print("")
7
8   def zigzag_matrix(a, n):
9       k = 1
10      for i in range(n):
11          for j in range(i+1):
12              if i % 2 == 0:
13                  a[i-j][j] = k
14              else:
15                  a[j][i-j] = k
16              k += 1
17      for i in range(n, 2*n-1):
18          for j in range(2*n-i-1):
19              if i % 2 == 0:
20                  a[n-1-j][i-n+j+1] = k
21              else:
22                  a[i-n+j+1][n-1-j] = k
23              k += 1
24
25  def main():
26      try:
27          n = int(input("Input n:"))
28          if n > 100 or n < 0:
29              print("Input error!")
30          else:
31              a = [[0 for i in range(n)] for i in range(n)]
```

```
32                  zigzag_matrix(a, n)
33                  print_matrix(a, n, n)
34          except ValueError:
35              print("Input error!")
36
37  if __name__ == '__main__':
38          main()
```

【思考题】如果要显示出每个元素值依次写入矩阵的过程，请问怎样修改程序？

9.4 螺旋矩阵

1. 实验内容

已知 5×5 的螺旋矩阵如下所示：

```
1  2  3  4  5
16 17 18 19 6
15 24 25 20 7
14 23 22 21 8
13 12 11 10 9
```

请编写一个程序，输出以 (0,0) 为起点、以数字 1 为起始数字的 $n \times n$ 的螺旋矩阵。

【解题思路提示】第一种思路是采用按圈赋值的方法，即控制走过指定的圈数。对于 $n \times n$ 的螺旋矩阵，一共需要走过的圈数为 $(n+1)/2$。首先根据输入的阶数，判断需要用几圈生成螺旋矩阵。然后在每一圈中再设置四个循环，生成每一圈的上、下、左、右四个方向的数字，直到每一圈都生成完毕为止。n 为奇数的情况下，最后一圈有 1 个数，n 为偶数的情况下，最后一圈有 4 个数。

第二种思路是将第一种思路的“控制走过指定的圈数”，改为“控制走过指定的格子数”。首先根据输入的阶数，判断需要生成多少个数字。然后在每一圈中再设置四个循环，生成每一圈的上、下、左、右四个方向的数字，直到每一圈都生成完毕为止（奇数情况下最后一圈有 1 个数，$i=j$）。以 5×5 的螺旋矩阵为例，第一圈一共走的格子数是 16=4×4，即生成 4×4=16 个数字，起点是（0，0），右边界是 4，下边界是 4，先向右走四个格子，然后向下走四个格子，再向左走四个格子，再向上走四个格子回到起点。第二圈一共走的格子数是 8=2×4，即生成 2×4=8 个数字，起点是（1，1），右边界是 3，下边界是 3，向右走 2 个格子，然后向下走 2 个格子，再向左走 2 个格子，再向上走 2 个格子回到起点。第三圈一共走的格子数是 1=1×1，起点是（2，2），右边界是 2，下边界是 2，起点在边界上，表明此时只剩一个点，那么直接走完这个点，然后退出。

2. 实验要求

先输入矩阵的阶数 n（假设 n 不超过 100），如果 n 不是自然数或者输入了不合法的数字，则输出 "Input error!"，然后结束程序的执行。

测试编号	程序运行结果示例
1	Input n:4↙ 1　2　3　4 12　13　14　5 11　16　15　6 10　9　8　7

（续）

测试编号	程序运行结果示例
2	Input n:5↙ 1 2 3 4 5 16 17 18 19 6 15 24 25 20 7 14 23 22 21 8 13 12 11 10 9
3	Input n:-2↙ Input error!
4	Input n:q↙ Input error!

3. 实验参考程序

非递归实现的参考程序 1：

```
1   # 螺旋矩阵
2   def print_matrix(a, m, n):
3       for i in range(m):
4           for j in range(n):
5               print(f'{a[i][j]:4d}', end=' ')
6           print("")
7
8   def set_array(a, n):
9       length = 1
10      level = (n+1) // 2 if n > 0 else -1
11      for m in range(level):
12          for k in range(m, n-m):
13              a[m][k] = length
14              length += 1
15          for k in range(m+1, n-m-1):
16              a[k][n-m-1] = length
17              length += 1
18          for k in range(n-m-1, m, -1):
19              a[n-m-1][k] = length
20              length += 1
21          for k in range(n-m-1, m, -1):
22              a[k][m] = length
23              length += 1
24
25  def main():
26      try:
27          n = int(input("Input n:"))
28          if n > 100 or n < 0:
29              print("Input error!")
30          else:
31              a = [[0 for i in range(n)] for i in range(n)]
32              set_array(a, n)
33              print_matrix(a, n, n)
34      except ValueError:
35          print("Input error!")
36
37  if __name__ == '__main__':
38      main()
```

递归实现的参考程序 1：

```
1   # 螺旋矩阵
2   length, m = 1, 0
3   def print_matrix(a, m, n):
4       for i in range(m):
5           for j in range(n):
6               print(f'{a[i][j]:4d}', end=' ')
7           print("")
8
9   def set_array(a, n):
10      global m, length
11      level = (n+1) // 2 if n > 0 else -1
12      if m >= level:
13          return
14      else:
15          for k in range(m, n-m):
16              a[m][k] = length
17              length  += 1
18          for k in range(m+1, n-m-1):
19              a[k][n-m-1] = length
20              length  += 1
21          for k in range(n-m-1, m, -1):
22              a[n-m-1][k] = length
23              length  += 1
24          for k in range(n-m-1, m, -1):
25              a[k][m] = length
26              length  += 1
27          m += 1
28          set_array(a, n)
29
30  def main():
31      try:
32          n = int(input("Input n:"))
33          if n > 100 or n < 0:
34              print("Input error!")
35          else:
36              a = [[0 for i in range(n)] for i in range(n)]
37              set_array(a, n)
38              print_matrix(a, n, n)
39      except ValueError:
40          print("Input error!")
41
42  if __name__ == '__main__':
43      main()
```

非递归实现的参考程序 2：

```
1   # 螺旋矩阵
2   def print_matrix(a, m, n):
3       for i in range(m):
4           for j in range(n):
5               print(f'{a[i][j]:4d}', end=' ')
6           print("")
7
8   def set_array(a, n):
9       start, border, m, length = 0, n - 1, 1, 1
10      while m <= n * n:
```

```
11          if start > border:
12              return
13          elif start == border:
14              a[start][start] = length
15              return
16          else:
17              for k in range(start, border):
18                  a[start][k] = length
19                  length += 1
20                  m += 1
21              for k in range(start, border):
22                  a[k][border] = length
23                  length += 1
24                  m += 1
25              for k in range(border, start, -1):
26                  a[border][k] = length
27                  length += 1
28                  m += 1
29              for k in range(border, start, -1):
30                  a[k][start] = length
31                  length += 1
32                  m += 1
33              start += 1
34              border -= 1
35
36  def main():
37      try:
38          n = int(input("Input n:"))
39          if n > 100 or n < 0:
40              print("Input error!")
41          else:
42              a = [[0 for i in range(n)] for i in range(n)]
43              set_array(a, n)
44              print_matrix(a, n, n)
45      except ValueError:
46          print("Input error!")
47
48  if __name__ == '__main__':
49      main()
```

递归实现的参考程序 2：

```
1   # 螺旋矩阵
2   length, m = 1, 0
3
4   def print_matrix(a, m, n):
5       for i in range(m):
6           for j in range(n):
7               print(f'{a[i][j]:4d}', end=' ')
8           print()
9
10  def set_array(a, n, start, border):
11      global length, m
12      if start > border:
13          return
14      elif start == border:
15          a[start][start] = length
16          return
17      else:
```

```
18            for k in range(start, border):
19                a[start][k] = length
20                length += 1
21                m += 1
22            for k in range(start, border):
23                a[k][border] = length
24                length += 1
25                m += 1
26            for k in range(border, start, -1):
27                a[border][k] = length
28                length += 1
29                m += 1
30            for k in range(border, start, -1):
31                a[k][start] = length
32                length += 1
33                m += 1
34            start += 1
35            border -= 1
36            set_array(a, n, start, border)
37
38    def main():
39        try:
40            n = int(input("Input n:"))
41            if n > 100 or n < 0:
42                print("Input error!")
43            else:
44                a = [[0 for i in range(n)] for i in range(n)]
45                set_array(a, n, 0, n - 1)
46                print_matrix(a, n, n)
47        except ValueError:
48            print("Input error!")
49
50    if __name__ == '__main__':
51        main()
```

【思考题】

1）如果要以任意数字为起始数字开始写 $n \times n$ 的螺旋矩阵，并且显示出每个数字依次写入矩阵的过程，请问怎样修改程序？

2）如果要生成一个 $m \times n$ 的螺旋矩阵，请问怎样修改程序？

第 10 章　日期和时间专题

实验目的

- 综合运用三种基本控制结构、列表、类和防御式程序设计方法，解决与闰年判断和日期计算相关的实际问题，针对给定的设计任务，能够选择恰当的基本控制结构和数据结构构造程序。
- 掌握类的定义、用类创建对象实例和访问对象成员的方法，通过面向对象程序设计理解其基本思想及其与结构化程序设计方法的不同。
- 掌握利用 datetime 模块获取日期和时间，以及利用 turtle 模块绘制复杂图形的方法。

10.1　三天打鱼两天晒网

1. 实验内容

中国有句俗语叫“三天打鱼两天晒网”，某人从 1990 年 1 月 1 日起开始“三天打鱼两天晒网”，即工作三天，然后休息两天。请编写一个程序，计算这个人在以后的某一天是在工作还是在休息。

【解题思路提示】因为“三天打鱼两天晒网”的周期是 5 天，即以 5 天为一个周期，每个周期中都是前三天工作后两天休息，所以只要计算出从 1990 年 1 月 1 日开始到输入的某年某月某日之间的总天数，将这个总天数对 5 取模，余数为 1、2、3 就说明是在工作，余数为 4 和 0 就说明是在休息。

2. 实验要求

先从键盘任意输入某年某月某天，如果这一天他在工作，则输出 "He is working"，如果他在休息，则输出 "He is having a rest"，如果输入非法字符，或者输入的日期不合法，则提示重新输入。

测试编号	程序运行结果示例
1	Input year,month,day:2014,12,22↙ He is working
2	Input year,month,day:2014,12,24↙ He is having a rest
3	Input year,month,day:2000,3,5↙ He is working
4	Input year,month,day:2017,3,8↙ He is having a rest
5	Input year,month,day:a↙ Input year,month,day:2014,3,32↙ Input year,month,day:2017,3,9↙ He is having a rest

3. 实验参考程序

参考程序 1：

```
1   # 三天打鱼两天晒网
2   class Date:
3       year, month, day = 0, 0, 0
4       def __init__(self, year, month, day):
5           self.year = year
6           self.month = month
7           self.day = day
8
9   def is_leap_year(y):
10      return True if (y % 4 == 0 and y % 100 != 0) or (y % 400 == 0) else False
11
12  def is_work(d):
13      day_of_month = [[31, 28, 31, 30, 31, 30, 31, 31, 30, 31, 30, 31],
14                      [31, 29, 31, 30, 31, 30, 31, 31, 30, 31, 30, 31]]
15      sum_day = d.day
16      for i in range(1990, d.year):
17          if is_leap_year(i):
18              sum_day += 366
19          else:
20              sum_day += 365
21      leap = 1 if is_leap_year(d.year) else 0
22      for i in range(1, d.month):
23          sum_day += day_of_month[leap][i-1]
24      sum_day %= 5
25      return False if (sum_day == 0 or sum_day == 4) else True
26
27  def is_legal_date(d):
28      day_of_month = [[31, 28, 31, 30, 31, 30, 31, 31, 30, 31, 30, 31],
29                      [31, 29, 31, 30, 31, 30, 31, 31, 30, 31, 30, 31]]
30      if d.year < 1 or d.month < 1 or d.month > 12 or d.day < 1:
31          return False
32      leap = 1 if is_leap_year(d.year) else 0
33      return False if d.day > day_of_month[leap][d.month-1] else True
34
35  def main():
36      input_right = False
37      while not input_right:
38          try:
39              year, month, day = eval(input("Input year, month, day:"))
40              date = Date(year, month, day)
41              if is_legal_date(date):
42                  input_right = True
43          except NameError:
44              input_right = False
45      if is_work(date):
46          print("He is working")
47      else:
48          print("He is having a rest")
49  if __name__ == '__main__':
50      main()
```

参考程序 2：

```
1   #三天打鱼两天晒网
2   class Date:
```

```
3      year, month, day = 0, 0, 0
4      def __init__(self, year, month, day):
5          self.year = year
6          self.month = month
7          self.day = day
8
9      def is_leap_year(self, year):
10         return True if (year%4==0 and year%100!=0) or (year%400==0) else False
11
12     def is_legal_date(self, year, month, day):
13         day_of_month = [[31, 28, 31, 30, 31, 30, 31, 31, 30, 31, 30, 31],
14                         [31, 29, 31, 30, 31, 30, 31, 31, 30, 31, 30, 31]]
15         if year < 1 or month < 1 or month > 12 or self.day < 1:
16             return False
17         leap = 1 if self.is_leap_year(year) else 0
18         return False if day > day_of_month[leap][month-1] else True
19
20 def is_work(d):
21     day_of_month = [[31, 28, 31, 30, 31, 30, 31, 31, 30, 31, 30, 31],
22                     [31, 29, 31, 30, 31, 30, 31, 31, 30, 31, 30, 31]]
23     sum_day = d.day
24     for i in range(1990, d.year):
25         if d.is_leap_year(i):
26             sum_day += 366
27         else:
28             sum_day += 365
29     leap = 1 if d.is_leap_year(d.year) else 0
30     for i in range(1, d.month):
31         sum_day += day_of_month[leap][i - 1]
32     sum_day %= 5
33     return False if (sum_day == 0 or sum_day == 4) else True
34
35 def main():
36     input_right = False
37     while not input_right:
38         try:
39             year, month, day = eval(input("Input year, month, day:"))
40             date = Date(year, month, day)
41             if date.is_legal_date(year, month, day):
42                 input_right = True
43         except NameError:
44             input_right = False
45     if is_work(date):
46         print("He is working")
47     else:
48         print("He is having a rest")
49
50 if __name__ == '__main__':
51     main()
```

参考程序 3：

```
1  #三天打鱼两天晒网
2  class Date:
3      year, month, day = 0, 0, 0
4      def __init__(self, year, month, day):
5          self.year = year
6          self.month = month
```

```
7             self.day = day
8
9         def is_leap_year(self):
10            return True if (self.year%4==0 and self.year%100!=0) \
11                           or (self.year%400==0) else False
12
13        def is_legal_date(self):
14            day_of_month = [[31, 28, 31, 30, 31, 30, 31, 31, 30, 31, 30, 31],
15                            [31, 29, 31, 30, 31, 30, 31, 31, 30, 31, 30, 31]]
16            if self.year < 1 or self.month < 1 or self.month > 12 or self.day < 1:
17                return False
18            leap = 1 if self.is_leap_year() else 0
19            return False if self.day > day_of_month[leap][self.month-1] else True
20
21    def is_work(d):
22        day_of_month = [[31, 28, 31, 30, 31, 30, 31, 31, 30, 31, 30, 31],
23                        [31, 29, 31, 30, 31, 30, 31, 31, 30, 31, 30, 31]]
24        sum_day = d.day
25        for i in range(1990, d.year):
26            date = Date(i, None, None)
27            if date.is_leap_year():
28                sum_day += 366
29            else:
30                sum_day += 365
31        leap = 1 if d.is_leap_year() else 0
32        for i in range(1, d.month):
33            sum_day += day_of_month[leap][i - 1]
34        sum_day %= 5
35        return False if (sum_day == 0 or sum_day == 4) else True
36
37    def main():
38        input_right = False
39        while not input_right:
40            try:
41                year, month, day = eval(input("Input year, month, day:"))
42                date = Date(year, month, day)
43                if date.is_legal_date():
44                    input_right = True
45            except NameError:
46                input_right = False
47        if is_work(date):
48            print("He is working")
49        else:
50            print("He is having a rest")
51
52    if __name__ == '__main__':
53        main()
```

10.2 统计特殊的星期天

1. 实验内容

已知 1901 年 1 月 1 日是星期一，请编写一个程序，计算在 1901 年 1 月 1 日至某年 12 月 31 日期间共有多少个星期天落在每月的第一天上。

【解题思路提示】因为星期日的周期是 7 天，即每隔 7 天就会出现一个星期日，但是这个星期日是否落在每个月的第一天，需要在每个月的第一天统计从 1901 年 1 月 1 日（星期一）到某年某月第一天的累计天数，这个天数对 7 取模为 1 就说明它是星期一，对 7 取模为 2 就说明是星期二，依此类推，对 7 取模为 0 就说明它是星期日，于是就将计数器加 1，最后返回计数器统计的结果即为所求。

2. 实验要求

先输入年份 *y*，如果输入非法字符，或者输入的年份小于 1901，则提示重新输入。然后输出在 1901 年 1 月 1 日至 *y* 年 12 月 31 日期间星期天落在每月的第一天的天数。

测试编号	程序运行结果示例
1	Input year:1901↙ 2
2	Input year:1999↙ 170
3	Input year:2000↙ 171
4	Input year:1984↙ 144
5	Input year:2100↙ 343
6	Input year:a↙ Input year:1900↙ Input year:1902↙ 3

3. 实验参考程序

```
1   # 统计特殊的星期天
2   def is_leap_year(y):
3       return True if (y % 4 == 0 and y % 100 != 0) or (y % 400 == 0) else False
4
5   def count_sundays(y):
6       days, times = 365, 0
7       for year in range(1901, y + 1):
8           for i in range(1, 13):
9               if (days + 1) % 7 == 0:
10                  times += 1
11              if i == 2:
12                  if is_leap_year(year):
13                      days += 29
14                  else:
15                      days += 28
16              elif i = = 1 or i = = 3 or i = = 5 or i = = 7 or i = = 8 or i = = 10 or i = = 12:
17
18                  days += 31
19              else:
20                  days += 30
21      return times
22
23  def main():
24      year = 0
25      while year <= 1900:
26          try:
27              year = int(input("Input year:"))
28          except ValueError:
```

```
29             continue
30         print(f'{count_sundays(year)}')
31
32 if __name__ == '__main__':
33         main()
```

10.3 日期转换

1. 实验内容

请编写程序，完成从某年某月某日到这一年的第几天之间的相互转换。

【解题思路提示】 将某年某月某日转换为这一年的第几天的算法为：假设给定的月是 month，将 1，2，3，…，month−1 月的各月天数依次累加，再加上指定的日，即可得到它是这一年的第几天。

将某年的第几天转换为某月某日的算法为：对于给定的某年的第几天 yearDay，从 yearDay 中依次减去 1，2，3，…，各月的天数，直到正好减为 0 或不够减时为止，若已减了 i 个月的天数，则月份 month 的值为 $i+1$。这时，yearDay 中剩下的天数为第 month 月的日号 day 的值。

2. 实验要求

任务 1：先输入某年某月某日，然后输出它是这一年的第几天。

任务 2：先输入某一年的第几天，然后输出它是这一年的第几月第几日。

任务 3：先输出如下的菜单，然后根据用户输入的选择执行相应的操作。

```
1. year/month/day → yearDay
2. yearDay → year/month/day
3. Exit
Please enter your choice:
```

如果用户选择 1，则先输入某年某月某日，然后输出它是这一年的第几天。如果用户选择 2，则先输入某一年的第几天，然后输出它是这一年的第几月第几日。如果用户选择 3，则退出程序的执行。如果输入 1，2，3 以外的数字，则输出 "Input error!"。要求在完成上述日期转换时要考虑闰年。

任务 4：循环显示菜单，直到用户选择 3 退出程序的执行为止。

如果输入非法字符，或者输入的日期不合法，则提示重新输入。

实验任务	测试编号	程序运行结果示例
1	1	Input year,month,day:2016,3,1↙ yearDay = 61
	2	Input year,month,day:2015,3,1↙ yearDay = 60
	3	Input year,month,day:2000,3,1↙ yearDay = 61
	4	Input year,month,day:2100,3,1↙ yearDay = 60
2	1	Please enter year, yearDay:2016,61↙ month = 3,day = 1
	2	Please enter year, yearDay:2015,60↙ month = 3,day = 1

（续）

实验任务	测试编号	程序运行结果示例
2	3	Please enter year, yearDay:2100,60↙ month = 3,day = 1
	4	Please enter year, yearDay:2000,61↙ month = 3,day = 1
3	1	1. year/month/day → yearDay 2. yearDay → year/month/day 3. Exit Please enter your choice: 1↙ Please enter year, month,day:2000,3,1↙ yearDay = 61
	2	1. year/month/day → yearDay 2. yearDay → year/month/day 3. Exit Please enter your choice: 1↙ Please enter year, month,day:2011,3,1↙ yearDay = 60
	3	1. year/month/day → yearDay 2. yearDay → year/month/day 3. Exit Please enter your choice: 2↙ Please enter year, yearDay:2000,61↙ month = 3, day = 1
	4	1. year/month/day → yearDay 2. yearDay -> year/month/day 3. Exit Please enter your choice: 2↙ Please enter year, yearDay:2011,60↙ month = 3, day = 1
	5	1. year/month/day → yearDay 2. yearDay → year/month/day 3. Exit Please enter your choice:3
4	1	1. year/month/day → yearDay 2. yearDay → year/month/day 3. Exit Please enter your choice: 1↙ Please enter year, month,day:2000,3,1↙ yearDay = 61 1. year/month/day → yearDay 2. yearDay → year/month/day 3. Exit Please enter your choice: 1↙ Input year,month,day:2011,2,29↙ Input year,month,day:2011,3,39↙ Input year,month,day:2011,2,a↙ Input year,month,day:2011,3,1↙ yearDay = 60 1. year/month/day → yearDay 2. yearDay → year/month/day 3. Exit

（续）

实验任务	测试编号	程序运行结果示例
4	1	Please enter your choice: 2↙ Input year,yearDay:2000,61↙ month = 3, day = 1 1. year/month/day → yearDay 2. yearDay → year/month/day 3. Exit Please enter your choice: 2↙ Input year,yearDay:2011,60↙ month = 3, day = 1 1. year/month/day → yearDay 2. yearDay → year/month/day 3. Exit Please enter your choice:3↙ Program is over!

3. 实验参考程序

任务 1 的参考程序：

```
1   # 日期转换任务 1
2   class Date:
3       year, month, day = 0, 0, 0
4       def __init__(self, year, month, day):
5           self.year = year
6           self.month = month
7           self.day = day
8
9       def is_leap_year(self):
10          return True if (self.year%4==0 and self.year%100!=0) \
11                         or (self.year%400==0) else False
12
13      def is_legal_date(self):
14          day_of_month = [[31, 28, 31, 30, 31, 30, 31, 31, 30, 31, 30, 31],
15                          [31, 29, 31, 30, 31, 30, 31, 31, 30, 31, 30, 31]]
16          if self.year < 1 or self.month < 1 or self.month > 12 or self.day < 1:
17              return False
18          leap = 1 if self.is_leap_year() else 0
19          return False if self.day > day_of_month[leap][self.month - 1] else True
20
21      def day_of_year(self):
22          day_of_month = [[31, 28, 31, 30, 31, 30, 31, 31, 30, 31, 30, 31],
23                          [31, 29, 31, 30, 31, 30, 31, 31, 30, 31, 30, 31]]
24          leap = self.is_leap_year()
25          sum_day = self.day
26          for i in range(1, self.month):
27              sum_day += day_of_month[leap][i - 1]
28          return sum_day
29
30  def main():
31      input_right = False
32      while not input_right:
33          try:
34              year, month, day = eval(input("Input year, month, day:"))
35              date = Date(year, month, day)
36              if date.is_legal_date():
```

```
37                    days = date.day_of_year()
38                    print(f'yearDay = {days}')
39                    input_right = True
40            except NameError:
41                input_right = False
42
43    if __name__ == '__main__':
44        main()
```

任务 2 的参考程序：

```
1     # 日期转换任务 2
2     class Date:
3         year, month, day = 0, 0, 0
4         def __init__(self, year, month, day):
5             self.year = year
6             self.month = month
7             self.day = day
8
9         def is_leap_year(self):
10            return True if (self.year%4==0 and self.year%100!=0) \
11                           or (self.year%400==0) else False
12
13        def is_legal_date(self):
14            day_of_month = [[31, 28, 31, 30, 31, 30, 31, 31, 30, 31, 30, 31],
15                            [31, 29, 31, 30, 31, 30, 31, 31, 30, 31, 30, 31]]
16            if self.year < 1 or self.month < 1 or self.month > 12 or self.day < 1:
17                return False
18            leap = 1 if self.is_leap_year() else 0
19            return False if self.day > day_of_month[leap][self.month - 1] else True
20
21
22        def month_day(self, year_day):
23            day_of_month = [[31, 28, 31, 30, 31, 30, 31, 31, 30, 31, 30, 31],
24                            [31, 29, 31, 30, 31, 30, 31, 31, 30, 31, 30, 31]]
25            leap = self.is_leap_year()
26            i = 1
27            while year_day > day_of_month[leap][i - 1]:
28                year_day -= day_of_month[leap][i - 1]
29                i += 1
30            return i, year_day
31
32    def main():
33        input_right = False
34        year, year_day = 0, 0
35        while not input_right:
36            try:
37                year, year_day = eval(input("Input year, yearDay:"))
38                if year > 0 and 366 >= year_day >= 1:
39                    input_right = True
40            except NameError:
41                input_right = False
42        date = Date(year, None, None)
43        month, day = date.month_day(year_day)
44        print(f'month = {month}, day = {day}')
45
46    if __name__ == '__main__':
47        main()
```

任务 3 的参考程序：

```
1   # 日期转换任务 3
2   class Date:
3       year, month, day = 0, 0, 0
4       def __init__(self, year, month, day):
5           self.year = year
6           self.month = month
7           self.day = day
8   
9       def is_leap_year(self):
10          return True if (self.year%4==0 and self.year%100!=0) \
11                     or (self.year%400==0) else False
12  
13      def is_legal_date(self):
14          day_of_month = [[31, 28, 31, 30, 31, 30, 31, 31, 30, 31, 30, 31],
15                          [31, 29, 31, 30, 31, 30, 31, 31, 30, 31, 30, 31]]
16          if self.year < 1 or self.month < 1 or self.month > 12 or self.day < 1:
17              return False
18          leap = 1 if self.is_leap_year() else 0
19          return False if self.day > day_of_month[leap][self.month - 1] else True
20  
21      def day_of_year(self):
22          day_of_month = [[31, 28, 31, 30, 31, 30, 31, 31, 30, 31, 30, 31],
23                          [31, 29, 31, 30, 31, 30, 31, 31, 30, 31, 30, 31]]
24          leap = self.is_leap_year()
25          sum_day = self.day
26          for i in range(1, self.month):
27              sum_day += day_of_month[leap][i - 1]
28          return sum_day
29  
30      def month_day(self, year_day):
31          day_of_month = [[31, 28, 31, 30, 31, 30, 31, 31, 30, 31, 30, 31],
32                          [31, 29, 31, 30, 31, 30, 31, 31, 30, 31, 30, 31]]
33          leap = self.is_leap_year()
34          i = 1
35          while year_day > day_of_month[leap][i - 1]:
36              year_day -= day_of_month[leap][i - 1]
37              i += 1
38          return i, year_day
39  
40  def main_1():
41      input_right = False
42      while not input_right:
43          try:
44              year, month, day = eval(input("Input year, month, day:"))
45              date = Date(year, month, day)
46              if date.is_legal_date():
47                  days = date.day_of_year()
48                  print(f'yearDay = {days}')
49                  input_right = True
50          except NameError:
51              input_right = False
52  
53  def main_2():
54      input_right = False
55      year, year_day = 0, 0
56      while not input_right:
```

```
57          try:
58              year, year_day = eval(input("Input year, yearDay:"))
59              if year > 0 and 366 >= year_day >= 1:
60                  input_right = True
61          except NameError:
62              input_right = False
63      date = Date(year, None, None)
64      month, day = date.month_day(year_day)
65      print(f'month = {month}, day = {day}')
66
67  def menu():
68      print("1. year/month/day -> yearDay")
69      print("2. yearDay -> year/month/day")
70      print("3. Exit")
71      c = input("Please enter your choice:")
72      return c
73
74  def exit_program():
75      print("Program is over!")
76      exit()
77
78  def default():
79      print("Input error!")
80
81  def main():
82      c = menu()
83      switch_m = {'1': main_1,
84                  '2': main_2,
85                  '3': exit_program
86                 }
87      switch_m.get(c, default)()
88
89  if __name__ == '__main__':
90      main()
```

任务 4 的参考程序：

```
1   # 日期转换任务 4
2   class Date:
3       year, month, day = 0, 0, 0
4       def __init__(self, year, month, day):
5           self.year = year
6           self.month = month
7           self.day = day
8
9       def is_leap_year(self):
10          return True if (self.year%4==0 and self.year%100!=0) \
11                      or (self.year%400==0) else False
12
13      def is_legal_date(self):
14          day_of_month = [[31, 28, 31, 30, 31, 30, 31, 31, 30, 31, 30, 31],
15                          [31, 29, 31, 30, 31, 30, 31, 31, 30, 31, 30, 31]]
16          if self.year < 1 or self.month < 1 or self.month > 12 or self.day < 1:
17              return False
18          leap = 1 if self.is_leap_year() else 0
19          return False if self.day > day_of_month[leap][self.month - 1] else True
20
21      def day_of_year(self):
22          day_of_month = [[31, 28, 31, 30, 31, 30, 31, 31, 30, 31, 30, 31],
```

```
23                              [31, 29, 31, 30, 31, 30, 31, 31, 30, 31, 30, 31]]
24          leap = self.is_leap_year()
25          sum_day = self.day
26          for i in range(1, self.month):
27              sum_day += day_of_month[leap][i - 1]
28          return sum_day
29
30      def month_day(self, year_day):
31          day_of_month = [[31, 28, 31, 30, 31, 30, 31, 31, 30, 31, 30, 31],
32                          [31, 29, 31, 30, 31, 30, 31, 31, 30, 31, 30, 31]]
33          leap = self.is_leap_year()
34          i = 1
35          while year_day > day_of_month[leap][i - 1]:
36              year_day -= day_of_month[leap][i - 1]
37              i += 1
38          return i, year_day
39
40  def main_1():
41      input_right = False
42      while not input_right:
43          try:
44              year, month, day = eval(input("Input year, month, day:"))
45              date = Date(year, month, day)
46              if date.is_legal_date():
47                  days = date.day_of_year()
48                  print(f'yearDay = {days}')
49                  input_right = True
50          except NameError:
51              input_right = False
52
53  def main_2():
54      input_right = False
55      year, year_day = 0, 0
56      while not input_right:
57          try:
58              year, year_day = eval(input("Input year, yearDay:"))
59              if year > 0 and 366 >= year_day >= 1:
60                  input_right = True
61          except NameError:
62              input_right = False
63      date = Date(year, None, None)
64      month, day = date.month_day(year_day)
65      print(f'month = {month}, day = {day}')
66
67  def menu():
68      print("1. year/month/day -> yearDay")
69      print("2. yearDay -> year/month/day")
70      print("3. Exit")
71      c = input("Please enter your choice:")
72      return c
73
74  def exit_program():
75      print("Program is over!")
76      exit()
77
78  def default():
79      print("Input error!")
80
81  def main():
```

```
82      while True:
83          c = menu()
84          switch_m = {'1': main_1,
85                      '2': main_2,
86                      '3': exit_program
87                     }
88          switch_m.get(c, default)()
89
90
91  if __name__ == '__main__':
92      main()
```

10.4　动态时钟

1. 实验内容

请编程实现一个动态时钟显示程序。

【解题思路提示】首先，要生成表盘和表盘上的数字，并确定椭圆的圆心（即表心）和椭圆的长短半轴的长度。因每圈 2π 对应 12 个数字，因此相邻数字之间的角度是 $\pi/6$，即表盘上有 12 个格，每一格的度数是 $\pi/6$。其次，根据获取的系统时间中的“时、分、秒”信息来确定时针、分针、秒针的端点位置，连接表心与秒针、分针、时针端点，重绘屏幕。

2. 实验要求

要求利用 datetime 获取当前时间，并利用 turtle 模块绘制一个静态的时钟表盘，实现钟指针的自动刷新，即让钟的指针动起来，并且指针指示的时间是当前的当地时间，在表盘上正确绘制出 12 个数字，分别用不同长度的线段绘制时钟的 3 个指针，指针的位置要根据系统时间进行绘制。如图 10-1 所示。

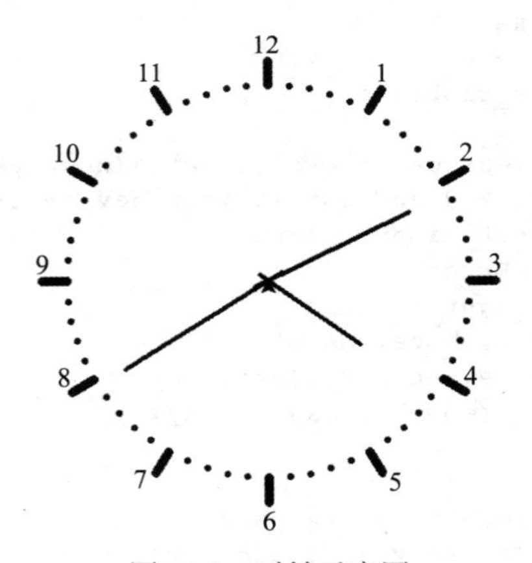

图 10-1　时钟示意图

3. 实验参考程序

```
1   import turtle
2   from datetime import *
3
4   def skip(step):
5       turtle.penup()
6       turtle.forward(step)
7       turtle.pendown()
8
```

```
9   def mk_hand(name, length):
10      turtle.reset()
11      skip(-length * 0.1)
12      turtle.begin_poly()
13      turtle.forward(length * 1.1)
14      turtle.end_poly()
15      hand_form = turtle.get_poly()
16      turtle.register_shape(name, hand_form)
17
18  def init():
19      global sec_hand, min_hand, hour_hand
20      turtle.mode("logo")
21      mk_hand("sec_hand", 135)
22      mk_hand("min_hand", 125)
23      mk_hand("hour_hand", 90)
24      sec_hand = turtle.Turtle()
25      sec_hand.shape("sec_hand")
26      min_hand = turtle.Turtle()
27      min_hand.shape("min_hand")
28      hour_hand = turtle.Turtle()
29      hour_hand.shape("hour_hand")
30      for hand in sec_hand, min_hand, hour_hand:
31          hand.shapesize(1, 1, 3)
32          hand.speed(0)
33
34  def setup_clock(radius):
35      turtle.reset()
36      turtle.pensize(7)
37      for i in range(60):
38          skip(radius)
39          if i % 5 == 0:
40              turtle.forward(20)
41              if i == 0:
42                  turtle.write(int(12), align="center",
43                               font=("Courier", 14, "bold"))
44              elif i == 30:
45                  skip(25)
46                  turtle.write(int(i / 5), align="center",
47                               font=("Courier", 14, "bold"))
48                  skip(-25)
49              elif i == 25 or i == 35:
50                  skip(20)
51                  turtle.write(int(i / 5), align="center",
52                               font=("Courier", 14, "bold"))
53                  skip(-20)
54              else:
55                  turtle.write(int(i / 5), align="center",
56                               font=("Courier", 14, "bold"))
57              skip(-radius - 20)
58          else:
59              turtle.dot(5)
60              skip(-radius)
61          turtle.right(6)
62
63  def tick():
64      t = datetime.now()
65      second = t.second + t.microsecond * 0.000001
66      minute = t.minute + second / 60.0
67      hour = t.hour + minute / 60.0
```

```
68      sec_hand.setheading(6 * second)
69      min_hand.setheading(6 * minute)
70      hour_hand.setheading(30 * hour)
71      turtle.ontimer(tick, 100)
72
73  def main():
74      turtle.tracer(False)
75      init()
76      setup_clock(160)
77      turtle.tracer(True)
78      tick()
79      turtle.mainloop()
80
81  if __name__ == '__main__':
82      main()
```

第 11 章　文本处理专题

实验目的

- 掌握字符串对象的输入输出、遍历和拆分和组合方法，以及列表、元组、集合、字典对象的创建和访问方法。
- 掌握字符串对象的复制、连接、比较、排序、检索和匹配等常用文本处理方法。
- 掌握使用正则表达式匹配和查找特定的字符串模式的方法。
- 掌握使用 jieba 库分析统计中文文档的方法，以及使用词云库对文本中的高频词进行可视化的方法。
- 掌握使用 csv 模块进行 CSV 格式文件读写的方法。

11.1　字符统计

1. 实验内容

任务 1：统计字符串中英文字符、数字字符、空格和其他字符的个数。

任务 2：统计字符串中每个英文字符出现的次数。

任务 3：统计字符串中每个英文字符出现的次数和首次出现的位置。

2. 实验要求

任务 1：输入一行字符，输出该字符串中英文字符、数字字符、空格和其他字符的个数。英文字符不区分大小写。

任务 2：输入一行字符，输出该字符串中每个英文字符出现的次数。英文字符不区分大小写。

任务 3：输入一行字符，统计字符串中每个英文字符出现的次数和首次出现的位置。英文字符不区分大小写。假设字符串长度不超过 80。

要求掌握列表和字符串的如下三种遍历方式：

```
#第一种方式,for in
for ch in str:
    print(ch, end="")
print("")

#第二种方式,range()
for index in range(len(str)):
    print(str[index], end="")
print("")

#第三种方式,iter()
for ch in iter(str):
    print(ch, end="")
print("")
```

实验任务	测试编号	程序运行结果示例
1	1	Input a string:abc123DEF 456 &?↙ English character:6 digit character:6 space:2 other character:2
	2	Input a string:a1b2c3 d4d5 +-*/%↙ English character:5 digit character:5 space:2 other character:5
2	1	Input a string:a1b2c3D4F5↙ a or A:1 b or B:1 c or C:1 d or D:1 f or F:1
	2	Input a string:abcdeyzABCDEYZ↙ a or A:2 b or B:2 c or C:2 d or D:2 e or E:2 y or Y:2 z or Z:2
3	1	Input a string:aaabcda↙ a or A:count=4,pos=1 b or B:count=1,pos=4 c or C:count=1,pos=5 d or D:count=1,pos=6
	2	Input a string:aabcbcabc↙ a or A:count=3,pos=1 b or B:count=3,pos=3 c or C:count=3,pos=4

3. 实验参考程序

任务 1 的参考程序 1：

```
1    # 字符统计任务 1
2    def count_letter(s):
3        letter = 0
4        for i in range(len(s)):
5            if ('a' <= s[i] <= 'z') or ('A' <= s[i] <= 'Z'):
6                letter += 1
7        return letter
8
9    def count_digit(s):
10       digit = 0
11       for i in range(len(s)):
12           if '0' <= s[i] <= '9':
13               digit += 1
14       return digit
```

```
15
16  def count_space(s):
17      space = 0
18      for i in range(len(s)):
19          if s[i] == ' ':
20              space += 1
21      return space
22
23  def main():
24      s = input("Input a string:")
25      letter = count_letter(s)
26      digit = count_digit(s)
27      space = count_space(s)
28      other = len(s) - letter - digit - space
29      print(f'english character:{letter}')
30      print(f'digit character:{digit}')
31      print(f'space:{space}')
32      print(f'other character:{other}')
33
34  if __name__ == '__main__':
35      main()
```

任务 1 的参考程序 2:

```
1   # 字符统计任务 1
2   def count_letter(s):
3       letter = 0
4       for ch in s:
5           if ('a' <= ch <= 'z') or ('A' <= ch <= 'Z'):
6               letter += 1
7       return letter
8
9   def count_digit(s):
10      digit = 0
11      for ch in s:
12          if '0' <= ch <= '9':
13              digit += 1
14      return digit
15
16  def count_space(s):
17      space = 0
18      for ch in s:
19          if ch == ' ':
20              space += 1
21      return space
22
23  def main():
24      s = input("Input a string:")
25      letter = count_letter(s)
26      digit = count_digit(s)
27      space = count_space(s)
28      other = len(s) - letter - digit - space
29      print(f'english character:{letter}')
30      print(f'digit character:{digit}')
31      print(f'space:{space}')
32      print(f'other character:{other}')
33
34  if __name__ == '__main__':
35      main()
```

任务 1 的参考程序 3：

```
1   # 字符统计任务 1
2   def count_letter(s):
3       letter = 0
4       for i in list(s):
5           if i.isalpha():
6               letter += 1
7       return letter
8
9   def count_digit(s):
10      digit = 0
11      for i in list(s):
12          if i.isdigit():
13              digit += 1
14      return digit
15
16  def count_space(s):
17      space = 0
18      for i in list(s):
19          if i.isspace():
20              space += 1
21      return space
22
23  def main():
24      s = input("Input a string:")
25      letter = count_letter(s)
26      digit = count_digit(s)
27      space = count_space(s)
28      other = len(s) - letter - digit - space
29      print(f'english character:{letter}')
30      print(f'digit character:{digit}')
31      print(f'space:{space}')
32      print(f'other character:{other}')
33
34  if __name__ == '__main__':
35      main()
```

任务 1 的参考程序 4：

```
1   # 字符统计任务 1
2   import string
3
4   def count_letter(s):
5       letter = 0
6       for ch in s:
7           if ch in string.ascii_letters:
8               letter += 1
9       return letter
10
11  def count_digit(s):
12      digit = 0
13      for ch in s:
14          if ch in string.digits:
15              digit += 1
16      return digit
17
18  def count_space(s):
19      space = 0
```

```
20        for ch in s:
21            if ch == ' ':
22                space += 1
23        return space
24
25    def main():
26        s = input("Input a string:")
27        letter = count_letter(s)
28        digit = count_digit(s)
29        space = count_space(s)
30        other = len(s) - letter - digit - space
31        print(f'english character:{letter}')
32        print(f'digit character:{digit}')
33        print(f'space:{space}')
34        print(f'other character:{other}')
35
36    if __name__ == '__main__':
37        main()
```

任务 1 的参考程序 5：

```
1     # 字符统计任务 1
2     import re    # 导入 re 正则模块
3
4     def count_letter(string):
5         pattern = re.compile(r'[A-Za-z]', re.S)
6         letter = re.findall(pattern, string)
7         return len(letter)
8
9     def count_digit(string):
10        pattern = re.compile(r'[0-9]', re.S)
11        digit = re.findall(pattern, string)
12        return len(digit)
13
14    def count_space(string):
15        pattern = re.compile(r'[ ]', re.S)
16        space = re.findall(pattern, string)
17        return len(space)
18
19    def main():
20        string = input("Input a string:")
21        letter = count_letter(string)
22        digit = count_digit(string)
23        space = count_space(string)
24        other = len(string) - letter - digit - space
25        print(f'english character:{letter}')
26        print(f'digit character:{digit}')
27        print(f'space:{space}')
28        print(f'other character:{other}')
29
30    if __name__ == '__main__':
31        main()
```

任务 2 的参考程序 1：

```
1     # 字符统计任务 2
2     import string
3
4     M = 26
```

```
5   def count_char(s, count):
6       for ch in s:
7           if ch.islower():
8               count[ord(ch)-ord('a')] += 1
9           elif ch.isupper():
10              count[ord(ch)-ord('A')] += 1
11
12  def main():
13      count = [0 for i in range(M+1)]
14      s = input("Input a string:")
15      count_char(s, count)
16      for i in range(M):
17          if count[i] != 0:
18              print(f"{chr(ord('a')+i)} or {chr(ord('A')+i)}:{count[i]}")
19
20  if __name__ == '__main__':
21      main()
```

任务 2 的参考程序 2:

```
1   # 字符统计任务 2
2   import string
3
4   M = 26
5   # 字符串转化为 list
6   def str2list(str):
7       list = []
8       for w in str:
9           list.append(w)
10      return list
11
12  #list 转化为字典序列，并把字符作为 key，利用字典的 key 值唯一的特点进行字符统计
13  def countw(list):
14      count_word = {}
15      for w in list:
16          if w not in count_word.keys():
17              count_word[w] = 1
18          else:
19              count_word[w] += 1
20      for w in string.ascii_letters:
21          if w in count_word:
22              print(f'{w}:{count_word[w]}')
23
24  def main():
25      s = input("Input a string:")
26      ls = str2list(s)
27      countw(ls)
28
29  if __name__ == '__main__':
30      main()
```

任务 2 的参考程序 3:

```
1   # 字符统计任务 2
2   import string
3
4   M = 26
5   # 转化为 list，转化为字典后再统计
6   def count_char(s):
```

```
7        count_word = {}
8        list = []
9        for w in s:
10           list.append(w)
11       for w in list:
12           c = list.count(w)
13           count_word[w] = c
14       for w in string.ascii_letters:
15           if w in count_word:
16               print(f'{w}:{count_word[w]}')
17
18   def main():
19       s = input("Input a string:")
20       count_char(s)
21
22   if __name__ == '__main__':
23       main()
```

任务 3 的参考程序 1:

```
1   # 字符统计任务 3
2   import string
3
4   N = 80
5   M = 26
6   def count_char_position(s, count, pos):
7       i = 0
8       for ch in s:
9           if ch.islower():
10              count[ord(ch)-ord('a')] += 1
11              if pos[ord(ch)-ord('a')] == 0:
12                  pos[ord(ch) - ord('a')] = i + 1
13          elif ch.isupper():
14              count[ord(ch)-ord('A')] += 1
15              if pos[ord(ch)-ord('A')] == 0:
16                  pos[ord(ch) - ord('A')] = i + 1
17          i += 1
18
19  def main():
20      count = [0 for i in range(M + 1)]
21      pos = [0 for i in range(N + 1)]
22      str = input("Input a string:")
23      count_char_position(str, count, pos)
24      for i in range(M):
25          if count[i] != 0:
26              print(f"{chr(ord('a')+i)} or {chr(ord('A')+i)}:"+
27                    f"count={count[i]},pos={pos[i]}")
28
29
30  if __name__ == '__main__':
31      main()
```

任务 3 的参考程序 2:

```
1   # 字符统计任务 3
2   import string
3
4   M = 26
5   N = 80
```

```
6   # 字符串转化为 list
7   def str2list(str):
8       list = []
9       for w in str:
10          list.append(w)
11      return list
12
13  #list 转化为字典序列，并把字符作为 key，利用字典的 key 值唯一的特点进行字符统计
14  def count_char_position(list):
15      count_word = {}
16      pos = {}
17      i = 1
18      for w in list:
19          if w not in count_word.keys():
20              count_word[w] = 1
21              pos[w] = i
22          else:
23              count_word[w] += 1
24          i = i + 1
25      for w in string.ascii_letters:
26          if w in count_word:
27              print(f"{w.lower()} or {w.upper()}:"+
28                    f"count={count_word[w]},pos={pos[w]}")
29
30  def main():
31      s = input("Input a string:")
32      s = s.lower()
33      ls = str2list(s)
34      count_char_position(ls)
35
36  if __name__ == '__main__':
37      main()
```

任务 3 的参考程序 3：

```
1   # 字符统计任务 3
2   import string
3
4   M = 26
5   # 转化为 list，转化为字典后再统计
6   def count_char_position(s):
7       list = []
8       for w in s:
9           list.append(w)
10      count_word = {}
11      pos = {}
12      i = 1
13      for w in list:
14          if w not in count_word.keys():
15              count_word[w] = 1
16              pos[w] = i
17          else:
18              count_word[w] += 1
19          i = i + 1
20      for w in string.ascii_letters:
21          if w in count_word:
22              print(f"{w.lower()} or {w.upper()}:"+
23                    f"count={count_word[w]},pos={pos[w]}")
24
```

```
25 def main():
26     s = input("Input a string:")
27     s = s.lower()
28     count_char_position(s)
29
30 if __name__ == '__main__':
31     main()
```

11.2 单词统计

1. 实验内容

任务 1：统计单词数。请编写一个程序，统计其中有多少个单词。

【解题思路提示】由于单词之间一定是以空格分隔的，因此新单词出现的基本特征是：当前被检验字符不是空格，而前一被检验字符是空格。根据这一特征就可以判断是否有新单词出现。

任务 2：统计最长单词的长度。请编写一个程序，找出一串字符中最长单词的长度。

任务 3：寻找最长单词。请编写一个程序，找出一串字符中的最长单词。

任务 4：颠倒单词顺序。请编写一个程序，颠倒句中的单词顺序并输出。

2. 实验要求

任务 1：先输入一串字符（假设不考虑文本中存在非英文字符的情形），以回车表示输入结束，然后输出其中包含的单词数量。

任务 2：先输入一串字符（假设不考虑文本中存在非英文字符的情形），以回车表示输入结束，然后输出其中最长单词的长度。

任务 3：先输入一串字符（假设不考虑文本中存在非英文字符的情形），以回车表示输入结束，然后输出其中的最长单词。

任务 4：先输入一个英文句子（假设字符串以一个标点符号作为结尾，句子开头和末尾标点符号前均没有空格），以回车表示输入结束，然后颠倒句中的单词顺序并输出，句末标点符号的位置不变。

要求掌握列表和字符串的如下三种逆序遍历方式：

```
# 第一种方式 ,for in
for ch in str[::-1]:
    print(ch, end="")
print("")

# 第二种方式 ,range()
for index in range(len(str)-1, -1, -1):
    print(str[index], end="")
print("")

# 第三种方式 ,reversed()
for ch in reversed(str):
    print(ch, end="")
print("")
```

实验任务	测试编号	程序运行结果示例
1	1	Input a string:How are you↙ Numbers of words = 3

（续）

实验任务	测试编号	程序运行结果示例
1	2	Input a string:　How are you↙ Numbers of words = 3
2	1	Input a string:I am a student↙ Max length = 7
	2	Input a string:you are a teacher↙ Max length = 7
3	1	Input a string:I am a student↙ The longest word:student
	2	Input a string:you are a teacher↙ The longest word:teacher
4	1	Input a sentence: you can cage a swallow can't you?↙ you can't swallow a cage can you?
	2	Input a sentence: you are my sunshine!↙ sunshine my are you!
	3	Input a sentence: I love you!↙ you love I!

3. 实验参考程序

任务 1 的参考程序 1：

```
1   # 单词统计任务 1
2   def count_words(sentence):
3       word_num = 1 if sentence[0] != ' ' else 0
4       for i in range(1, len(sentence)):
5           if sentence[i] != ' ' and sentence[i-1] == ' ':
6               word_num += 1
7       return word_num
8
9   def main():
10      sentence = input("Input a string:")
11      print(f'Numbers of words = {count_words(sentence)}')
12
13  if __name__ == '__main__':
14      main()
```

任务 1 的参考程序 2：

```
1   # 单词统计任务 1
2   # 集合的方法，集合迭代循环遍历
3   def count_words(sentence):
4       words = sentence.split()
5       dict_words = {}
6       for i in words:
7           if i not in dict_words.keys():
8               dict_words[i] = 1
9           else:
10              dict_words[i] += 1
11      return len(dict_words)
12
13  def main():
14      sentence = input("Input a string:")
15      print(f'Numbers of words = {count_words(sentence)}')
16
```

```
17  if __name__ == '__main__':
18      main()
```

任务 1 的参考程序 3：

```
1   # 单词统计任务 1
2   def count_words(sentence):
3       words = sentence.split()      # 返回以空格、换行、制表符分隔的单词
4       return len(words)
5
6   def main():
7       sentence = input("Input a string:")
8       print(f'Numbers of words = {count_words(sentence)}')
9
10  if __name__ == '__main__':
11      main()
```

任务 1 的参考程序 4：

```
1   # 单词统计任务 1
2   from collections import Counter
3
4   # 使用 collections 类库的 Count 方法
5   def count_words(sentence):
6       words = Counter(sentence.split())
7       return len(words)
8
9   def main():
10      sentence = input("Input a string:")
11      print(f'Numbers of words = {count_words(sentence)}')
12
13  if __name__ == '__main__':
14      main()
```

任务 1 的参考程序 5：

```
1   # 单词统计任务 1
2   # 集合的方法，集合迭代遍历
3   def count_words(sentence):
4       words = {word: sentence.split().count(word) for word in
5   set(sentence.split())}
6       return len(words)
7
8   def main():
9       sentence = input("Input a string:")
10      print(f'Numbers of words = {count_words(sentence)}')
11
12  if __name__ == '__main__':
13      main()
```

任务 1 的参考程序 6：

```
1   # 单词统计任务 1
2   def main():
3       words= input("Input a string:").split()
4       print(f'Numbers of words = {len(words)}')
5
6   if __name__ == '__main__':
7       main()
```

任务 2 的参考程序 1：

```
1   # 单词统计任务 2
2   def long_word_length(sentence):
3       num, max_len = 0, 0
4       for ch in sentence:
5           if ch != ' ':
6               num += 1
7           else:
8               num = 0
9           if num > max_len:
10              max_len = num
11      return max_len
12  def main():
13      sentence = input("Input a string:")
14      print(f'Max length = {long_word_length(sentence)}')
15
16  if __name__ == '__main__':
17      main()
```

任务 2 的参考程序 2：

```
1   # 单词统计任务 2
2   def long_word_length(sentence):
3       words = sentence.split()
4       max_len = len(words[0])
5       for i in range(1, len(words)):
6           if len(words[i]) > max_len:
7               max_len = len(words[i])
8       return max_len
9
10  def main():
11      sentence = input("Input a string:")
12      print(f'Max length = {long_word_length(sentence)}')
13
14  if __name__ == '__main__':
15      main()
```

任务 3 的参考程序 1：

```
1   # 单词统计任务 3
2   def long_word(sentence):
3       num, max_len, max_pos = 0, 0, 0
4       i = 0
5       for ch in sentence:
6           if ch != ' ':
7               num += 1
8           else:
9               num = 0
10          if num > max_len:
11              max_len = num
12              max_pos = i - max_len + 1
13          i += 1
14      result = sentence[max_pos : max_pos + max_len]
15      return result
16
17  def main():
18      line = input("Input a string:")
19      print(f'The longest word:{long_word(line)}')
```

```
20
21  if __name__ == '__main__':
22      main()
```

任务 3 的参考程序 2:

```
1   # 单词统计任务 3
2   def long_word(sentence):
3       words = sentence.split()
4       max_len = len(words[0])
5       max_str = words[0]
6       for i in range(1, len(words)):
7           if len(words[i]) > max_len:
8               max_len = len(words[i])
9               max_str = words[i]
10      return max_str
11
12  def main():
13      sentence = input("Input a string:")
14      print(f'The longest word:{long_word(sentence)}')
15
16  if __name__ == '__main__':
17      main()
```

任务 4 的参考程序 1:

```
1   # 单词统计任务 4
2   def separate_words(str1, str2):
3       i = 0
4       while i < len(str1) - 1:
5           temp = ''
6           while i < len(str1) - 1 and str1[i] != ' ':
7               temp += str1[i]
8               i += 1
9           i += 1
10          str2.append(temp)
11
12  def main():
13      str1 = input("Input a sentence:")
14      str2 =  ['' for i in range(0)]
15      separate_words(str1, str2)
16      for ch in reversed(str2):
17          print(ch, end=' ')
18      print(f'\b{str1[len(str1)-1]}')
19
20  if __name__ == '__main__':
21      main()
```

任务 4 的参考程序 2:

```
1   # 单词统计任务 4
2   def separate_words(str1):
3       str2 = ['' for i in range(0)]
4       i = 0
5       while i < len(str1) - 1:
6           temp = ''
7           while i < len(str1) - 1 and str1[i] != ' ':
8               temp += str1[i]
9               i += 1
```

```
10            i += 1
11            str2.append(temp)
12        return str2
13
14    def main():
15        str1 = input("Input a sentence:")
16        str2 = separate_words(str1)
17        for ch in reversed(str2):
18            print(ch, end=' ')
19        print(f'\b{str1[len(str1)-1]}')
20
21    if __name__ == '__main__':
22        main()
```

任务 4 的参考程序 3：

```
1     # 单词统计任务 4
2     def words_reverse(str):
3         tokens = str.split()
4         last_word = tokens[-1]
5         last_char = last_word[-1]
6         new_last_word = tokens[-1].replace(last_char, '')
7         new_tokens = tokens[:-1]
8         new_tokens.append(new_last_word)
9         new_tokens.reverse()
10        new_str = ' '.join(new_tokens)
11        new_str += last_char
12        return new_str
13
14    def main():
15        str = input("Input a sentence:")
16        print(words_reverse(str))
17
18    if __name__ == '__main__':
19        main()
```

【思考题】

1）如果考虑文本中存在非英文字符的情形，那么这些程序应该如何修改？

2）如果要计算一串文本中最后一个单词及其长度，那么程序应该怎样编写？

11.3　行程长度编码

1. 实验内容

任务 1：请编写一个程序，依次记录字符串中每个字符及其重复的次数，然后输出压缩后的结果。

【解题思路提示】为每个重复的字符设置一个计数器 count，遍历字符串 s 中的所有字符，若相邻的两个字符相等，则将该字符对应的计数器 count 加 1。若不相等，则输出或者保存当前已经计数的重复字符的重复次数和该重复字符，同时开始下一个重复字符的计数。

任务 2：请编写一个程序，计算字符串中连续重复次数最多的字符及其重复次数。

【解题思路提示】为每个重复的字符设置一个计数器 count，遍历字符串 s 中的所有字符，若 $s[i] == s[i+1]$，则将该字符对应的计数器 count 加 1，同时判断计数器 count 的值是否大于记录的最大重复次数 max，若 count 大于 max，则用计数器 count 的值更新 max 的值，并记录该字符最后出现的位置 i+1。若 $s[i]$!= $s[i+1]$，则开始下一个重复字符的计数。字符串中的字符全部遍历结束时，max 的值即为所求。

2. 实验要求

任务 1：先输入一串字符，以回车表示输入结束，然后将其全部转换为大写后输出，最后依次输出字符串中每个字符及其重复的次数。例如，如果待压缩字符串为 "AAABBBBCBB"，则压缩结果为 "3A4B1C2B"。即每对括号内部分别为字符（均为大写）及重复出现的次数。要求字符的大小写不影响压缩结果。假设输入的字符串全部由大小写字母组成。

任务 2：先输入一串字符，以回车表示输入结束，然后输出这串字符中连续重复次数最多的字符（必须是连续出现的重复字符）及其重复次数。如果重复次数最多的字符有两个，则输出最后出现的那一个。

实验任务	测试编号	程序运行结果示例
1	1	Input a string: aaBbccCcdD↙ AABBCCCCDD 2A2B4C2D
	2	Input a string: aAABBbBCCCaaaaa↙ AAABBBBCCCAAAAA 3A4B3C5A
2	1	Input a string:23444555↙ 5:3 次
	2	Input a string:aaBBbAAAA↙ A:4 次
	3	Input a string: 12333454647484940↙ 3:3 次

3. 实验参考程序

任务 1 的参考程序 1：

```
1   # 行程长度编码任务 1
2   def rle_compress(s):
3       s += ' '
4       count, k = 1, 0
5       for i in range(len(s)-1):
6           if s[i] == s[i+1]:
7               count += 1
8           else:
9               print(f'{count}{s[i]}', end='')
10              count = 1
11      print("")
12
13  def main():
14      s = input("Input a string:")
15      result = s.upper()
16      print(result)
17      rle_compress(result)
18
19  if __name__ == '__main__':
20      main()
```

任务 1 的参考程序 2：

```
1   # 行程长度编码任务 1
2   def rle_compress(s):
3       result = ''
4       last = s[0]
5       count = 1
6       for ch in s[1:]:
7           if last == ch:
8               count += 1
9           else:
10              result += str(count) + last
11              last = ch
12              count = 1
13      result += str(count) + last
14      return result
15
16  def main():
17      s = input("Input a string:")
18      result = s.upper()
19      print(result)
20      print(rle_compress(result))
21
22  if __name__ == '__main__':
23      main()
```

任务 2 的参考程序：

```
1   # 行程长度编码任务 2
2   def count_repeat_char(s):
3       count, max_len, tag = 1, 1, 0
4       for i in range(len(s)-1):
5           if s[i] == s[i+1]:
6               count += 1
7               if count >= max_len:
8                   max_len = count
9                   tag = i + 1
10          else:
11              count = 1
12      return max_len, tag
13
14  def main():
15      str = input("Input a string:")
16      max_len, tag = count_repeat_char(str)
17      print(f'{str[tag]}:{max_len}次')
18
19  if __name__ == '__main__':
20      main()
```

【思考题】请读者自己编写一个行程解压缩的程序。

11.4　串的模式匹配

1. 实验内容

模式匹配是数据结构中字符串的一种基本运算，给定一个子串，在某个字符串中找出与该子串相同的所有子串，这就是模式匹配。这里所谓的子串是指字符串中任意多个连续的字符组成的子序列。

任务 1：请编写一个程序，判断一个字符串是不是另一个字符串的子串。

任务 2：请编写一个程序，统计一个字符串在另一个字符串中出现的次数。

任务 3：请编写一个程序，统计一个字符串在另一个字符串中首次出现的位置。

任务 4：请编写一个程序，从一个字符串在另一个字符串中首次出现的位置开始打印字符串。

任务 5：请编写一个程序，判断一个字符串是否以另一个字符串开头或结尾，分别用不同的子串替换。

2. 实验要求

任务 1：先输入两个字符串 *A* 和 *B*，且 *A* 的长度大于 *B* 的长度，如果 *B* 是 *A* 的子串，则输出 "Yes"，否则输出 "No"。

任务 2：先输入两个字符串 *A* 和 *B*，且 *A* 的长度大于 *B* 的长度，然后输出 *B* 在 *A* 中出现的次数。

任务 3：先输入两个字符串 *A* 和 *B*，且 *A* 的长度大于 *B* 的长度，然后输出 *B* 在 *A* 中首次出现的位置。

任务 4：先输入两个字符串 *A* 和 *B*，且 *A* 的长度大于 *B* 的长度，若 *B* 是 *A* 的子串，则从 *B* 在 *A* 中首次出现的地址开始输出字符串，否则输出 "Not found!"。

任务 5：先输入两个字符串 *A* 和 *B*，且 *A* 的长度大于 *B* 的长度，若 *A* 是以 *B* 开头，则将 *A* 中的开头子串 *B* 替换为 "start"，若 *A* 是以 *B* 结尾，则将 *A* 中的结尾子串 *B* 替换为 "end"。

要求掌握 Python 判断一个字符串是否包含子串的以下几种方法：

```
#使用成员操作符 in
if pattern_string in target_string:
    print("Yes!")
else:
    print("No!")

#使用字符串对象的find()方法
if target_string.find(pattern_string) >= 0:
    print("Yes!")
else:
    print("No!")

# 使用字符串对象的count()方法
if target_string.count(pattern_string) > 0:
    print("Yes!")
else:
    print("No!")

# 使用字符串对象的index()方法
if target_string.index(pattern_string) >= 0:
    print("Yes!")
else:
    print("No!")

# 使用字符串对象的index()方法，如果找不到子串会报ValueError异常
try:
    target_string.index(pattern_string)
    print("Yes!")
except:
    print("No!")
```

实验任务	测试编号	程序运行结果示例
1	1	Input the target string:abefsfl↙ Input the pattern string:befs↙ Yes
	2	Input the target string:aAbde↙ Input the pattern string:abc↙ No
2	1	Input the target string:asd sdasde fasd↙ Input the pattern string:asd↙ count = 3
	2	Input the target string:asd sdasde↙ Input the pattern string:sd↙ count = 3
3	1	Input the target string:asd sdasde fasd↙ Input the pattern string:sd↙ sd in 1
	2	Input the target string:asd sdasde fasd↙ Input the pattern string:abc↙ Not found!
4	1	Input the target string:asd sdasde↙ Input the pattern string:sdas↙ sdasde
	2	Input the target string:asd sdasde↙ Input the pattern string:sd↙ sd sdasde
5	1	Input the target string:asd sdasde↙ Input the pattern string:asd↙ start sdstarte
	2	Input the target string:asd sdasde↙ Input the pattern string:sd↙ asd sdaend

3. 实验参考程序

任务 1 的参考程序 1：

```
1   # 串的模式匹配任务 1
2   import string
3   def main():
4       target_string = input("Input the target string:")
5       pattern_string = input("Input the pattern string:")
6       # 使用成员操作符 in
7       if pattern_string in target_string:
8           print("Yes!")
9       else:
10          print("No!")
11
12  if __name__ == '__main__':
13      main()
```

任务 1 的参考程序 2：

```
1   # 串的模式匹配任务 1
2   import string
```

```
3    def main():
4        target_string = input("Input the target string:")
5        pattern_string = input("Input the pattern string:")
6        # 使用字符串对象的 find() 方法
7        if target_string.find(pattern_string) >= 0:
8            print("Yes!")
9        else:
10           print("No!")
11
12   if __name__ == '__main__':
13       main()
```

任务 1 的参考程序 3：

```
1    # 串的模式匹配任务 1
2    import string
3    def main():
4        target_string = input("Input the target string:")
5        pattern_string = input("Input the pattern string:")
6        # 使用字符串对象的 index() 方法
7        try:
8            target_string.index(pattern_string)
9            print("Yes!")
10       except:
11           print("No!")
12
13   if __name__ == '__main__':
14       main()
```

任务 2 的参考程序 1：

```
1    # 串的模式匹配任务 2
2    import string
3    def main():
4        target_string = input("Input the target string:")
5        pattern_string = input("Input the pattern string:")
6        count = target_string.count(pattern_string)
7        print(f'count={count}')
8
9    if __name__ == '__main__':
10       main()
```

任务 2 的参考程序 2：

```
1    # 串的模式匹配任务 2
2    from collections import Counter
3
4    def count_word_freq(pattern_string, target_string):
5        counts = Counter(target_string.split())
6        return counts[pattern_string]
7
8    def main():
9        target_string = input("Input the target string:")
10       pattern_string = input("Input the pattern string:")
11       count = count_word_freq(pattern_string, target_string)
12       print(f'count={count}')
13
14   if __name__ == '__main__':
15       main()
```

任务 3 的参考程序 1：

```
1   # 串的模式匹配任务 3
2   import string
3   def index_of_string(s1, s2):
4       n1 = len(s1)
5       n2 = len(s2)
6       for i in range(n1-n2+1):
7           if s1[i:i+n2] == s2:
8               return i
9       return -1
10
11  def main():
12      target_string = input("Input the target string:")
13      pattern_string = input("Input the pattern string:")
14      pos = index_of_string(target_string, pattern_string)
15      if pos != -1:
16          print(f'{pattern_string} in {pos}')
17      else:
18          print("Not found!")
19
20  if __name__ == '__main__':
21      main()
```

任务 3 的参考程序 2：

```
1   # 串的模式匹配任务 3
2   import string
3
4   def index_of_string(s1, s2):
5       lt = s1.split(s2, 1)  # 用 s2 作为分隔符，只分隔一次
6       if len(lt) == 1:
7           return -1
8       return len(lt[0])
9
10  def main():
11      target_string = input("Input the target string:")
12      pattern_string = input("Input the pattern string:")
13      pos = index_of_string(target_string, pattern_string)
14      if pos != -1:
15          print(f'{pattern_string} in {pos}')
16      else:
17          print("Not found!")
18
19  if __name__ == '__main__':
20      main()
```

任务 4 的参考程序：

```
1   # 串的模式匹配任务 4
2   import string
3   def index_of_string(s1, s2):
4       n1 = len(s1)
5       n2 = len(s2)
6       for i in range(n1-n2+1):
7           if s1[i:i+n2] == s2:
8               return s1[i::]
9       return None
10
```

```
11 def main():
12     target_string = input("Input the target string:")
13     pattern_string = input("Input the pattern string:")
14     sub_str = index_of_string(target_string, pattern_string)
15     if sub_str:
16         print(sub_str)
17     else:
18         print("Not found!")
19
20 if __name__ == '__main__':
21     main()
```

任务 5 的参考程序：

```
1   # 串的模式匹配任务 5
2   import string
3   def main():
4
5       target_string = input("Input the target string:")
6       pattern_string = input("Input the pattern string:")
7       if target_string.startswith(pattern_string):
8           new_string = target_string.replace(pattern_string, "start")
9           print(new_string)
10      elif target_string.endswith(pattern_string):
11          new_string = target_string.replace(pattern_string, "end")
12          print(new_string)
13      else:
14          print("Not found!")
15
16  if __name__ == '__main__':
17      main()
```

11.5　中文文档的统计分析

1. 实验内容

在文本处理中，通常需要进行分词处理。在英文的句子中，单词之间是以空格作为自然分隔符的，因而分词相对容易，但是在中文句子中，单词之间没有形式上的分隔符，因此中文的分词比较复杂。Python 的第三方库 jieba 可以方便地实现中文分词处理。

此外，在文本分析中，当统计关键字（词）的出现频率后，通过词云图对文本中出现频率较高的关键词进行可视化展示，更能形象直观地突出文本的主旨。Python 的第三方库 wordcloud 可以方便地实现词云图的生成。

任务 1：使用 jieba 库进行中文文档的词频统计分析。习近平总书记“七一”重要讲话是一篇光辉的马克思主义纲领性文献，蕴含着深厚的政治分量、理论含量、精神能量、实践力量。请使用 jieba 库编写程序统计输出其中出现频率最高的 10 个词。

【解题思路提示】使用 jieba 库对中文文档进行词频统计的过程包括如下三个步骤：

1）读取文本文件的内容到字符串 txt 中。注意，在 Windows 平台上，要以 utf-8 编码方式读入文件内容。

2）使用 jieba 库的 cut() 函数对字符串 txt 进行分词。

3）循环遍历分词结果列表或者迭代对象，进行词频统计分析，按词频由高到低进行排序，输出 top-10 结果。

任务 2：使用 wordcloud 库显示习近平总书记“七一”重要讲话文档的中文词云图。

【解题思路提示】使用 wordcloud 库生成中文词云图的过程包括如下六个步骤：

1）读取文本文件的内容到字符串 txt 中。注意，在 Windows 平台上，要以 utf-8 编码方式读入文件内容。

2）使用 jieba 库的 cut() 函数对字符串 txt 进行分词。

3）将 jieba 中文分词的结果列表以空格为分隔符拼接成新的文本 newtxt。

4）实例化一个 wordcloud 对象。注意，需要在参数列表中指定中文字体，否则会显示乱码，同时还要过滤掉停用词列表 excludes 中的停用词，从而使得生成的词云图结果更加有意义。

5）调用 wc.generate(newtxt) 对文本 newetxt 进行分词，并生成词云图。

6）调用 wc.to_file (' 七一讲话 .png') 将生成的词云图保存到图像文件 ' 七一讲话 .png' 中。

2. 实验要求

本程序无须用户从键盘输入数据，只需读取文件名为“七一讲话 .txt”的文本文件。其中，任务 2 还需要加载一个词云形状的掩码图片“heart.jpg”。heart.jpg 图像如图 11-1 所示。

要求掌握使用 jieba 库对中文文档进行统计分析，以及使用 wordcloud 库生成中文词云图的方法。

图 11-1　heart.jpg 图像

任务编号	程序运行结果示例
1	中国 :80 人民 :67 中国共产党 :52 中华民族 :44 伟大 :40 我们 :33 实现 :33 发展 :33 坚持 :30 社会主义 :27
2	

3. 实验参考程序

任务 1 的参考程序：

```
1   # 使用 jieba 库进行中文文档的词频统计
2   import jieba
3
4   def counter_word_frequency(txtfile):
5       with open(txtfile, 'r', encoding = 'utf-8') as f: # 打开文件
6           txt = f.read()                         # 读取文本文件的所有内容
7       words = jieba.cut(txt)                     # 使用精确模式对文本进行分词
8       counts = {}                                # 通过键值的形式存储词语及其出现的频次
9       for word in words:                         # 遍历所有词语，每出现一次就计数一次
10          if len(word) == 1:                     # 单个词语不计算在内
11              continue
12          else:
13              counts[word] = counts.get(word, 0) + 1
14      items = list(counts.items())                       # 将键值转化为列表
15      items.sort(key = lambda x: x[1], reverse = True) # 按词频降序排序
16      for i in range(10):
17          word, count = items[i]
18          print(f"{word}:{count}")
19
20  def main():
21      counter_word_frequency('七一讲话.txt')
22
23  if __name__ == '__main__':
24      main()
```

任务 2 的参考程序：

```
1   # 使用 wordcloud 库生成词云图
2   import jieba
3   import numpy as np
4   from wordcloud import WordCloud
5   from PIL import Image
6
7   def generate_word_cloud(txtfile):
8
9       mask1 = np.array(Image.open("heart.jpg"))
10      excludes = ["我们", "的", "了", "没有", "向", "向", "成为", "也", "到", "有",
11                  "具有", "就是", "这是", "上", "中", "一个", "是", "要", "为", "人",
12                  "从", "进行", "起来", "更为", "和", "大", "以", "同", "起", "而",
13                  "都", "把", "就", "在", "们", "取得", "自己"]
14      with open(txtfile, encoding = 'utf-8') as f:  # 打开文件
15          txt = f.read()                          # 读取文本文件的所有内容
16          words = jieba.cut(txt)                  # 使用精确模式对文本进行分词
17      newtxt = ' '.join(words)                    # 使用空格将 jieba 分词结果拼接成文本
18      wc = WordCloud(background_color = "white", width = 800, height = 600,
19                     font_path = "msyh.ttc", max_words = 100, mask = mask1,
20                     max_font_size = 150, stopwords = excludes)
21      wc.generate(newtxt)
22      wc.to_file('七一讲话.png')
23
24  def main():
25      generate_word_cloud('七一讲话.txt')
26
27  if __name__ == '__main__':
28      main()
```

11.6 CSV格式文件的读写

1. 实验内容

CSV是逗号分隔符文本格式，常用于Excel和数据库的数据导入和导出，Python标准库中的csv模块提供了读取和写入CSV格式文件的对象和方法。请编写程序，从保存学生学号、姓名和成绩的CSV格式文件中读取数据并计算平均分，然后将其更换表头重新将数据写入CSV格式文件中。

2. 实验要求

本程序无须输入数据。程序运行结果实例略。

3. 实验参考程序

```
1   #使用csv模块读写CSV格式文件
2   import csv
3
4   #从csv文件中读入学生成绩信息并返回
5   def read_csv(csv_file_path):
6       scores = []                                 #创建空列表，用于保存从csv文件中读出的数据
7       with open(csv_file_path, newline = '') as f:            #打开文件
8           f_csv = csv.reader(f)                   #创建csv.reader对象
9           headers = next(f_csv)                   #读出标题
10          for row in f_csv:                       #循环读出各行（列表）数据
11              scores.append(row)
12      return scores
13
14  def write_csv(csv_file_path, scores):
15      headers = ['id', 'name', 'score']          #设置新的标题
16      with open(csv_file_path, 'w', newline = '') as f:       #打开文件
17          f_csv = csv.writer(f)                   #创建csv.writer对象
18          f_csv.writerow(headers)                 #写入一行标题使用writerow
19          f_csv.writerows(scores)                 #写入多行必须使用writerows
20
21  def main():
22      scores = read_csv(r'scores.csv')           #从csv文件读出scores数据
23      print(scores)                               #打印读出的原始数据
24      scores_data = []                            #创建空列表用于保存读出的成绩
25      for rec in scores:
26          scores_data.append(int(rec[2]))  #成绩在第3列，前两列分别为学号和姓名
27      print(f"平均分={sum(scores_data) / len(scores_data)}") #计算平均分
28      write_csv(r'scores1.csv', scores)          #将scores写入csv文件
29
30  if __name__ == '__main__':
31      main()
```

第 12 章　面向对象专题

实验目的

- 掌握类的定义、用类创建对象实例和访问对象成员的方法，以及面向对象程序设计方法。
- 理解栈、队列等常用数据结构的特点，掌握栈和队列的基本操作及其程序设计和实现方法，针对具体问题能够选择恰当的数据类型构造数据结构。

12.1　数字时钟模拟

1. 实验内容

请编写一个程序，模拟显示一个数字时钟。

2. 实验要求

本程序无须输入数据。程序运行结果实例略。

3. 实验参考程序

```
1    # 数字时钟模拟
2    import time
3    class Date:
4        hour, minute, second = 0, 0, 0
5
6        def __init__(self, hour, minute, second):
7            self.hour = hour
8            self.minute = minute
9            self.second = second
10
11       def update(self):
12           self.second += 1
13           if self.second == 60:
14               self.second = 0
15               self.minute += 1
16           if self.minute == 60:
17               self.minute = 0
18               self.hour += 1
19           if self.hour == 24:
20               self.hour = 0
21
22       def display(self):
23           print(f'\r{self.hour:2}:{self.minute:2}:{self.second:2}', end='')
24
25   def main():
26       my_clock = Date(11, 13, 56)
27       for i in range(100000):
28           my_clock.update()
29           my_clock.display()
30           time.sleep(1)
```

```
31
32  if __name__ == '__main__':
33      main()
```

12.2　洗发牌模拟

1. 实验内容

请编写一个程序，模拟洗牌和发牌过程。

【解题思路提示】已知一副扑克有52张牌，分为4种花色（suit）：黑桃（spade）、红桃（heart）、草花（club）、方块（diamond）。每种花色又有13张牌面（face）：A、2、3、4、5、6、7、8、9、10、Jack、Queen、King。可以用结构体定义扑克牌类型，用结构体数组card表示52张牌，每张牌包括花色和牌面两个字符型数组类型的数据成员。

2. 实验要求

本程序无须输入数据。

测试编号	程序运行结果示例
1	Hearts King Clubs 9 Clubs 7 Clubs 5 Spades 3 Clubs 10 Diamonds 5 Spades 4 Hearts A Hearts 8 Diamonds 7 Spades 10 Spades 6 Hearts 9 Diamonds 3 Diamonds 8 Hearts 7 Spades Jack Clubs 8 Hearts 2 Spades A Hearts Jack Diamonds 6 Diamonds Queen Clubs A Clubs 6 Hearts 5 Diamonds Jack Clubs Jack Diamonds King Hearts Queen Spades 7 Hearts 4 Hearts 6 Clubs 3 Hearts 10 Diamonds 2 Spades 8 Spades King Spades 9 Clubs King Clubs 4 Spades 5 Hearts 3 Diamonds 10 Spades 2 Clubs 2 Diamonds 9 Diamonds 4 Clubs Queen Diamonds A Spades Queen

注意，由于本程序需要使用随机函数，所以每次程序的输出结果都是不一样的。

3. 实验参考程序

参考程序1：

```
1   # 洗发牌模拟
2   import random
```

```
3   N = 52      # 扑克牌张数
4   M = 13      # 扑克牌花色数
5   LEN = 10    # 扑克牌花色和牌面的字符串最大长度
6   class Card:
7       def __init__(self, suit, face):
8           self.suit = suit
9           self.face = face
10
11      def __init__(self):
12          self.suit = [0 for i in range(LEN)]
13          self.face = [0 for i in range(LEN)]
14
15  def fill_card(w_card, w_face, w_suit):
16      for i in range(N):
17          w_card[i].suit = w_suit[i // M]
18          w_card[i].face = w_face[i % M]
19
20  def shuffle(w_card):
21      for i in range(N):
22          j = random.randint(0, N-1)
23          w_card[i], w_card[j] = w_card[j], w_card[i]
24
25  def deal(w_card):
26      for i in range(N):
27          if i % 2 == 0:
28              print(f"{w_card[i].suit:9}{w_card[i].face:9}\t", end='')
29          else:
30              print(f"{w_card[i].suit:9}{w_card[i].face:9}\n", end='')
31      print("")
32
33  def main():
34      suit = ["Spades", "Hearts", "Clubs", "Diamonds"]
35      face = ["A", "2", "3", "4", "5", "6", "7", "8", "9", "10", "Jack", "Queen",
36              "King"]
37      card = [Card() for i in range(N)]
38      random.seed()
39      fill_card(card, face, suit)
40      shuffle(card)
41      deal(card)
42
43  if __name__ == '__main__':
44      main()
```

参考程序 2:

```
1   # 洗发牌模拟
2   import random
3   N = 52      # 扑克牌张数
4   M = 13      # 扑克牌花色数
5   LEN = 10    # 扑克牌花色和牌面的字符串最大长度
6   class Card:
7       def __init__(self, suit, face):
8           self.suit = suit
9           self.face = face
10
11      def __init__(self):
12          self.suit = [0 for i in range(LEN)]
13          self.face = [0 for i in range(LEN)]
```

```
14
15      def fill_card(self, w_card):
16          suit = ["Spades", "Hearts", "Clubs", "Diamonds"]
17          face = ["A", "2", "3", "4", "5", "6", "7", "8", "9", "10",
18                  "Jack", "Queen", "King"]
19          for i in range(N):
20              w_card[i].suit = suit[i // M]
21              w_card[i].face = face[i % M]
22
23      def shuffle(self, w_card):
24          for i in range(N):
25              j = random.randint(0, N-1)
26              w_card[i], w_card[j] = w_card[j], w_card[i]  #两数交换
27
28      def deal(self, w_card):
29          for i in range(N):
30              if i % 2 == 0:
31                  print(f"{w_card[i].suit:9}{w_card[i].face:9}\t", end='')
32              else:
33                  print(f"{w_card[i].suit:9}{w_card[i].face:9}\n", end='')
34          print("")
35
36  def main():
37      card = [Card() for i in range(N)]
38      random.seed()
39      t = Card()
40      t.fill_card(card)
41      t.shuffle(card)
42      t.deal(card)
43
44  if __name__ == '__main__':
45      main()
```

参考程序 3：

```
1   # 洗发牌模拟
2   import random
3   N = 52      # 扑克牌张数
4   M = 13      # 扑克牌花色数
5   LEN = 10    # 扑克牌花色和牌面的字符串最大长度
6   class Card:
7       def __init__(self, suit, face):
8           self.suit = suit
9           self.face = face
10
11      def __init__(self):
12          self.suit = [0 for i in range(LEN)]
13          self.face = [0 for i in range(LEN)]
14
15      def fill_card(self, w_card):
16          suit = ("Spades", "Hearts", "Clubs", "Diamonds")
17          face = ("A", "2", "3", "4", "5", "6", "7", "8", "9", "10",
18                  "Jack", "Queen", "King")
19          for i in range(N):
20              w_card[i].suit = suit[i // M]
21              w_card[i].face = face[i % M]
22
23      def shuffle_card(self, w_card):
24          random.seed()
```

```
25              random.shuffle(w_card)
26
27          def deal_card(self, w_card):
28              for i in range(N):
29                  if i % 2 == 0:
30                      print(f"{w_card[i].suit:9}{w_card[i].face:9}\t", end='')
31                  else:
32                      print(f"{w_card[i].suit:9}{w_card[i].face:9}\n", end='')
33              print("")
34
35      def main():
36          card = [Card() for i in range(N)]
37          t = Card()
38          t.fill_card(card)
39          t.shuffle_card(card)
40          t.deal_card(card)
41
42      if __name__ == '__main__':
43          main()
```

【思考题】

1）请读者思考为什么 suit 和 face 也可以用元组来定义。

2）请读者思考为什么 Python 程序可以直接进行两个数值的互换，而不用像 C/C++ 语言那样借助一个临时变量 temp 来交换两个变量的值。

12.3　逆波兰表达式求值

1. 实验内容

在通常的表达式中，二元运算符总是置于与之相关的两个运算对象之间（如 $a+b$），这种表示法称为中缀表示。波兰逻辑学家 J. Lukasiewicz 于 1929 年提出了另一种表示表达式的方法，按此方法，每一运算符都置于其运算对象之后（如 $a\ b\ +$），故称为后缀表示。后缀表达式也称为逆波兰表达式。例如逆波兰表达式 $a\ b\ c + d * +$ 对应的中缀表达式为 $a+(b+c)*d$。

请编写一个程序，计算逆波兰表达式的值。

【解题思路提示】计算逆波兰表达式的值，需要使用“栈”这种数据结构。栈是后进先出的线性表，向列表的最后位置添加元素和从最后位置移除元素非常高效，因此使用列表可以高效地实现栈。list.append() 方法对应于入栈（push）操作，list.pop() 对应于出栈（pop）操作。

采用逆波兰表达式求值的优势在于只用“入栈”和“出栈”两种简单操作就可以实现任何普通表达式的运算。其计算方法为：如果当前字符为变量或者数字，则将其压栈；如果当前字符是运算符，则将栈顶两个元素弹出进行相应运算，然后将运算结果入栈，最后当表达式扫描完毕后，栈里的结果就是逆波兰表达式的计算结果。

2. 实验要求

先输入逆波兰表达式，然后输出该逆波兰表达式的计算结果值。要求在用户输入整型数据的时候，对于输入的 / 操作使用整数除法，在用户输入浮点型数据的时候，对于输入的 / 操作使用浮点数除法。掌握在 Python 语言中判断输入的数据是否为浮点类型的方法。

第 1 种方法是判断输入的字符串中是否包含圆点字符。

第 2 种方法是利用正则表达式匹配的方法。例如：

```
^[-+]?[0-9]+\.[0-9]+$
```

在上面语句的正则表达式中，^ 表示以哪个字符开头，在这里表示以 [-+] 开头，[-+] 表示字符 - 或者 + 之一，? 表示 0 个或 1 个，即符号是可选的。同理，[0-9] 表示 0 到 9 的一个数字，+ 表示 1 个或多个，也就是整数部分。\. 表示的是小数点，\ 是转义字符，因为 . 是特殊符号（匹配任意单个除 \r\n 之外的字符），所以需要转义。小数部分同理，$ 表示字符串以此结尾。

测试编号	程序运行结果示例
1	Input a reverse Polish expression: 5 6 + 4 *↙ result=44
2	Input a reverse Polish expression: 3.5 2.5 1 + 2 * +↙ result=10.500

3. 实验参考程序

参考程序 1：

```
1    # 逆波兰表达式求值
2    import string
3    INT = 1
4    FLT = 2
5    N = 20
6    # 整数运算
7    def int_operation(tokens):
8        stack = []
9        for token in tokens:
10           if token not in ["+", "-", "*", "/"]:
11               stack.append(int(token))
12           else:
13               b, a = stack.pop(), stack.pop()
14               if token == '+':
15                   result = a + b
16               elif token == '-':
17                   result = a - b
18               elif token == '*':
19                   result = a * b
20               elif token == '/':
21                   result = a // b
22                   result = result + 1 if result < 0 and a % b != 0 else result
23               stack.append(result)
24       print(f"result={stack[0]}")
25
26   # 浮点数运算
27   def float_operation(tokens):
28       stack = []
29       for token in tokens:
30           if token not in ["+", "-", "*", "/"]:
31               stack.append(float(token))
32           else:
33               b, a = stack.pop(), stack.pop()
34               if token == '+':
```

```
35                      result = a + b
36                  elif token == '-':
37                      result = a - b
38                  elif token == '*':
39                      result = a * b
40                  elif token == '/':
41                      result = a / b
42                      result = result + 1 if result < 0 and a % b != 0 else result
43                  stack.append(result)
44          print(f"result={stack[0]:.3f}")
45
46      def main():
47          tokens = input("Input a reverse Polish expression:").split()
48          data_type = INT
49          for token in tokens:
50              if "." in token:
51                  data_type = FLT
52                  break
53          if data_type == INT:
54              int_operation(tokens)
55          else:
56              float_operation(tokens)
57
58      if __name__ == '__main__':
59          main()
```

参考程序 2：

```
1    # 逆波兰表达式求值
2    import string
3    INT = 1
4    FLT = 2
5    N = 20
6
7    def operation(tokens, data_type):
8        stack = []
9        for token in tokens:
10           if token not in ["+", "-", "*", "/"]:
11               token = int(token) if data_type == INT else float(token)
12               stack.append(token)
13           else:
14               b, a = stack.pop(), stack.pop()
15               if token == '+':
16                   result = a + b
17               elif token == '-':
18                   result = a - b
19               elif token == '*':
20                   result = a * b
21               elif token == '/':
22                   if data_type == INT:
23                       result = a // b
24                   else:
25                       result = a / b
26                   result = result + 1 if result < 0 and a % b != 0 else result
27               stack.append(result)
28       return stack[0]
29
30   def main():
```

```
31      tokens = input("Input a reverse Polish expression:").split()
32      data_type = INT
33      for token in tokens:
34          if "." in token:
35              data_type = FLT
36              break
37      result = operation(tokens, data_type)
38      if data_type == INT:
39          print(f"result={result}")
40      else:
41          print(f"result={result:.3f}")
42
43  if __name__ == '__main__':
44      main()
```

参考程序 3：

```
1   # 逆波兰表达式求值
2   import string
3   import re
4   INT = 1
5   FLT = 2
6   N = 20
7
8   def operation(tokens, data_type):
9       stack = []
10      for token in tokens:
11          if token not in ["+", "-", "*", "/"]:
12              token = int(token) if data_type == INT else float(token)
13              stack.append(token)
14          else:
15              b, a = stack.pop(), stack.pop()
16              if token == '+':
17                  result = a + b
18              elif token == '-':
19                  result = a - b
20              elif token == '*':
21                  result = a * b
22              elif token == '/':
23                  if data_type == INT:
24                      result = a // b
25                  else:
26                      result = a / b
27                  result = result + 1 if result < 0 and a % b != 0 else result
28              stack.append(result)
29      return stack[0]
30
31  def main():
32      tokens = input("Input a reverse Polish expression:").split()
33      data_type = INT
34      for token in tokens:
35          value = re.compile(r'^[-+]?[0-9]+\.[0-9]+$')
36          if value.match(token):
37              data_type = FLT
38              break
39      result = operation(tokens, data_type)
40      if data_type == INT:
41          print(f"result={result}")
```

```
42      else:
43          print(f"result={result:.3f}")
44
45  if __name__ == '__main__':
46      main()
```

参考程序 4：

```
1   # 逆波兰表达式求值
2   import string
3   import re
4
5   INT = 1
6   FLT = 2
7   N = 20
8
9   def operation(tokens, data_type):
10      stack = []
11      for token in tokens:
12          if token not in ["+", "-", "*", "/"]:
13              token = int(token) if data_type == INT else float(token)
14              stack.append(token)
15          else:
16              b, a = stack.pop(), stack.pop()
17              if token == '+':
18                  result = a + b
19              elif token == '-':
20                  result = a - b
21              elif token == '*':
22                  result = a * b
23              elif token == '/':
24                  if data_type == INT:
25                      result = a // b
26                  else:
27                      result = a / b
28                  result = result + 1 if result < 0 and a % b != 0 else result
29              stack.append(result)
30      return stack[0]
31
32  def main():
33      tokens = input("Input a reverse Polish expression:").split()
34      data_type = INT
35      for token in tokens:
36          pattern = r'^[-+]?[0-9]+\.[0-9]+$'
37          if re.search(pattern, token):
38              data_type = FLT
39              break
40      result = operation(tokens, data_type)
41      if data_type == INT:
42          print(f"result={result}")
43      else:
44          print(f"result={result:.3f}")
45
46  if __name__ == '__main__':
47      main()
```

【思考题】请采用面向对象程序设计方法编写程序，将逆波兰表达式求值的函数封装到一个类中，同时在类中添加一个方法，实现将中缀表达式转化为逆波兰表达式。

12.4　约瑟夫问题

1. 实验内容

据说著名犹太历史学家 Josephus 讲过以下故事：在罗马人占领乔塔帕特后，39 个犹太人与 Josephus 及他的朋友躲到一个洞中，39 个犹太人决定宁愿死也不让敌人抓到，于是决定了一个自杀方式：41 个人排成一个圆圈，从第 1 个人开始报数，每报数到第 3 人，该人就必须自杀，然后再从下一个人开始重新报数，直到所有人都自杀身亡为止。然而 Josephus 和他的朋友并不想遵从。首先从一个人开始，越过 $k-2$ 个人（因为第一个人已经被越过），并杀掉第 k 个人。接着，再越过 $k-1$ 个人，并杀掉第 k 个人。这个过程沿着圆圈一直进行，直到最终只剩下一个人，这个人就可以继续活着。Josephus 让他的朋友先假装遵从，他将朋友与自己安排在第 16 个与第 31 个位置，于是逃过了这场死亡游戏。

请编写一个程序，求出最后留下的那个人的位置。

【解题思路提示】可以将这个故事抽象为一个循环报数问题：有 n 个人围成一圈，顺序编号。从第一个人开始从 1 到 m 报数，凡报到 m 的人退出圈子。问最后留下的那个人的初始编号是什么？

第一种求解循环报数问题的思路是采用递推法或递归法。

假设 n 个人站成一个圆圈从 1 到 m 循环报数，其编号分别为 1，2，3，…，n，每 m 个人中就有一个人退出圈子，那么第一个退出圈子的人的编号为 $k=(m-1)\%n+1$，下一轮第一个报数的人的编号为 $k+1$，那么剩余的 $n-1$ 个人的编号如下：

第 k 个人退出圈子前：	$k+1$	$k+2$	…	n	1	2	…	$k-1$
第 k 个人退出圈子后	1	2	…	$n-k$	$n-k+1$	$n-k+2$	…	$n-1$

第 k 个人退出圈子后，从第 $k+1$ 个人开始重新报数，此时剩余的 $n-1$ 个人的编号相当于从原来的编号映射为新的编号 1，2，…，$n-1$。由此可以推断，当最后只剩下一个人时，其编号 s 一定为 1，那么在第 $n-1$ 轮中（剩余 2 人从 1 到 m 循环报数）该幸存者在人群中的编号为 $s=(s+m-1)\%2+1$，在第 $n-2$ 轮中（剩余 3 人从 1 到 m 循环报数）该幸存者在人群中的编号为 $s=(s+m-1)\%3+1$，…，依此类推直到第一轮（剩余 n 人从 1 到 m 循环报数），此时其编号为 $s=(s+m-1)\%n+1$，即该幸存者在开始报数前在人群中的编号是 s。综上，可得递推公式为：

$$s = (s + m - 1) \% n + 1$$

其中，m 表示每隔 m 个人会有一个人退出圈子，n 表示当前轮中剩余的人数。这个递推公式是由当前轮中幸存者的编号 s 推出前一轮中该幸存者的编号，按此递推公式，递推 $n-1$ 轮即可找到最后的幸存者。

也可以将该递推公式表示为如下的递归形式：

$$f(n,m,i)=\begin{cases}(m-1)\%n+1 & i=1\\(f(n-1,m,i-1)+m-1)\%n+1 & i>1\end{cases}$$

其中，$f(n, m, i)$ 表示 n 个人中第 i 个退出圈子的人在当前轮中的编号。

第二种求解循环报数问题的思路是采用筛法。对参与报数的 n 个人用 1~n 进行编号，将编号存放到大小为 n 的一维数组中，假设每隔 m 人有一人退出圈子，即报到 m 的倍数的人需要退出圈子，并将其编号标记为 0，每次循环记录剩余的人数，当数组中只剩下一个有效编号时，该编号的人就是最后的幸存者。这个过程需要进行 $n-1$ 次，因此也可以在每次报数时，记录下退出圈子的人数，当退出圈子的人数达到 $n-1$ 人时，就只剩下一个具有有效编号的人了，这个人就是最后的幸存者。

2. 实验要求

先输入参与报数的总人数 *n* 以及循环报数的周期 *m*，然后输出最后的幸存者的编号。要求 *n*>*m*，如果用户的输入不满足这个条件，或者存在非法字符，则提示重新输入。

要求掌握递推、递归以及筛法求解约瑟夫问题的方法。

测试编号	程序运行结果示例
1	Input n,m(n>m):41,3↙ 31 is left
2	Input n,m(n>m):100,5↙ 47 is left

3. 实验参考程序

参考程序 1：

```
1   # 约瑟夫问题非递归方法求解
2   def joseph(n, m, s):
3       for i in range(2, n+1):
4           s = (s + m - 1) % i + 1
5       return s
6
7   def main():
8       input_right = False
9       n, m = 1, 1
10      while not input_right:
11          try:
12              n, m = eval(input("Input n,m(n>m):"))
13              if n > m > 0 and n > 0:
14                  input_right = True
15          except ValueError:
16              input_right = False
17      print(f"{joseph(n, m, 1)} is left")
18
19  if __name__ == '__main__':
20      main()
```

参考程序 2：

```
1   # 约瑟夫问题递归方法求解
2   def joseph(n, m, i):
3       if i == 1:
4           return (m - 1) % n + 1
5       else:
6           return (joseph(n-1, m, i-1) + m - 1) % n + 1
7
8   def main():
9       input_right = False
10      n, m = 1, 1
11      while not input_right:
12          try:
13              n, m = eval(input("Input n,m(n>m):"))
14              if n > m > 0 and n > 0:
15                  input_right = True
16          except ValueError:
17              input_right = False
```

```
18      print(f"{joseph(n, m, n)} is left")
19
20  if __name__ == '__main__':
21      main()
```

参考程序 3:

```
1   # 约瑟夫问题筛法列表求解
2   import numpy as np
3   def joseph(n, m):
4       c, counter = 0, 0
5       a = np.arange(1, n+1)          # 初始化列表
6       while counter != n-1:          # 当退出圈子的人数达到n-1人时结束循环，否则继续循环
7           for i in range(0, n):
8               if a[i] != 0:
9                   c += 1             # 元素不为0，则c加1，记录报数的人数
10                  if c % m == 0:     # c除以m的余数为0，说明此位置为第m个报数的人
11                      a[i] = 0       # 将退出圈子的人的编号标记为0
12                      counter += 1   # 记录退出的人数
13      idx = np.argmax(a, axis=0)     # 或a.argmax(axis=0)返回最大数的索引
14      return idx + 1
15
16  def main():
17      input_right = False
18      n, m = 1, 1
19      while not input_right:
20          try:
21              n, m = eval(input("Input n,m(n>m):"))
22              if n > m > 0 and n > 0:
23                  input_right = True
24          except ValueError:
25              input_right = False
26      print(f"{joseph(n, m)} is left")
27
28  if __name__ == '__main__':
29      main()
```

参考程序 4:

```
1   # 约瑟夫问题的循环链表求解
2   class Link:
3       def __init__(self, value):
4           self.value = value
5           self.next = None
6
7       def create_linkList(self, n):
8           head = Link(1)
9           pre = head
10          for i in range(2, n+1):
11              newNode = Link(i)
12              pre.next= newNode
13              pre = newNode
14          pre.next = head
15          return head
16
17  def joseph(n,m):
18      nd = Link(1)
19      if m == 1:                     # 如果被移除的报数为1，直接输出最后一个值
20          print(n)
```

```
21      else:
22          head = nd.create_linkList(n)
23          pre = None
24          cur = head
25          while cur.next != cur:     #终止条件是节点的下一个节点指向本身
26              for i in range(m-1):
27                  pre = cur
28                  cur = cur.next
29              pre.next = cur.next
30              cur.next = None
31              cur = pre.next
32          return cur.value
33
34  def main():
35      input_right = False
36      n, m = 1, 1
37      while not input_right:
38          try:
39              n, m = eval(input("Input n,m(n>m):"))
40              if n > m > 0 and n > 0:
41                  input_right = True
42          except ValueError:
43              input_right = False
44      print(f"{joseph(n, m)} is left")
45
46  if __name__ == '__main__':
47      main()
```

参考程序 5:

```
1   # 约瑟夫问题的循环队列(顺序存储)实现
2   class Queue(object):
3       # 构造方法
4       def __init__(self, n):
5           self.queue = [None] * (n + 1)
6           self.maxsize = n + 1
7           self.front = 0
8           self.rear = 0
9
10      # 返回当前循环队列的长度
11      def queue_length(self):
12          return (self.rear - self.front + self.maxsize) % self.maxsize
13
14      # 判断循环队列是否队满
15      def full_queue(self):
16          if (self.rear + 1) % self.maxsize == self.front:
17              return True
18          else:
19              return False
20
21      # 循环队列入队,即向队列尾部插入元素
22      def en_queue(self, data):
23          if self.full_queue():
24              return False
25          else:
26              self.queue[self.rear] = data
27              self.rear = (self.rear + 1) % self.maxsize
28              return True
29
```

```
30      # 判断队列是否为空
31      def empty_queue(self):
32          if self.rear == self.front:
33              return True
34          else:
35              return False
36
37      # 循环队列出队，即删除队首元素
38      def de_queue(self):
39          if self.empty_queue():
40              return None
41          else:
42              data = self.queue[self.front]
43              self.queue[self.front] = None
44              self.front = (self.front + 1) % self.maxsize
45              return data
46
47      # 输出队列中的元素
48      def show_queue(self, n):
49          for i in range(n + 1):
50              print(self.queue[i], end=',')
51          print(' ')
52
53  # 初始化队列
54  def init_queue(q, n):
55      data = list(range(1, n + 1))
56      for i in data:
57          if not q.full_queue():
58              q.queue[q.rear] = i
59              q.rear = (q.rear + 1) % q.maxsize
60      return q
61
62  #求解约瑟夫问题，返回最后剩下的编号
63  def joseph(n, m):
64      q = Queue(n)                        #实例化循环队列对象
65      q = init_queue(q, n)                # 循环队列初始化
66      step = 0                            #报数计数器初始化
67      while q.queue_length() > 1:
68          step += 1                       #报数计数
69          if step % m == 0:               #判断是否报到m
70             q.de_queue()                 #出队不再入队，即删除
71          else:
72             q.en_queue(q.de_queue())     #出队后再入队，加到队列尾部
73      return q.de_queue()                 #返回最后留下的人
74
75  #主函数
76  def main():
77      input_right = False
78      n, m = 1, 1
79      while not input_right:
80          try:
81             n, m = eval(input("Input n,m(n>m):"))
82             if n > m > 0 and n > 0:
83                  input_right = True
84          except ValueError:
85              input_right = False
86      print(f"{joseph(n, m)} is left")
87
88  if __name__=='__main__':
```

```
89      main()
```

参考程序 6：

```
1    # 约瑟夫问题的循环队列（链式存储）实现
2    # 定义节点类
3    class Node(object):
4        # 节点类构造函数
5        def __init__(self):
6            self.data = None
7            self.next = None
8
9    # 定义循环队列类
10   class Queue(object):
11       # 构造方法
12       def __init__(self, n):
13           self.max_size = n + 1
14           self.size = 0
15           self.front = None
16           self.rear = None
17           self.open_space()
18
19       # 一次性创建循环队列的所有节点
20       def open_space(self):
21           node = Node()
22           self.front = node
23           self.rear = node        # 创建第一个节点，将队头指针与队尾指针指向它
24           for i in range(self.max_size - 1):
25               node = Node()
26               self.front.next = node
27               self.front = node  # 通过移动队头指针将剩下的节点依次创建并连接
28           self.front.next = self.rear
29           self.front = self.rear # 利用队头指针与队尾指针将所有节点连接成环
30
31       # 获取队列长度
32       def get_queue_size(self):
33           return self.size
34
35       # 获取队首元素
36       def get_queue_front_data(self):
37           return self.front.next.data
38
39       # 获取队尾元素
40       def get_queue_rear_data(self):
41           return self.rear.data
42
43       # 判断循环队列是否为空
44       def empty_queue(self):
45           if self.size == 0:
46               return True
47           else:
48               return False
49
50       # 判断循环队列是否队满
51       def full_queue(self):
52           if self.size == self.max_size:
53               return True
54           else:
55               return False
```

```
56
57      # 循环队列入队，即队不满时在队尾添加元素
58      def en_queue(self, data):
59          if self.full_queue():
60              return False
61          else:
62              self.rear.next.data = data
63              self.rear = self.rear.next
64              self.size += 1
65              return True
66
67      # 循环队列出队，即队不空时删除队首元素
68      def de_queue(self):
69          if self.empty_queue():
70              return None
71          else:
72              self.front.data = None
73              self.front = self.front.next
74              self.size -= 1
75              return self.front.data
76
77  # 按循环报数问题的要求初始化循环队列
78  def init_queue(q, n):
79      for i in range(n):
80          q.en_queue(i + 1)
81      return q
82
83  # 函数功能：循环报数
84  def joseph(n, m):
85      q = Queue(n)                          # 实例化循环队列对象
86      q = init_queue(q, n)                  # 循环队列初始化
87      step = 0                              # 报数计数器初始化
88      while q.size > 1:
89          step += 1                         # 报数计数
90          if step % m == 0:                 # 判断是否报到 m
91              q.de_queue()                  # 出队不再入队，即删除
92          else:                             # 队首元素先入队（加到队尾）再出队
93              q.en_queue(q.get_queue_front_data())
94              q.de_queue()
95      return q.get_queue_rear_data() # 返回最后留下的人
96
97  def main():
98      input_right = False
99      n, m = 1, 1
100     while not input_right:
101         try:
102             n, m = eval(input("Input n,m(n>m):"))
103             if n > m > 0 and n > 0:
104                 input_right = True
105         except ValueError:
106             input_right = False
107     print(f"{joseph(n, m)} is left")
108
109 if __name__ == '__main__':
110     main()
```

【思考题】

1）请编写一个程序，求出最后留下的两个人的位置。

2）如果要打印每个出圈成员的编号顺序，那么应该如何修改程序？

第13章 查找和排序专题

实验目的

- 掌握常用的排序和查找算法及其程序实现方法，针对给定的问题，能够选择恰当的算法构造程序。
- 掌握链表的基本操作及其程序设计和实现方法。

13.1 寻找最值

1. 实验内容

任务1：请编写一个程序，计算一维数组中元素的最大值、最小值及其在数组中的下标位置。

任务2：请编写一个程序，将一维数组中的最大数与最小数位置互换，然后输出互换后的数组元素。

任务3：请编写一个程序，计算 $m \times n$ 矩阵中元素的最大值及其所在的行列下标值。

任务4：请编写一个程序，找出 $m \times n$ 矩阵中的鞍点，即该位置上的元素是该行上的最大值，并且是该列上的最小值。

2. 实验要求

任务1：先输入 n（已知 n 的值不超过10）个整数，然后输出其最大值、最小值及其在数组中的下标位置。

任务2：输入 n（已知 n 的值不超过10）个整数，然后输出将其最大值与最小值位置互换后的数组元素。

任务3：先输入 m 和 n 的值（已知 m 和 n 的值都不超过10），然后输入 $m \times n$ 矩阵的元素值，最后输出其最大值及其所在的行列下标值。

任务4：先输入 m 和 n 的值（已知 m 和 n 的值都不超过10），然后输入 $m \times n$ 矩阵的元素值，最后输出其鞍点。如果矩阵中没有鞍点，则输出"No saddle point!"。

实验任务	测试编号	程序运行结果示例
1	1	Input n(n<=10):10↙ Input 10 numbers:1 2 3 4 5 6 7 8 9 10↙ max=10,pos=9 min=1,pos=0
	2	Input n(n<=10):10↙ Input 10 numbers:2 4 5 6 8 10 1 3 5 7 9↙ max=10,pos=4 min=1,pos=5
2	1	Input n(n<=10):10↙ Input 10 numbers:1 4 3 0 −2 6 7 2 9 −1↙ Exchange results: 1 4 3 0 9 6 7 2 −2 −1

（续）

实验任务	测试编号	程序运行结果示例
2	2	Input n(n<=10):10↙ Input 10 numbers:1 2 3 4 5 6 7 8 9 10↙ Exchange results: 10 2 3 4 5 6 7 8 9 1
3	1	Input m,n(m,n<=10):3,4↙ Input 3*4 array: 1 2 3 4↙ 5 6 7 8↙ 9 0 -1 -2↙ max=9,row=2,col=0
4	1	Input m,n(m,n<=10):3,3↙ Input matrix: 1 2 3↙ 4 5 6↙ 7 8 9↙ saddle point: a[0][2] is 3
	2	Input m,n(m,n<=10):3,3↙ Input matrix: 4 5 6↙ 7 8 9↙ 1 2 3↙ saddle point: a[2][2] is 3
	3	Input m,n(m,n<=10):2,3↙ Input matrix: 4 5 6↙ 1 2 3↙ saddle point: a[1][2] is 3
	4	Input m,n(m,n<=10):2,2↙ Input matrix: 4 1↙ 1 2↙ No saddle point!

3. 实验参考程序

任务 1 的参考程序：

```
1   # 寻找最值任务 1
2   def main():
3       input_right = False
4       while not input_right:
5           try:
6               n = int(input("Input n(n<=10):"))
7               if 0 < n <= 10:
8                   while not input_right:
9                       try:
10                          numbers = list(map(eval, \
11                                         input(f"Input {n} numbers:").split(' ')))
12                          if len(numbers) == n:
13                              input_right = True
14                          else:
15                              input_right = False
16                      except NameError:
```

```
17                          input_right = False
18                  input_right = True
19              else:
20                  input_right = False
21          except ValueError:
22              input_right = False
23      max_pos = numbers.index(max(numbers))
24      min_pos = numbers.index(min(numbers))
25      print(f"max={numbers[max_pos]},pos={max_pos}")
26      print(f"min={numbers[min_pos]},pos={min_pos}")
27
28  if __name__ == '__main__':
29      main()
```

任务 2 的参考程序：

```
1   # 寻找最值任务 2
2   def max_min_swap(a, n):
3       max_pos = a.index(max(a))
4       min_pos = a.index(min(a))
5       a[max_pos], a[min_pos] = a[min_pos], a[max_pos]
6
7   def main():
8       input_right = False
9       while not input_right:
10          try:
11              n = int(input("Input n(n<=10):"))
12              if 0 < n <= 10:
13                  while not input_right:
14                      try:
15                          numbers = list(map(eval, \
16                                        input(f"Input {n} numbers:").split(' ')))
17                          if len(numbers) == n:
18                              input_right = True
19                          else:
20                              input_right = False
21                      except NameError:
22                          input_right = False
23                  input_right = True
24              else:
25                  input_right = False
26          except ValueError:
27              input_right = False
28      max_min_swap(numbers, n)
29      print("Exchange results:", end='')
30      for i in range(n):
31          print(f'{numbers[i]:4}', end='')
32      print("")
33
34  if __name__ == '__main__':
35      main()
```

任务 3 的参考程序：

```
1   # 寻找最值任务 3
2   import numpy as np
3   def input_matrix(data, m, n):
4       print(f"Input {m}*{n} array:")
5       for i in range(m):
```

```
6            temp = list(map(eval, input().split(' ')))
7            while len(temp) != n:
8                print(f"Input again:")
9                temp = list(map(eval, input().split(' ')))
10           for j in range(n):
11                   data[i][j] = temp[j]
12
13   def find_max_in_martrix(data):
14       a = np.mat(data)
15       row, column = a.shape         # 获取矩阵的行和列
16       pos = np.argmax(a)            # 获取最大值在矩阵中的索引位置
17       m, n = divmod(pos, column)  # 把除数和余数运算结果结合起来，返回包含商和余数的元组
18       return a[m,n], m, n
19
20   def main():
21       input_right = False
22       while not input_right:
23           try:
24               m, n = eval(input("Input m,n(m,n<=10):"))
25               if 0 < m <= 10 and 0 < n <= 10:
26                   input_right = True
27               else:
28                   input_right = False
29           except NameError:
30               input_right = False
31       a = np.zeros((m, n), dtype=int)
32       input_matrix(a, m, n)
33       max_value, row, col = find_max_in_martrix(a)
34       print(f"max={max_value},row={row},col={col}")
35
36   if __name__ == '__main__':
37       main()
```

任务 4 的参考程序 1：

```
1    # 寻找最值任务 4
2    import numpy as np
3    def input_matrix(data, m, n):
4        print(f"Input {m}*{n} array:")
5        for i in range(m):
6            temp = list(map(eval, input().split(' ')))
7            while len(temp) != n:
8                print(f"Input again:")
9                temp = list(map(eval, input().split(' ')))
10           for j in range(n):
11                   data[i][j] = temp[j]
12
13   def print_saddle_point(a):
14       row_max_idx = a.argmax(axis=1) # 返回每一行的最大索引
15       col_max_idx = a.argmin(axis=0) # 返回每一列的最大索引
16       for i, row_idx in enumerate(row_max_idx):
17           if col_max_idx[row_idx] == i:
18               print(f"saddle point: a[{i}][{row_idx}] is {a[i][row_idx]}")
19               return
20       print("No saddle point!")
21       return
22
23   def main():
```

```
24        input_right = False
25        while not input_right:
26            try:
27                m, n = eval(input("Input m,n(m,n<=10):"))
28                if 0 < m <= 10 and 0 < n <= 10:
29                    input_right = True
30                else:
31                    input_right = False
32            except NameError:
33                input_right = False
34
35        a = np.zeros((m, n), dtype=int)
36        input_matrix(a, m, n)
37        print_saddle_point(a)
38
39    if __name__ == '__main__':
40        main()
```

任务 4 的参考程序 2：

```
1     # 寻找最值任务 4
2     import numpy as np
3     def input_matrix(data, m, n):
4         print(f"Input {m}*{n} array:")
5         for i in range(m):
6             temp = list(map(eval, input().split(' ')))
7             while len(temp) != n:
8                 print(f"Input again:")
9                 temp = list(map(eval, input().split(' ')))
10            for j in range(n):
11                data[i][j] = temp[j]
12
13    def find_saddle_point(a):
14        row_max_idx = a.argmax(axis=1) #返回每一行的最大值的索引
15        col_max_idx = a.argmin(axis=0) #返回每一列的最大值的索引
16        for i, row_idx in enumerate(row_max_idx):
17            if col_max_idx[row_idx] == i:
18                return i, row_idx, a[i][row_idx]
19        return a.shape[0], a.shape[1], None
20
21    def main():
22        input_right = False
23        while not input_right:
24            try:
25                m, n = eval(input("Input m,n(m,n<=10):"))
26                if 0 < m <= 10 and 0 < n <= 10:
27                    input_right = True
28                else:
29                    input_right = False
30            except NameError:
31                input_right = False
32
33        a = np.zeros((m, n), dtype=int)
34        input_matrix(a, m, n)
35        row, column, saddle_point = find_saddle_point(a)
36        if saddle_point is None:
37            print("No saddle point!")
38        else:
```

```
39          print(f"saddle point: a[{row}][{column}] is {a[row][column]}")
40  if __name__ == '__main__':
41      main()
```

13.2 关键字统计

1. 实验内容

任务 1：关键字判断。请编写一个程序，判断这个标识符是否是 Python 的关键字。

【解题思路提示】 Python 的关键字（即保留字）可以通过执行如下命令进行查看：

```
>>> import keyword
>>> keyword.kwlist
['False', 'None', 'True', 'and', 'as', 'assert', 'break', 'class', 'continue',
'def', 'del', 'elif', 'else', 'except', 'finally', 'for', 'from', 'global', 'if',
'import', 'in', 'is', 'lambda', 'nonlocal', 'not', 'or', 'pass', 'raise', 'return',
'try', 'while', 'with', 'yield']
```

注意，Python 的关键字是区分大小写的。

任务 2：标识符合法性判断。在高级语言中，以下划线、英文字符开头的并且由下划线、英文字符和数字组成的标识符都是合法的标识符。请编写一个程序，判断一个标识符的合法性。假设输入的字符串不是关键字且最大长度为 32。

任务 3：关键字统计。请编写一个程序，完成对输入的以回车为分隔的多个标识符中 Python 关键词的统计。

任务 4：关键字统计。请编写一个程序，完成对输入的以空格为分隔的多个标识符中 Python 关键词的统计。

2. 实验要求

任务 1：输入一个标识符，若其为 Python 的关键字，则输出 Yes，否则输出 No。

任务 2：输入一个标识符，若其为合法的标识符，则输出 Yes，否则输出 No。

任务 3：先输入多个标识符，每个标识符以回车符结束，所有标识符输入完毕后以 end 和回车符标志输入结束，然后输出其中出现的 Python 关键字的统计结果，即每个关键字出现的次数。

任务 4：先输入多个标识符，每个标识符以空格为分隔符，所有标识符输入完毕后以回车符结束，然后输出其中出现的 Python 关键字的统计结果，即每个关键字出现的次数。

实验任务	测试编号	程序运行结果示例
1	1	`Input a keyword: for↙` `Yes`
	2	`Input a keyword: hello↙` `No`
2	1	`Input an identifier: newNum↙` `Yes`
	2	`Input an identifier: _newNum↙` `Yes`
	3	`Input an identifier: 5newNum↙` `No`
	4	`Input an identifier: $newNum↙` `No`

（续）

实验任务	测试编号	程序运行结果示例
3	1	Input keywords with end: try↙ Class↙ class↙ break↙ return↙ Try↙ end↙ Results: break:1 class:1 return:1 try:1
	2	Input keywords with end: from↙ for↙ if↙ is↙ except↙ elif↙ if↙ is↙ for↙ end↙ Results: elif:1 except:1 for:2 from:1 if:2 is:2
4	1	Input keywords with space:goto go while for do while↙ Results: for:1 while:2
	2	Input keywords with space:for for while goto switch main and or from or↙ Results: and:1 for:2 from:1 or:2 while:1

3. 实验参考程序

任务 1 的参考程序：

```
1   # 关键字统计任务 1
2   import keyword as kw
3
```

```
4   def main():
5       string = input("Input an identifier:")
6       if string in kw.kwlist:
7           print("Yes")
8       else:
9           print("No")
10
11  if __name__ == '__main__':
12      main()
```

任务 2 的参考程序 1：

```
1   # 关键字统计任务 2
2   # import modules
3   import numpy as np
4
5   # function definition
6   def is_legal_identifier(idstr):
7       if idstr in keyword.kwlist:
8           return False
9       first, flag, n = True, False, 0
10      for ch in idstr:
11          n += 1
12          if ch.isalpha() or ch == '_':
13              flag = True
14              if first == 1:
15                  first = False
16          elif ch.isdigit():
17              if not first:
18                  flag = True
19              else:
20                  break
21          else:
22              flag = False
23              break
24      return True if flag and n < 32 else False
25
26  # main function
27  def main():
28      string = input("Input an identifier:")
29      if is_legal_identifier(string):
30          print("Yes")
31      else:
32          print("No")
33
34  if __name__ == '__main__':
35      main()
```

任务 2 的参考程序 2：

```
1   # 关键字统计任务 2
2   # import modules
3   import string
4   import keyword
5
6   # function definition
7   def is_legal_identifier(idstr):
8       alphas = string.ascii_letters + '_'
9       nums = string.digits
```

```
10      length = len(idstr)
11      alphanum = alphas + nums
12      if idstr[0] not in alphas:
13          return False
14      if length > 1:
15          if idstr in keyword.kwlist:
16              return False
17          for others in idstr[1:]:
18              if others not in alphanum:
19                  return False
20          return True
21      else:
22          return True
23
24  # main function
25  def main():
26      idt = input("Input an identifier:")
27      if is_legal_identifier(idt):
28          print("Yes")
29      else:
30          print("No")
31
32  if __name__ == '__main__':
33      main()
```

任务 3 的参考程序：

```
1   # 关键字统计任务 3
2   import numpy as np
3   import keyword as kw
4
5   def count_key_words(string_array, count):
6       for key in string_array:
7           for j, keyword in enumerate(kw.kwlist):
8               if key == keyword:
9                   count[j] += 1
10
11  def main():
12      count = np.zeros(35, dtype=int) # 返回一个有 35 个 int 型元素的用 0 填充的数组
13      string_array = []
14      print("Input keywords with end:")
15      key = input()
16      while key != "end":
17          if key != "end":
18              string_array.append(key)
19          else:
20              break
21          key = input()
22      count_key_words(string_array, count)
23      print("Results:")
24      for j, number in enumerate(count):
25          if number != 0:
26              print(f"{kw.kwlist[j]}:{count[j]}")
27
28  if __name__ == '__main__':
29      main()
```

任务 4 的参考程序：

```
1   # 关键字统计任务 4
```

```
2   import numpy as np
3   import keyword as kw
4
5   def count_key_words(string_array, count):
6       for key in string_array:
7           for j, keyword in enumerate(kw.kwlist):
8               if key == keyword:
9                   count[j] += 1
10
11  def main():
12      count = np.zeros(35, dtype=int)
13      string_array = list(input("Input keywords with space:").split(' '))
14      count_key_words(string_array, count)
15      print("Results:")
16      for j, number in enumerate(count):
17          if number != 0:
18              print(f"{kw.kwlist[j]}:{count[j]}")
19
20  if __name__ == '__main__':
21      main()
```

13.3 验证卡布列克运算

1. 实验内容

对任意一个四位数，只要它们各个位上的数字不完全相同，就有如下的规律：

1）将组成该四位数的四个数字由大到小排列，得到由这四个数字构成的最大的四位数。

2）将组成该四位数的四个数字由小到大排列，得到由这四个数字构成的最小的四位数（如果四个数字中含有 0，则得到的最小四位数不足四位）。

3）求这两个数的差值，得到一个新的四位数（高位 0 保留）。

重复以上过程，最后得到的结果总是 6174，这个数被称为卡布列克常数。

请编写一个函数，验证以上的卡布列克运算。

2. 实验要求

先输入一个四位数，然后输出每一步的运算结果，直到最后输出 6174 的运算结果。

测试编号	程序运行结果示例
1	Input n:1234↙ [1]:4321-1234=3087 [2]:8730-378=8352 [3]:8532-2358=6174
2	Input n:4098↙ [1]:9840-489=9351 [2]:9531-1359=8172 [3]:8721-1278=7443 [4]:7443-3447=3996 [5]:9963-3699=6264 [6]:6642-2466=4176 [7]:7641-1467=6174

3. 实验参考程序

参考程序 1：

```
1   # 验证卡布列克运算
```

```
2   import numpy as np
3   def get_number(number, n, p):
4       if n < 10:
5           number[p] = n
6       else:
7           j = n % 10
8           n //= 10
9           number[p] = j
10          p += 1
11          get_number(number, n, p)
12
13  def main():
14      input_right = False
15      n = 0
16      while not input_right:
17          try:
18              n = eval(input("Input n(1000<=n<=9999):"))
19              if 1000 <= n <= 9999:
20                  input_right = True
21          except NameError:
22              print("Input error!")
23      count = 1
24      num = list(np.zeros(20, dtype=int))
25      while True:
26          h = 0
27          get_number(num, n, h)
28          num.sort(reverse=True) #表示排序完成后再对列表进行反转实现降序排列
29          x = num[0] * 1000 + num[1] * 100 + num[2] * 10 + num[3]
30          n = num[3] * 1000 + num[2] * 100 + num[1] * 10 + num[0]
31          print(f"[{count}]:{x}-{n}={x-n}")
32          if x - n != 6174:
33              n = x - n
34              count += 1
35          else:
36              break
37
38  if __name__ == '__main__':
39      main()
```

参考程序 2:

```
1   # 验证卡布列克运算
2   import numpy as np
3   def get_number(number, n, p):
4       if n < 10:
5           number[p] = n
6       else:
7           j = n % 10
8           n //= 10
9           number[p] = j
10          p += 1
11          get_number(number, n, p)
12
13  # 自己编程实现的冒泡排序算法
14  def bubble_sort(list):
15      size = len(list)
16      for i in range(size-1):
17          for j in range(size-1-i):
18              if list[j] < list[j+1]:
```

```
19                  list[j+1], list[j] = list[j], list[j+1]
20      return list
21
22  def main():
23      input_right = False
24      n = 0
25      while not input_right:
26          try:
27              n = eval(input("Input n(1000<=n<=9999):"))
28              if 1000 <= n <= 9999:
29                  input_right = True
30          except NameError:
31              print("Input error!")
32      count = 1
33      num = list(np.zeros(20, dtype=int))
34      while True:
35          h = 0
36          get_number(num, n, h)
37          bubble_sort(num)
38          x = num[0] * 1000 + num[1] * 100 + num[2] * 10 + num[3]
39          n = num[3] * 1000 + num[2] * 100 + num[1] * 10 + num[0]
40          print(f"[{count}]:{x}-{n}={x-n}")
41          if x - n != 6174:
42              n = x - n
43              count += 1
44          else:
45              break
46
47  if __name__ == '__main__':
48      main()
```

参考程序 3:

```
1   # 验证卡布列克运算
2   import numpy as np
3   def get_number(number, n, p):
4       if n < 10:
5           number[p] = n
6       else:
7           j = n % 10
8           n //= 10
9           number[p] = j
10          p += 1
11          get_number(number, n, p)
12
13  # 自己编写的选择排序算法
14  def selection_sort(list):
15      size = len(list)
16      for i in range(0, size):
17          k = i
18          for j in range(i+1, size):
19              if list[j] > list[k]: # 查找最大值的位置
20                  k = j
21          list[i], list[k] = list[k], list[i]
22      return list
23
24  def main():
25      input_right = False
26      n = 0
```

```
27        while not input_right:
28            try:
29                n = eval(input("Input n(1000<=n<=9999):"))
30                if 1000 <= n <= 9999:
31                    input_right = True
32            except NameError:
33                print("Input error!")
34        count = 1
35        num = list(np.zeros(20, dtype=int))
36        while True:
37            h = 0
38            get_number(num, n, h)
39            selection_sort(num)
40            x = num[0] * 1000 + num[1] * 100 + num[2] * 10 + num[3]
41            n = num[3] * 1000 + num[2] * 100 + num[1] * 10 + num[0]
42            print(f"[{count}]:{x}-{n}={x-n}")
43            if x - n != 6174:
44                n = x - n
45                count += 1
46            else:
47                break
48
49    if __name__ == '__main__':
50        main()
```

参考程序 4:

```
1     # 验证卡布列克运算
2     import numpy as np
3     def get_number(number, n, p):
4         if n < 10:
5             number[p] = n
6         else:
7             j = n % 10
8             n //= 10
9             number[p] = j
10            p += 1
11            get_number(number, n, p)
12
13    # 自己编写的插入排序算法
14    def insert_sort(list):
15        size = len(list)
16        for i in range(1, size):
17            j = i
18            while j > 0 and list[j] > list[j-1]:
19                list[j], list[j-1] = list[j-1], list[j]
20                j -= 1
21        return list
22
23    def main():
24        input_right = False
25        n = 0
26        while not input_right:
27            try:
28                n = eval(input("Input n(1000<=n<=9999):"))
29                if 1000 <= n <= 9999:
30                    input_right = True
31            except NameError:
32                print("Input error!")
```

```
33      count = 1
34      num = list(np.zeros(20, dtype=int))
35      while True:
36          h = 0
37          get_number(num, n, h)
38          insert_sort(num)
39          x = num[0] * 1000 + num[1] * 100 + num[2] * 10 + num[3]
40          n = num[3] * 1000 + num[2] * 100 + num[1] * 10 + num[0]
41          print(f"[{count}]:{x}-{n}={x-n}")
42          if x - n != 6174:
43              n = x - n
44              count += 1
45          else:
46              break
47
48  if __name__ == '__main__':
49      main()
```

参考程序5:

```
1   # 验证卡布列克运算
2   import numpy as np
3   def get_number(number, n, p):
4       if n < 10:
5           number[p] = n
6       else:
7           j = n % 10
8           n //= 10
9           number[p] = j
10          p += 1
11          get_number(number, n, p)
12
13  # 合并两个已排序好的列表,产生一个新的已排序好的列表
14  def merge(left, right):
15      merged = []
16      i, j = 0, 0
17      left_len, right_len = len(left), len(right)
18      while i < left_len and j < right_len: # 循环归并左右子列表元素
19          if left[i] >= right[j]:           # 降序排序
20              merged.append(left[i])        # 归并左子列表元素
21              i += 1
22          else:
23              merged.append(right[j])       # 归并右子列表元素
24              j += 1
25      merged.extend(left[i:])               # 归并左子列表的剩余元素
26      merged.extend(right[j:])              # 归并右子列表的剩余元素
27      return merged                         # 返回归并好的列表
28
29  # 自己编写的归并排序算法
30  def merge_sort(list):
31      if len(list) <= 1:                    # 列表为空或仅有一个元素,直接返回列表
32          return list
33      mid = len(list) // 2
34      left = merge_sort(list[:mid])         # 递归调用,归并排序左子列表
35      right = merge_sort(list[mid:])        # 递归调用,归并排序右子列表
36      return merge(left, right)
37
38  def main():
39      input_right = False
```

```
40        n = 0
41        while not input_right:
42            try:
43                n = eval(input("Input n(1000<=n<=9999):"))
44                if 1000 <= n <= 9999:
45                    input_right = True
46            except NameError:
47                print("Input error!")
48        count = 1
49        num = list(np.zeros(20, dtype=int))
50        while True:
51            h = 0
52            get_number(num, n, h)
53            num1 = merge_sort(num)
54            x = num1[0] * 1000 + num1[1] * 100 + num1[2] * 10 + num1[3]
55            n = num1[3] * 1000 + num1[2] * 100 + num1[1] * 10 + num1[0]
56            print(f"[{count}]:{x}-{n}={x-n}")
57            if x - n != 6174:
58                n = x - n
59                count += 1
60            else:
61                break
62
63    if __name__ == '__main__':
64        main()
```

参考程序 6：

```
1     # 验证卡布列克运算
2     import numpy as np
3     def get_number(number, n, p):
4         if n < 10:
5             number[p] = n
6         else:
7             j = n % 10
8             n //= 10
9             number[p] = j
10            p += 1
11            get_number(number, n, p)
12
13    # 自己编写的快速排序算法
14    def quick_sort(list, low, high):
15        i, j = low, high
16        if i >= j:                      # 若列表下界大于上界，返回结果列表 list
17            return list
18        key = list[i]                   # 设置列表的第一个元素为基准
19        while i < j:                    # 降序排序，循环直到 i=j
20            #j 向前搜索。找到第一个大于 key 的值 list[j]
21            while i < j and list[j] <= key:
22                j -= 1
23            list[i] = list[j]
24            #i 向后搜索。找到第一个小于 key 的值 list[i]
25            while i < j and list[i] >= key:
26                i += 1
27            list[j] = list[i]
28        list[i] = key
29        quick_sort(list, low, i-1)  # 递归调用，对左子表排序
30        quick_sort(list, j+1, high) # 递归调用，对右子表排序
31
```

```
32  def main():
33      input_right = False
34      n = 0
35      while not input_right:
36          try:
37              n = eval(input("Input n(1000<=n<=9999):"))
38              if 1000 <= n <= 9999:
39                  input_right = True
40          except NameError:
41              print("Input error!")
42      count = 1
43      num = list(np.zeros(20, dtype=int))
44      while True:
45          h = 0
46          get_number(num, n, h)
47          quick_sort(num, 0, len(num)-1)
48          x = num[0] * 1000 + num[1] * 100 + num[2] * 10 + num[3]
49          n = num[3] * 1000 + num[2] * 100 + num[1] * 10 + num[0]
50          print(f"[{count}]:{x}-{n}={x-n}")
51          if x - n != 6174:
52              n = x - n
53              count += 1
54          else:
55              break
56
57  if __name__ == '__main__':
58      main()
```

13.4　链表逆序

1. 实验内容

任务1：将一个链表按结点值升序排列。

任务2：将一个链表的结点逆序排列，即把链头变成链尾，把链尾变成链头。

2. 实验要求

任务1：先输入原始链表的结点编号顺序，输入非数字表示输入结束，然后输出链表按结点值升序排列后的结点顺序。

任务2：先输入原始链表的结点编号顺序，输入非数字表示输入结束，然后输出链表反转后的结点顺序。

实验任务	测试编号	程序运行结果示例
1	1	请输入链表(非数表示结束): 结点值：7↙ 结点值：6↙ 结点值：5↙ 结点值：4↙ 结点值：3↙ 结点值：end↙ 原始表： 　7　6　5　4　3 排序表： 　3　4　5　6　7

（续）

实验任务	测试编号	程序运行结果示例
1	2	请输入链表（非数表示结束）： 结点值：5↙ 结点值：4↙ 结点值：3↙ 结点值：2↙ 结点值：1↙ 结点值：end↙ 原始表： 5　4　3　2　1 排序表： 1　2　3　4　5
2	1	请输入链表（非数表示结束）： 结点值：3↙ 结点值：4↙ 结点值：5↙ 结点值：6↙ 结点值：7↙ 结点值：end↙ 原始表： 3　4　5　6　7 反转表： 7　6　5　4　3
	2	请输入链表（非数表示结束）： 结点值：1↙ 结点值：3↙ 结点值：2↙ 结点值：4↙ 结点值：5↙ 结点值：^z↙ 原始表： 1　2　3　4　5 反转表： 5　4　2　3　1

3. 实验参考程序

任务 1 的参考程序：

```
1    # 链表逆序任务 1
2    class Node:
3        def __init__(self, num):
4            self.num = num
5            self.next = None
6
7        def append_node(self):
8            input_right = True
9            while input_right:
10               try:
11                   number = int(input("结点值："))
12                   node = Node(number)
13                   self.next = node
```

```
14                  self = node
15              except NameError:
16                  input_right = False
17              except ValueError:
18                  input_right = False
19
20      def sort_list(self):
21          first = None
22          tail = Node(0)
23          while self:
24              p, min_node = self, self
25              while p.next:
26                  if p.next.num < min_node.num:
27                      p_min = p
28                      min_node = p.next
29                  p = p.next
30              if not first:
31                  first = min_node
32                  tail = min_node
33              else:
34                  tail.next = min_node
35                  tail = min_node
36              if min_node == self:
37                  self = self.next
38              else:
39                  p_min.next = min_node.next
40          if first:
41              tail.next = None
42          self = first
43          return self
44
45      def print_list(self):
46          while self.next:
47              print(self.next.num, end=' ')
48              self = self.next
49          print("")
50
51  def main():
52      print("请输入链表(非数表示结束):")
53      head = Node(0)
54      head.append_node()
55      print("原始表:")
56      head.print_list()
57      new_head = head.sort_list()
58      print("排序表:")
59      new_head.print_list()
60
61  if __name__ == '__main__':
62      main()
```

任务 2 的参考程序：

```
1   # 链表逆序任务 2
2   class Node:
3       def __init__(self, num):
4           self.num = num
5           self.next = None
6
```

```
7        def append_node(self):
8            input_right = True
9            while input_right:
10               try:
11                   number = int(input("结点值:"))
12                   node = Node(number)
13                   self.next = node
14                   self = node
15               except NameError:
16                   input_right = False
17               except ValueError:
18                   input_right = False
19
20       def turn_back(self):
21           if not self:
22               return None
23           head = Node(0)
24           head.next = self
25           p = self
26           while p.next:
27               tp = p.next
28               p.next = p.next.next
29               tp.next = head.next
30               head.next = tp
31           return head
32
33       def print_list(self):
34           while self.next:
35               print(self.next.num, end=' ')
36               self = self.next
37           print("")
38
39   def main():
40       print("请输入链表(非数表示结束):")
41       head = Node(0)
42       head.append_node()
43       print("原始表:")
44       head.print_list()
45       new_head =  head.next.turn_back()
46       print("反转表:")
47       new_head.print_list()
48
49   if __name__ == '__main__':
50       main()
```

【思考题】请编写一个链表局部反转的程序，即给出一个链表和一个数 k，k 为链表中要反转的子链表所含结点数。

第 14 章 高精度计算和近似计算专题

实验目的

- 掌握 Python 中高精度计算的基本方法。
- 掌握蒙特卡罗方法的基本思想和近似计算方法。

14.1 高精度计算任意位圆周率

1. 实验内容

请编写一个程序，高精度计算圆周率 π 的值。

2. 实验要求

输入要计算得到的小数点后的位数，编程计算并输出圆周率 π 的值，同时输出计算总耗时。

实验任务	测试编号	程序运行结果示例
1	1	请输入想要计算到小数点后的位数 n:20↙ 3.14159265358979323846 总共耗时 : 6.909999999926697e-05s
	2	请输入想要计算到小数点后的位数 n:50↙ 3.14159265358979323846264338327950288419716939937510 总共耗时 : 0.00023779999999998437s

【解题思路提示】

Python 的大整数运算能力足以让使用 C/C++ 编程的新手们震惊。因为 Python 3 对整型不限制大小，所以用 Python 3 进行大整数的运算是非常简单方便的，无须设计复杂的算法和编写冗长的代码。

例如，两个大整数求和的代码如下：

```
1   def add(a, b):
2       return a + b
3
4   def main():
5       a = int(input("Input a:"))
6       b = int(input("Input b:"))
7       print(add(a, b))
8
9   if __name__ == '__main__':
10      main()
```

其运行结果如下：

```
Input a:12345123451234512345123451234512345123451
Input b:12345123451234512345123451234512345123452
24690246902469024690246902469024690246903
```

再如，输出 1 到 n 之间所有数的阶乘的代码为：

```
1    def fact(n):
2        p = 1
3        for i in range(1, n + 1):
4            p *= i
5        return p
6
7    def main():
8        n = int(input("Input n:"))
9        for i in range(1, n+1, 1):
10           print(f'{i}!={fact(i)}')
11
12   if __name__ == '__main__':
13       main()
```

当程序输入 40 时，程序运行结果为：

```
Input n: 40↙
1! = 1
2! = 2
3! = 6
4! = 24
5! = 120
6! = 720
7! = 5040
8! = 40320
9! = 362880
10! = 3628800
11! = 39916800
12! = 479001600
13! = 6227020800
14! = 87178291200
15! = 1307674368000
16! = 20922789888000
17! = 355687428096000
18! = 6402373705728000
19! = 121645100408832000
20! = 2432902008176640000
21! = 51090942171709440000
22! = 1124000727777607680000
23! = 25852016738884976640000
24! = 620448401733239439360000
25! = 15511210043330985984000000
26! = 403291461126605635584000000
27! = 10888869450418352160768000000
28! = 304888344611713860501504000000
29! = 8841761993739701954543616000000
30! = 265252859812191058636308480000000
31! = 8222838654177922817725562880000000
32! = 263130836933693530167218012160000000
33! = 8683317618811886495518194401280000000
34! = 295232799039604140847618609643520000000
35! = 10333147966386144929666651337523200000000
36! = 371993326789901217467999448150835200000000
37! = 13763753091226345046315979581580902400000000
38! = 523022617466601111760007224100074291200000000
39! = 20397882081197443358640281739902897356800000000
40! = 815915283247897734345611269596115894272000000000
```

但是由于浮点数不能精确表示十进制数，因此用 Python 进行高精度浮点数运算就没这么简单了。其中一种计算方法是采用马青公式计算。

$$\pi / 4 = 4\arctan(1/5) - \arctan(1/239)$$

$$\arctan x = x - \frac{x^3}{3} + \frac{x^5}{5} - \frac{x^7}{7} + \frac{x^9}{9} \cdots$$

$$\pi = 16\times\left(\frac{1}{1\times5} - \frac{1}{3\times5^3} + \frac{1}{5\times5^5} - \frac{1}{7\times5^7} + \frac{1}{9\times5^9}\cdots\right) - 4\times\left(\frac{1}{1\times239} - \frac{1}{3\times239^3} + \frac{1}{5\times239^5} - \frac{1}{7\times239^7} + \frac{1}{9\times239^9}\cdots\right)$$

这个公式是由英国天文学教授约翰·马青于1706年提出的。他用这个公式计算得到100位的圆周率。马青公式每计算一项可以得到1.4位的十进制精度。因为它的计算过程中被乘数和被除数都不大于长整数，所以可以很容易地在计算机上编程实现。

要求掌握测试Python程序运行时间的三种基本方法。

1）time.time() 方法

该方法返回的是常见的时间格式（即年、月、日、小时等），除了用于表示日期时间，还可用于测试代码的运行时间，此时需要调用两次该方法，然后计算其差值。注意，它会把sleep() 睡眠期间经过的时间也计算进去。该方法的精度相对不高，且会受系统的影响，所以适用于大型程序的运行时间测试。

2）time.perf_counter() 方法

该方法返回性能计数器的值（以小数秒为单位），即具有最高可用分辨率的时钟，以测量短持续时间。它也会把sleep() 睡眠期间经过的时间计算进去。该方法通常用于测试代码的运行时间，具有最高的可用分辨率。测试代码运行时间时，需要调用两次该方法，然后计算其差值。该方法适合小规模程序的时间测试。

3）time.process_time() 方法

该方法返回当前进程的系统和用户CPU时间总和的值（以小数秒为单位）。该方法也用于测试代码的运行时间。测试代码运行时间时，需要调用两次该方法，然后计算其差值。注意，该方法计算的时间不包括sleep() 睡眠期间经过的时间。该方法适合小规模程序的时间测试。

3. 实验参考程序

```
1    # 根据Machin公式计算圆周率
2    # 导入Python未来支持的语言特征division（精确除法）
3    from __future__ import division
4    # 导入时间库
5    import time
6    # 导入字符串库
7    import string
8
9    def machin_pi(n):
10       n1 = n + 10                  # 多计算10位，以防止尾数取舍的影响
11       b = 10 ** n1                 # 计算到小数点后n1位
12       x1 = b * 4 // 5              # 计算含4/5的首项
13       x2 = b // -239               # 计算含1/239的首项
14       pi = x1 + x2                 # 计算第一大项
15       n *= 2                       # 设置循环终点，即共计算n项
16       for i in range(3, n, 2):     # 循环初值为3，终值为n，步长为2
17           x1 //= -25               # 求每个含1/5的项及符号
18           x2 //= -57121            # 求每个含1/239的项及符号
19           x = (x1 + x2) // i       # 求两项之和
20           pi += x                  # 求总和
```

```
21      pi = pi * 4            # 求出 π
22      pi //= 10 ** 10        # 舍掉后十位
23      return pi
24
25  def main():
26      n = int(input('请输入想要计算到小数点后的位数 n:'))
27      start = time.perf_counter()
28      pi = machin_pi(n)
29      pi_string = str(pi)  # 数值转为字符串
30      print(f'{pi_string[0]}.{pi_string[1:len(pi_string)]}')
31      end = time.perf_counter()
32      print(f'总共耗时:{str(end - start)}s')
33
34  if __name__ == '__main__':
35      main()
```

14.2　蒙特卡罗法近似计算圆周率

1. 实验内容

蒙特卡罗方法（Monte Carlo method）是一种以概率统计理论为指导的重要数值计算方法，它通过大量随机采样去了解一个系统，进而得到所要计算的值，因此也称为随机模拟方法或统计模拟方法。

请编写一个程序，用蒙特卡罗方法近似计算圆周率。

【解题思路提示】 如图 14-1 所示，在一个边长为 $2r$ 的正方形内部，通过随机产生 n 个点，并计算这些点与中心点的距离来判断该点是否落在圆内。若这些随机产生的点均匀分布，则圆内的点应占到所有点的 $\pi r^2/4r^2$，将这个比值乘以 4，结果即为 π。

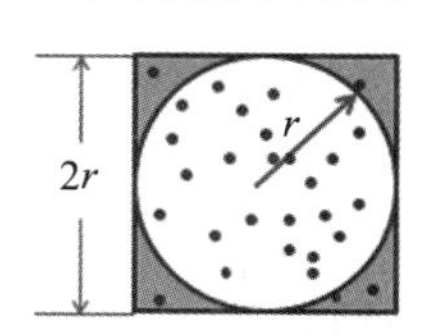

图 14-1　蒙特卡罗方法计算圆周率示意图

2. 实验要求

先输入随机产生的点数 n，然后输出用蒙特卡罗法计算的圆周率值。

测试编号	程序运行结果示例
1	Input n:10000000 PI=3.1409916 总共耗时:15.1566823s

注意，因为蒙特卡罗是一种随机算法，所以每次运行的结果可能并不完全一致。

3. 实验参考程序

参考程序 1：

```
1   # 蒙特卡罗法计算圆周率
2   import random
3   import time
4
5   def monte_carlo_pi(n):
6       random.seed()
```

```
7       hits = 0.0                          # 命中圆的点的数量
8       for i in range(n):
9           x = random.uniform(-1, 1) # 随机生成 -1 到 1 之间的 x 坐标
10          y = random.uniform(-1, 1) # 随机生成 -1 到 1 之间的 y 坐标
11          if x * x + y * y <= 1:     # 如果位于圆内，则命中数加 1
12              hits += 1
13      return 4 * hits / n
14
15  def main():
16      start = time.perf_counter()
17      n = int(input("Input n:"))
18      print(f'PI={monte_carlo_pi(n)}')
19      end = time.perf_counter()
20      print(f'总共耗时:{str(end - start)}s')
21
22  if __name__ == '__main__':
23      main()
```

参考程序 2：

```
1   # 蒙特卡罗法计算圆周率
2   import random
3   import time
4
5   def monte_carlo_pi(n):
6       random.seed()
7       hits = 0.0                          # 命中圆的点的数量
8       for i in range(n):
9           x = random.uniform(-1, 1) # 随机生成 -1 到 1 之间的 x 坐标
10          y = random.uniform(-1, 1) # 随机生成 -1 到 1 之间的 y 坐标
11          if x * x + y * y <= 1:     # 如果位于圆内，则命中数加 1
12              hits += 1
13      return 4 * hits / n
14
15  def main():
16      start = time.time()
17      n = int(input("Input n:"))
18      print(f'PI={monte_carlo_pi(n)}')
19      end = time.time()
20      print(f'总共耗时:{end - start}s')
21
22  if __name__ == '__main__':
23      main()
```

参考程序 3：

```
1   # 蒙特卡罗法计算圆周率
2   import random
3   import time
4
5   def monte_carlo_pi(n):
6       random.seed()
7       hits = 0.0                          # 命中圆的点的数量
8       for i in range(n):
9           x = random.uniform(-1, 1) # 随机生成 -1 到 1 之间的 x 坐标
10          y = random.uniform(-1, 1) # 随机生成 -1 到 1 之间的 y 坐标
11          if x * x + y * y <= 1:     # 如果位于圆内，则命中数加 1
12              hits += 1
13      return 4 * hits / n
```

```
14
15  def main():
16      start = time.process_time()
17      n = int(input("Input n:"))
18      print(f'PI={monte_carlo_pi(n)}')
19      end = time.process_time()
20      print(f' 总共耗时 :{str(end - start)}s')
21
22  if __name__ == '__main__':
23      main()
```

14.3　蒙特卡罗法计算定积分

1. 实验内容

请编写一个程序，用蒙特卡罗法近似计算函数的定积分 $y_2 = \int_0^3 \frac{x}{1+x^2}\,\mathrm{d}x$ 。

【解题思路提示】近似计算连续函数的定积分的基本原理就是要计算函数 $y=f(x)$ 、直线 $x=a$、直线 $x=b$ 与 x 轴所围成的图形的面积。如图 14-2 所示，随机产生 n 个点，将这些点的 (x,y) 坐标代入 $y-f(x)$，通过检查 $y-f(x)$ 是否小于等于 0 来判断这些点是否位于曲线 $y=f(x)$、直线 $x=a$、$x=b$ 与 x 轴围成的面积内，落在这个图形内的点数占落在边长为 $b-a$ 的正方形面积内的比例就是定积分的面积。

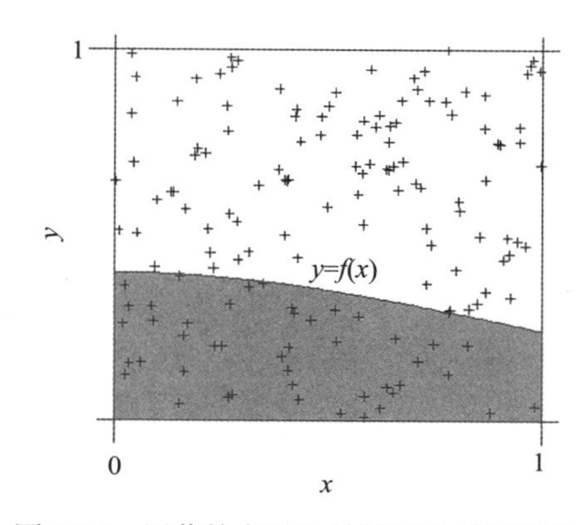

图 14-2　用蒙特卡罗法计算函数的定积分

注意，要确保 $f(x)$ 的曲线落在边长为 $b-a$ 的正方形之内，否则需要延长正方形纵向的边长使其落在矩形内。

2. 实验要求

先输入积分下限 a、积分上限 b，然后输出用蒙特卡罗法计算的函数定积分。

测试编号	程序运行结果示例
1	Input n:10000000↙ Input a,b:0,3↙ y=1.1512944

注意，因为蒙特卡罗是一种随机算法，所以每次运行的结果可能并不完全一致。

3. 实验参考程序

```
1    # 计算定积分
```

```
2   import random
3   def monte_carlo_integral(n, a, b, f):
4       random.seed()
5       m = 0
6       for i in range(n):
7           x = random.random() * (b - a)
8           y = random.random() * (b - a)
9           if y <= f(x):
10              m += 1
11      return (b - a) * (b - a) * m / n
12
13  def fun2(x):
14      return x / (1 + x * x)
15
16  def main():
17      n = int(input("Input n:"))
18      a, b = eval(input("Input a, b:"))
19      print(f'y={monte_carlo_integral(n, a, b, fun2)}')
20
21  if __name__ == '__main__':
22      main()
```

第 15 章　贪心与动态规划专题

实验目的

- 掌握贪心法和动态规划方法的基本思想，以及两者在求解优化问题时的本质区别和适用条件。
- 针对具体的问题，能够选择恰当的方法对问题进行求解。

15.1　活动安排

1. 实验内容

学校的小礼堂每天都会有许多活动，这些活动的计划时间有时会发生冲突，需要进行选择，使得每个时间最多举办一个活动。小明负责活动安排，现在有 n 项活动计划的时间表，他想安排尽可能多的活动，编程计算并输出最多能够安排的活动数量。注意：如果上一个活动在 t 时间结束，下一个活动最早应该在 $t+1$ 时间开始，t 为整数。假设所有输入均在合法范围。

【解题思路提示】 采用贪心策略，在时间不冲突的情况下尽可能多地安排活动，也就是优先安排结束时间早的活动，即按活动结束时间从小到大的顺序排序，然后依次选择结束时间早而开始时间又晚于前一活动结束时间的活动来安排，直到没有可安排的活动为止。

2. 实验要求

先输入活动的总数，然后输入活动的开始时间和结束时间，最后输出可以安排的最多活动总数。

测试编号	程序运行结果示例
1	Input the total number of activities:10↙ Input the start and end time of each activity: 10,11↙ 9,10↙ 8,9↙ 7,8↙ 6,7↙ 5,6↙ 4,5↙ 3,4↙ 2,3↙ 1,2↙ The number of activities that can be arranged is 5
2	Input the total number of activities:4↙ Input the start and end time of each activity: 10,20↙ 10,20↙ 1,12↙ 1,10↙ The number of activities that can be arranged is 1

3. 实验参考程序

```
1    # 活动安排
2    import operator
3    NUM = 100
4    class Activity:
5        def __init__(self, begin, end):
6            self.begin = begin
7            self.end = end
8
9        def __init__(self):
10           self.begin = 0
11           self.end = 0
12
13   def arrange(activity, n):
14       k, count = 0, n
15       for i in range(1, n):
16           if activity[i].begin <= activity[k].end:
17               count -= 1
18           else:
19               k = i
20       return count
21
22   def main():
23       n = eval(input("Input the total number of activities:"))
24       activity_array = [Activity() for i in range(n)]
25       print("Input the start and end time of each activity:")
26       for i in range(n):
27           begin, end = eval(input())
28           activity_array[i].begin = begin
29           activity_array[i].end = end
30       sort_index = operator.attrgetter('end')
31       activity_array.sort(key=sort_index)
32       count = arrange(activity_array, n)
33       print(f"The number of activities that can be arranged is {count}")
34
35   if __name__ == '__main__':
36       main()
```

15.2　分发糖果

1. 实验内容

六一儿童节到了，幼儿园准备给小朋友们分发糖果。现在有多箱不同价值和重量的糖果，每箱糖果都可以拆分成任意散装组合带走。老师给每位小朋友准备了一个最多只能装下重量 w 糖果的包，请问小朋友最多能带走多大价值的糖果。

【解题思路提示】 采用贪心策略，在重量允许范围内尽可能多装价值大的糖果，也就是优先选择价值 / 重量比大的糖果放入包中，即按糖果的价值 / 重量比从大到小地依次选取糖果，对选取的糖果尽可能地多装，直到达总重量 w 为止。

2. 实验要求

先输入糖果箱数 n（$1 \leqslant n \leqslant 100$），以及小朋友的包包能承受的最大重量 w（$0 < w < 10\,000$），然后输入每箱糖果的价值和重量。最后输出小朋友能带走的糖果的最大总价值，结果保留 1 位小数。

测试编号	程序运行结果示例
1	Input n,w:4,20↙ Input value, weight of each box: 90,5↙ 420,7↙ 250,6↙ 580,3↙ The final value = 1322.0
2	Input n,w:-1,30↙ Input n,w:500,30↙ Input n,w:5,30000↙ Input n,w:5,0↙ Input n,w:5,30↙ Input value, weight of each box: 100,7↙ 300,8↙ 230,5↙ 800,2↙ 100,6↙ The final value = 1530.0

3. 实验参考程序

```
1   # 分发糖果
2   from functools import cmp_to_key
3
4   EPS = 1e-6
5   class Candy:
6       def __init__(self, v, w):
7           self.v = v
8           self.w = w
9
10      def __init__(self):
11          self.v = 0
12          self.w = 0
13
14  def compare(c1, c2):
15      if (c1.v / c1.w) - (c2.v / c2.w) > EPS:
16          return -1
17      elif (c1.v / c1.w) - (c2.v / c2.w) < EPS:
18          return 1
19      else:
20          return 0
21
22  def load(candies, n, w):
23      total_v, total_w = 0, 0
24      for i in range(n):
25          if total_w + candies[i].w <= w:
26              total_w += candies[i].w
27              total_v += candies[i].v
28          else:
29              total_v += candies[i].v * (w-total_w) / candies[i].w
30              break
31      return total_v
32
```

```
33 def main():
34     input_right = False
35     while not input_right:
36         n, w_sum = eval(input("Input n, w:"))
37         if 1 <= n <= 100 and 0 < w_sum < 10000:
38             input_right = True
39     candies = [Candy() for i in range(n)]
40     print("Input value,weight of each box:")
41     for i in range(n):
42         v, w = eval(input())
43         candies[i].v = v
44         candies[i].w = w
45     sorted_candies = sorted(candies, key=cmp_to_key(compare))
46     total_v = load(sorted_candies, n, w_sum)
47     print(f"The final value = {total_v:.1f}")
48
49 if __name__ == '__main__':
50     main()
```

【思考题】

1）贪心算法需要证明其正确性，请证明本题贪心算法的正确性。

2）假设规定只能整箱糖果拿，那么贪心算法还能正确吗？还能获得最优解吗？

15.3　0-1 背包问题

1. 实验内容

已知有 n 种物品和一个容积为 m 的背包。假设第 i 种物品的体积为 v_i、价值为 d_i，每种物品只有一件，可以选择放或者不放。请编写一个程序，求解将哪些物品装入背包可使得装入背包的物品总价值最大。

【解题思路提示】因为每种物品有取和不取两种情况，那么总的取法有 2^n 种，所以采用枚举法求解此问题显然是不可接受的。

设第 i 种物品的体积为 $v[i]$、价值为 $d[i]$，假设前 $i-1$ 种物品已经处理完毕，现在考虑处理第 i 种物品。将问题抽象为 $f(i, j)$，表示在总体积不超过 j 的条件下，在前 i 种物品中取物品能获得的最大价值。将取法分成两种，一种是取第 i 种物品，另一种是不取第 i 种物品。如果取第 i 种物品，那么剩下的问题就变为 $f(i-1, j-v[i])$，表示在总体积不超过 $j-v[i]$ 的条件下，在前 $i-1$ 种物品中取物品能获得的最大价值，$f(i-1, j-v[i])$ 加上第 i 种物品的价值 $d[i]$ 就是第一种取法能获得的最大价值 $f(i, j)$。第二种取法因为没有取第 i 种物品，所以其能获得的最大价值为 $f(i-1, j)$，即在总体积不超过 j 的条件下，在前 $i-1$ 种物品中取物品能获得的最大价值。

于是，可以得到递推关系式如下：

$f(i, j) = \max(f(i-1, j), f(i-1, j-v[i])+d[i]$　　当 $i > 1$ 时

$f(i, j) = d[1]$　　当 i=1 且 $v[1] \leqslant j$ 时

$f(i, j) = 0$　　当 i=1 且 $v[1] \leqslant j$ 时

如果用递归函数来实现，那么会存在很多重复计算，效率不高。因此，可以考虑用 $f[i][j]$ 保存 $f(i, j)$ 的计算结果，这样就可以避免重复计算了。于是递推关系式变为：

$f[i][j] = \max(f[i-1][j], f[i-1][j-v[i]]+d[i]$　　当 $i \leqslant 1$ 时

$f[i][j] = d[1]$　　当 i=1 且 $v[1] \leqslant j$ 时

$f[i][j] = 0$　　当 i=1 且 $v[1] \leqslant j$ 时

将一个问题分解为子问题递归求解，并且保存中间结果以避免重复计算的方法就是动态规划，动态规划算法是求解最优解的一种常用方法。

贪心算法对问题求解时总是做出在当前状态下看来是最好或最优（即最有利）的选择，它只根据当前已有的信息做出选择，并不考虑这个选择对以后可能造成的影响，而且一旦做出了选择，就不会改变，因此有可能在某些情况下不能获得整体最优解。与贪心算法不同的是，动态规划算法求解的每个局部解也都是最优的。

递归的思想在编程时未必一定要使用递归函数实现，也可以采用递推算法实现。递归函数是自顶向下完成递推，而循环程序是自底向上完成递推。

为了节约内存，也可以考虑通过滚动数组来实现，即重复使用第 1 行的数组，当前行利用前一行的递推结果计算完毕后，可以直接保存在前一行的数组元素中，因为当前行的下一行递推时不会再用到前一行的递推结果。

2. 实验要求

假设物品的种类 n 不超过 1000 种，背包的容积 m 不超过 10000。先输入物品的种类 n 和背包的容积 m，然后输入每件物品的体积 v 和价值 d，最后输出可以获得的总价值。

测试编号	程序运行结果示例
1	Input n,m:4,6↙ Input volume, value of each item: 2,30↙ 1,20↙ 3,40↙ 4,10↙ The final value = 90
2	Input n,m:5,10↙ Input volume, value of each item: 1,20↙ 5,30↙ 4,60↙ 2,10↙ 3,5↙ The final value = 110

3. 实验参考程序

参考程序 1：

```
1   # 0-1 背包问题
2   import numpy as np
3   N = 1000
4   M = 10000
5   class Item:
6       def __init__(self):
7           self.v = 0
8           self.d = 0
9   
10      @staticmethod
11      def pack(items, n, m):
12          f = np.zeros((M, N), dtype=int)
13          for i in range(1, n+1):
14              for j in range(1, m+1):
15                  if items[i].v <= j:
```

```
16                      f[i][j] = items[1].d
17                  else:
18                      f[i][j] = 0
19          for i in range(2, n+1):
20              for j in range(1, m+1):
21                  if items[i].v <= j:
22                      f[i][j] = max(f[i-1][j], f[i-1][j-items[i].v] + items[i].d)
23          return f[n][m]
24
25  def main():
26      items = [Item() for i in range(N)]
27      n, m = eval(input("Input n,m:"))
28      print("Input value,weight of each box:")
29      for i in range(1, n+1):
30          v, d = eval(input())
31          items[i].v = v
32          items[i].d = d
33      print(f"The final value = {Item.pack(items, n, m)}")
34
35  if __name__ == '__main__':
36      main()
```

参考程序 2:

```
1   # 0-1 背包问题
2   import numpy as np
3   N = 1000
4   M = 10000
5   class Item:
6       def __init__(self):
7           self.v = 0
8           self.d = 0
9
10      @staticmethod
11      def pack(items, n, m):
12          f = np.zeros(M, dtype=int)
13          for j in range(m + 1):
14              if items[1].v <= j:
15                  f[j] = items[1].d
16              else:
17                  f[j] = 0
18          for i in range(2, n):
19              for j in range(m, -1, -1):
20                  if items[i].v <= j:
21                      f[j] = max(f[j], f[j - items[i].v] + items[i].d)
22          return f[m]
23
24  def main():
25      items = [Item() for i in range(N)]
26      n, m = eval(input("Input n,m:"))
27      print("Input value,weight of each box:")
28      for i in range(1, n + 1):
29          v, d = eval(input())
30          items[i].v = v
31          items[i].d = d
32      print(f"The final value = {Item.pack(items, n, m)}")
33
34  if __name__ == '__main__':
35      main()
```

15.4 最长上升子序列

1. 实验内容

一个序列的子序列是指从给定序列中随意地（不一定连续）去掉若干个字符（可能一个也不去掉）后所形成的序列。对于一个数字序列 a_i，若有 $a_1 < a_2 < \cdots < a_n$，则称这个序列是上升的。对于一个给定的序列 $(a_1,a_2,\cdots,a_n)$，可以得到其若干个上升子序列 $(a_{i1},a_{i2},\cdots,a_{ik})$，这里 $1 \leqslant i_1 \leqslant i_2 \leqslant \cdots \leqslant i_k \leqslant n$。例如，对于序列（1,6,3,5,9,4,8），（1,3,5,8）、（3,4,8）、（1,6）等都是它的上升子序列，但最长的上升子序列是（1,3,5,8），其长度是 4。

请编写一个程序，计算最长上升子序列的长度。

【解题思路提示】 动态规划求解问题的第一步就是分解子问题，为了便于用动态规划求解，将“求以 a_i（i=1,2,⋯,N）为结尾的最长上升子序列的长度”作为子问题，这个子问题仅和序列中数字的位置相关。动态规划求解问题的第二步是找状态，序列中数字的位置 i 就是状态，状态 i 对应的“值”就是以 a_i 为结尾的最长上升子序列的长度。这个问题的状态总计有 N 个。动态规划求解问题的第二步是建立状态转移方程。假设 $d(i)$ 表示以 a_i 为结尾的最长上升子序列的长度，那么在 a_i 左边值小于 a_i 且长度最大的那个上升子序列加上 a_i 就可以形成一个更长的上升子序列，这个更长的上升子序列的长度等于 a_i 左边值小于 a_i 且长度最大的那个上升子序列加上 1，即：

$$d(1) = 1$$

$$d(i) = d(j) + 1 \ (1 < j < i \text{ 且 } a_j < a_i \text{ 且 } i \neq 1)$$

根据这一递推关系，就可以由 $d(1)$ 推出 d(2), $d(3),\cdots,d(N)$，取其最大值即为所求。

以求 2 7 1 5 6 4 3 8 9 的最长上升子序列为例。定义 $d(i)$ $(i \in [1,n])$ 表示前 i 个数以 a_i 结尾的最长上升子序列的长度。

对前 1 个数，$d(1)$=1，子序列为 2。

对前 2 个数，7 前面有 2 小于 7，$d(2)=d(1)+1=2$，子序列为 2 7。

对前 3 个数，1 前面没有比 1 更小的，由 1 自身组成长度为 1 的子序列 $d(3)$=1，子序列为 1。

对前 4 个数，5 前面有 2 小于 5，$d(4)=d(1)+1=2$，子序列为 2 5。

对前 5 个数，6 前面有 2 5 小于 6，$d(5)=d(4)+1=3$，子序列为 2 5 6。

对前 6 个数，4 前面有 2 小于 4，$d(6)=d(1)+1=2$，子序列为 2 4。

对前 7 个数，3 前面有 2 小于 3，$d(3)=d(1)+1=2$，子序列为 2 3。

对前 8 个数，8 前面有 2 5 6 小于 8，$d(8)=d(5)+1=4$，子序列为 2 5 6 8。

对前 9 个数，9 前面有 2 5 6 8 小于 9，$d(9)=d(8)+1=5$，子序列为 2 5 6 8 9。

max{$d(1),d(2),\cdots,d(9)$} 即 $d(9)$=5 为这 9 个数的最长升序子序列的长度。

2. 实验要求

先输入序列的长度，然后输入这个数字序列，最后输出其最长上升子序列的长度。

测试编号	程序运行结果示例
1	Input n:6↙ Input the sequence: 1 6 3 5 9 4↙ max=4
2	Input n:8↙ Input the sequence: 1 6 3 5 9 4 2 10↙ max=5

3. 实验参考程序

```
1    # 最长上升子序列
2    N = 80
3    def max_len(a, n):
4        d = [1 for i in range(N)]
5        m = 0
6        for i in range(1, n):
7            for j in range(i):
8                if a[i] > a[j]:
9                    d[i] = max(d[j] + 1, d[i])
10           m = max(m, d[i])
11       return m
12
13   def main():
14       n = eval(input("Input n:"))
15       a = list(map(eval, input("Input the sequence:").split(' ')))
16       print(f"max={max_len(a, n)}")
17
18
19   if __name__ == '__main__':
20       main()
```

【思考题】

1）请修改此程序，使其能够输出最长上升子序列。

2）这个算法的时间复杂度为 $O(n^2)$，并不是最优的算法。能否将算法的时间复杂度优化为 $O(n\log n)$ 呢？

第三部分

综合案例

第16章 综合应用

实验目的

- 掌握程序设计的常用算法和数据结构，能够综合运用基本控制语句、面向对象程序设计方法，以及与求解问题相适应的算法和数据结构，设计具有一定规模的 Python 程序。
- 针对计算相关的复杂工程问题，能够使用恰当的算法和数据结构，完成计算、统计、排序、检索、匹配相关的程序设计与实现。
- 掌握使用 turtle、matplotlib、numpy 绘制图形的方法。

16.1 餐饮服务质量调查

1. 实验内容

学校邀请 n 个学生给校园餐厅的饮食和服务质量进行评分，分数划分为 10 个等级（1 表示最低分，10 表示最高分），请编写一个程序，统计餐饮服务质量调查结果并输出统计结果的直方图，同时计算评分的平均数（mean）、中位数（median）和众数（mode）。

2. 实验要求

先输入学生人数 n（假设 n 最多不超过 40），然后输出评分的统计结果。计算众数时可以不考虑两个或两个以上的评分出现次数相同的情况。要求按如下三种形式输入统计结果的直方图。

实验任务	测试编号	程序运行结果示例
1	1	Input n:40↙ 10 9 10 8 7 6 5 10 9 8↙ 8 9 7 6 10 9 8 8 7 7↙ 6 6 8 8 9 9 10 8 7 7↙ 9 8 7 9 7 6 5 9 8 7↙ Feedback Count Histogram 1 0 2 0 3 0 4 0 5 2 ** 6 5 ***** 7 9 ********* 8 10 ********** 9 9 ********* 10 5 ***** Mean value = 7.7 Median value = 8 Mode value = 8

（续）

实验任务	测试编号	程序运行结果示例
2	1	Input n:40↙ 10 9 10 8 7 6 5 10 9 8↙ 8 9 7 6 10 9 8 8 7 7↙ 6 6 8 8 9 9 10 8 7 7↙ 9 8 7 9 7 6 5 9 8 7↙ 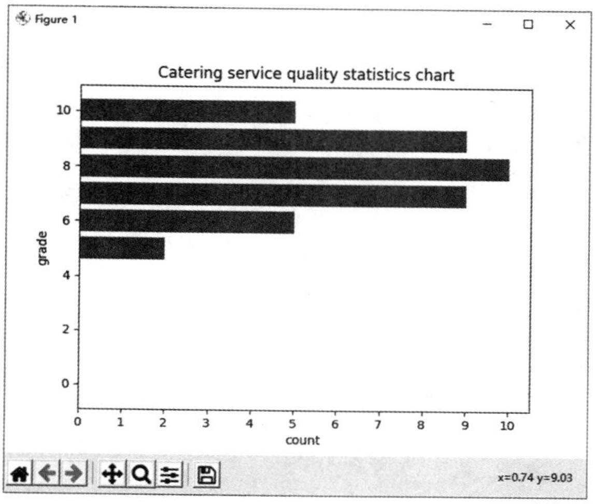 Mean value = 7.7 Median value = 8 Mode value = 8
3	1	Input n:40↙ 10 9 10 8 7 6 5 10 9 8↙ 8 9 7 6 10 9 8 8 7 7↙ 6 6 8 8 9 9 10 8 7 7↙ 9 8 7 9 7 6 5 9 8 7↙ 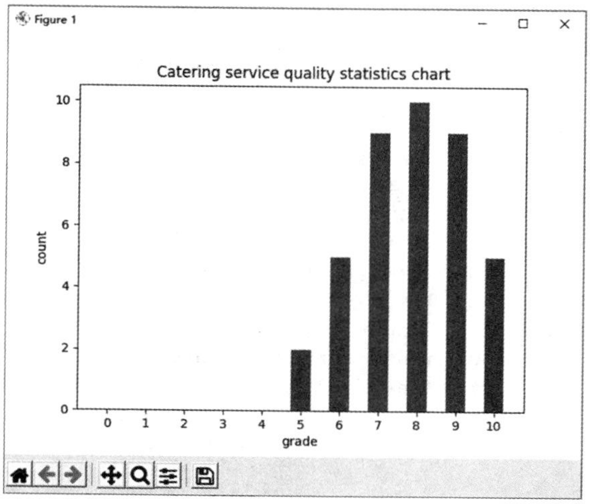 Mean value = 7.7 Median value = 8 Mode value = 8

【解题思路提示】平均数和中位数在 numpy 中有直接计算的函数，分别是 np.mean 和 np.median 这两个函数，但众数没有直接计算的函数。众数就是 *n* 个评分中出现次数最多的那个数。计算众数时，首先要统计不同评分出现的次数，可以借助 count = np.bincount() 来计算，然后找出出现次数最多的那个评分，借助 np.argmax(count) 来计算，这个计算出来的评分就是众数。

3. 实验参考程序

任务 1 的参考程序：

```
1   # 餐饮服务质量调查
2   import numpy as np
3   N = 11
4   M = 40
5   def count_number(answer, count, n):
6       for i in range(n):
7           count[answer[i]] += 1
8
9   def mode(answer, count):
10      count = np.bincount(answer)
11      mode_value = np.argmax(count)
12      return mode_value
13
14  def Output_histogram(feed_back, count, n):
15      i = 0
16      while i < n:
17          temp_list = list(map(eval, input().split()))
18          for number in temp_list:
19              if number < 1 or number > 10:
20                  print("Input error!")
21              else:
22                  feed_back[i] = number
23                  i += 1
24      count_number(feed_back, count, n)
25      print("Feedback\tCount\tHistogram")
26      for grade in range(1, N):
27          print(f"{grade:8}\t{count[grade]:5}\t", end='')
28          print(f"{'*' * count[grade]}")
29
30  def main():
31      count = np.zeros(N+1, dtype=int)
32      feed_back = np.zeros(M+1, dtype=int)
33      input_right = False
34      while not input_right:
35          n = eval(input("Input n:"))
36          if 0 < n <= 40:
37              input_right = True
38      Output_histogram(feed_back, count, n)
39      print(f"Mean value = {np.mean(feed_back):.1f}")
40      print(f"Median value = {np.median(feed_back):.0f}")
41      print(f"Mode value = {mode(feed_back, count)}")
42
43  if __name__ == '__main__':
44      main()
```

任务2的参考程序：

```
1   # 餐饮服务质量调查
2   import numpy as np
3   import matplotlib.pyplot as plt
4   from matplotlib.pyplot import MultipleLocator
5   N = 11
6   M = 40
7   def count_number(answer, count, n):
8       for i in range(n):
9           count[answer[i]] += 1
10
11  def mode(answer, count):
12      count = np.bincount(answer)
13      mode_value = np.argmax(count)
14      return mode_value
15
16  def Output_histogram(feed_back, count, n):
17      i = 0
18      while i < n:
19          temp_list = list(map(eval, input().split()))
20          for number in temp_list:
21              if number < 1 or number > 10:
22                  print("Input error!")
23              else:
24                  feed_back[i] = number
25                  i += 1
26      count_number(feed_back, count, n)
27      grade = np.arange(0, N)
28      x_major_locator = MultipleLocator(1)
29      ax = plt.gca()
30      ax.xaxis.set_major_locator(x_major_locator)
31      plt.barh(grade, count)
32      plt.ylabel('grade')
33      plt.xlabel('count')
34      plt.title('Catering service quality statistics chart')
35      plt.show()
36
37  def main():
38      count = np.zeros(N, dtype=int)
39      feed_back = np.zeros(M+1, dtype=int)
40      input_right = False
41      while not input_right:
42          n = eval(input("Input n:"))
43          if 0 < n <= 40:
44              input_right = True
45      Output_histogram(feed_back, count, n)
46      print(f"Mean value = {np.mean(feed_back):.1f}")
47      print(f"Median value = {np.median(feed_back):.0f}")
48      print(f"Mode value = {mode(feed_back, count)}")
49
50  if __name__ == '__main__':
51      main()
```

任务3的参考程序：

```
1   # 餐饮服务质量调查
2   import numpy as np
3   import matplotlib.pyplot as plt
```

```
4   from matplotlib.pyplot import MultipleLocator
5   N = 11
6   M = 40
7   def count_number(answer, count, n):
8       for i in range(n):
9           count[answer[i]] += 1
10
11  def mode(answer, count):
12      count = np.bincount(answer)
13      mode_value = np.argmax(count)
14      return mode_value
15
16  def Output_histogram(feed_back, count, n):
17      i = 0
18      while i < n:
19          temp_list = list(map(eval, input().split()))
20          for number in temp_list:
21              if number < 1 or number > 10:
22                  print("Input error!")
23              else:
24                  feed_back[i] = number
25                  i += 1
26      count_number(feed_back, count, n)
27      grade = np.arange(0, N)
28      x_major_locator = MultipleLocator(1)
29      ax = plt.gca()
30      ax.xaxis.set_major_locator(x_major_locator)
31      plt.bar(grade, count, width=0.5)
32      plt.xlabel('grade')
33      plt.ylabel('count')
34      plt.title('Catering service quality statistics chart')
35      plt.show()
36
37  def main():
38      count = np.zeros(N, dtype=int)
39      feed_back = np.zeros(M+1, dtype=int)
40      input_right = False
41      while not input_right:
42          n = eval(input("Input n:"))
43          if 0 < n <= 40:
44              input_right = True
45      Output_histogram(feed_back, count, n)
46      print(f"Mean value = {np.mean(feed_back):.1f}")
47      print(f"Median value = {np.median(feed_back):.0f}")
48      print(f"Mode value = {mode(feed_back, count)}")
49
50  if __name__ == '__main__':
51      main()
```

16.2 小学生算术运算训练系统

1. 实验内容

请编写一个小学生算术运算训练系统，用于帮助小学生练习算术运算。

2. 实验要求

先设计并显示一个菜单，系统随机生成一个两位正整数的算术运算题，由用户输入菜单选项决定做哪种算术运算，并输入答案。

测试编号	程序运行结果示例
1	小学生算术运算训练系统 1. 两位数加法 2. 两位数减法 3. 两位数乘法 4. 两位数除法 5. 两位数取模 6. 设置题量大小 7. 设置答题机会 0. 退出程序 请选择:6↙ 请设置题量大小:5↙ 小学生算术运算训练系统 1. 两位数加法 2. 两位数减法 3. 两位数乘法 4. 两位数除法 5. 两位数取模 6. 设置题量大小 7. 设置答题机会 0. 退出程序 请选择:7↙ 请设置答题机会(次数):2↙ 小学生算术运算训练系统 1. 两位数加法 2. 两位数减法 3. 两位数乘法 4. 两位数除法 5. 两位数取模 6. 设置题量大小 7. 设置答题机会 0. 退出程序 请选择:1↙ 9 + 49 = 58↙ 恭喜你答对了! 总分 = 10, 错题数 = 0 小学生算术运算训练系统 1. 两位数加法 2. 两位数减法 3. 两位数乘法 4. 两位数除法 5. 两位数取模 6. 设置题量大小 7. 设置答题机会 0. 退出程序 请选择:2 29 - 4 = 25↙ 恭喜你答对了!

（续）

测试编号	程序运行结果示例
1	总分 = 20, 错题数 = 0 小学生算术运算训练系统 1. 两位数加法 2. 两位数减法 3. 两位数乘法 4. 两位数除法 5. 两位数取模 6. 设置题量大小 7. 设置答题机会 0. 退出程序 请选择 :3 61 * 16 = 100↙ 抱歉你答错了，加油！ 61 * 16 = 66↙ 抱歉你答错了，加油！ 答案是 976 总分 = 20, 错题数 = 1 小学生算术运算训练系统 1. 两位数加法 2. 两位数减法 3. 两位数乘法 4. 两位数除法 5. 两位数取模 6. 设置题量大小 7. 设置答题机会 0. 退出程序 请选择 :4 7 / 22 = 0↙ 恭喜你答对了！ 总分 = 30, 错题数 = 1 小学生算术运算训练系统 1. 两位数加法 2. 两位数减法 3. 两位数乘法 4. 两位数除法 5. 两位数取模 6. 设置题量大小 7. 设置答题机会 0. 退出程序 请选择 :5 49 % 11 = 8↙ 抱歉你答错了，加油！ 49 % 11 = 5↙ 恭喜你答对了！ 总分 = 40, 错题数 = 1

3. 实验参考程序

```
1    # 小学生算术运算训练系统
```

```
2   import random as r
3   def add(chance):
4       count = 0
5       r.seed()
6       a = r.randint(1, 99)
7       b = r.randint(1, 99)
8       result = a + b
9       while True:
10          print(f"{a} + {b} = ", end='')
11          answer = eval(input())
12          if answer == result:
13              print("恭喜你答对了！")
14              flag = True
15          else:
16              print("抱歉你答错了，加油！")
17              count += 1
18              flag = False
19          if count >= chance or result == answer:
20              break
21      if count == chance:
22          print(f"答案是{result}")
23      return flag
24
25  def sub(chance):
26      count = 0
27      r.seed()
28      a = r.randint(1, 99)
29      b = r.randint(1, 99)
30      result = a - b
31      while True:
32          print(f"{a} - {b} = ", end='')
33          answer = eval(input())
34          if answer == result:
35              print("恭喜你答对了！")
36              flag = True
37          else:
38              print("抱歉你答错了，加油！")
39              count += 1
40              flag = False
41          if count >= chance or result == answer:
42              break
43      if count == chance:
44          print(f"答案是{result}")
45      return flag
46
47  def multiply(chance):
48      count = 0
49      r.seed()
50      a = r.randint(1, 99)
51      b = r.randint(1, 99)
52      result = a * b
53      while True:
54          print(f"{a} * {b} = ", end='')
55          answer = eval(input())
56          if answer == result:
57              print("恭喜你答对了！")
58              flag = True
59          else:
```

```
60                  print("抱歉你答错了，加油！")
61                  count += 1
62                  flag = False
63              if count >= chance or result == answer:
64                  break
65          if count == chance:
66              print(f"答案是{result}")
67          return flag
68
69      def divide(chance):
70          count = 0
71          r.seed()
72          a = r.randint(1, 99)
73          b = r.randint(1, 99)
74          result = a // b
75          while True:
76              print(f"{a} / {b} = ", end='')
77              answer = eval(input())
78              if answer == result:
79                  print("恭喜你答对了！")
80                  flag = True
81              else:
82                  print("抱歉你答错了，加油！")
83                  count += 1
84                  flag = False
85              if count >= chance or result == answer:
86                  break
87          if count == chance:
88              print(f"答案是{result}")
89          return flag
90
91      def mode(chance):
92          count = 0
93          r.seed()
94          a = r.randint(1, 99)
95          b = r.randint(1, 99)
96          result = a % b
97          while True:
98              print(f"{a} %% {b} = ", end='')
99              answer = eval(input())
100             if answer == result:
101                 print("恭喜你答对了！")
102                 flag = True
103             else:
104                 print("抱歉你答错了，加油！")
105                 count += 1
106                 flag = False
107             if count >= chance or result == answer:
108                 break
109         if count == chance:
110             print(f"答案是{result}")
111         return flag
112
113     def menu():
114         print("小学生算术运算训练系统")
115         print("1. 两位数加法")
116         print("2. 两位数减法")
117         print("3. 两位数乘法")
```

```
118         print("4. 两位数除法 ")
119         print("5. 两位数取模 ")
120         print("6. 设置题量大小 ")
121         print("7. 设置答题机会 ")
122         print("0. 退出程序 ")
123         selected = eval(input(" 请选择 :"))
124         return selected
125
126 def set_amount():
127         number = eval(input(" 请设置题量大小 :"))
128         return number
129
130 def set_chance():
131         chance = eval(input(" 请设置答题机会 ( 次数 ):"))
132         return chance
133
134 def print_result(answer, score, error):
135         if answer == 1:
136             score += 10
137         else:
138             error += 1
139         print(f" 总分 = {score}, 错题数 = {error}")
140         return score, error
141
142 def main():
143         chance, amount = 1, 1
144         score, error = 0, 0
145         i = 0
146         while i < amount:
147             menu_number = menu()
148             if menu_number == 1:
149                 answer = add(chance)
150                 i += 1
151                 score, error = print_result(answer, score, error)
152             elif menu_number == 2:
153                 answer = sub(chance)
154                 i += 1
155                 score, error = print_result(answer, score, error)
156             elif menu_number == 3:
157                 answer = multiply(chance)
158                 i += 1
159                 score, error = print_result(answer, score, error)
160             elif menu_number == 4:
161                 answer = divide(chance)
162                 i += 1
163                 score, error = print_result(answer, score, error)
164             elif menu_number == 5:
165                 answer = mode(chance)
166                 i += 1
167                 score, error = print_result(answer, score, error)
168             elif menu_number == 6:
169                 amount = set_amount()
170             elif menu_number == 7:
171                 chance = set_chance()
172             elif menu_number == 0:
173                 print(" 训练结束 !")
174                 exit(0)
175             else:
```

```
176             print(" 输入错误 ")
177
178 if __name__ == '__main__':
179     main()
```

【思考题】设计一个供多人练习的小学生运算系统，并计算每个学生的计算准确率，对每个学生的计算准确率进行排序，最后将全部统计信息保存到一个文件中。

16.3 青年歌手大奖赛现场分数统计

1. 实验内容

已知某大奖赛有 n 个选手参赛，m（$m>2$）个评委为参赛选手评分（最高 10 分，最低 0 分）。分数统计规则为：在每个选手的 m 个得分中，去掉一个最高分和一个最低分后，取平均分作为该选手的最后得分。请用数组编写一个程序实现下面的任务：

1）根据 n 个选手的最后得分，从高到低输出选手的得分名次表，以确定获奖名单；

2）根据各选手的最后得分与各评委给该选手所评分数的差距，对每个评委评分的准确性和评分水准给出一个定量的评价，从高到低输出各评委得分的名次表。

【解题思路提示】解决本问题的关键在于计算选手的最后得分和评委的得分。首先计算选手的最后得分。外层循环控制参赛选手的编号 i 从 1 变化到 n，当第 i 个选手上场时，输入该选手的编号。内层循环控制给选手评分的评委的编号 j 从 1 变化到 m，依次输入第 j 个评委给第 i 个选手的评分，并将其累加到第 i 个选手的总分中，同时求出评委给第 i 个选手评分的最高分 max 和最低分 min。当第 i 个选手的 m 个得分全部输入并累加完毕后，去掉一个最高分 max，去掉一个最低分 min，然后取其平均分作为第 i 个选手的最后得分。当 n 个参赛选手的最后得分全部计算完毕后，再将其从高到低排序，打印参赛选手的名次表。

然后，计算评委的得分。各个评委给选手的评分与选手的最终得分之间存在误差是正常的。但如果某个评委给每个选手的评分与各选手的最后得分都相差太大，则说明该评委的评分有失水准。假设第 j 个评委给第 i 个选手的评分为 $f[i][j]$，第 i 个选手的最终得分为 $\mathrm{sf}[i]$，则可用下面的公式来对第 j 个评委的评分水平 $\mathrm{pf}[j]$ 进行定量评价：

$$\mathrm{pf}[j]=10-\sqrt{\frac{\sum_{i=1}^{n}(f[i][j]-\mathrm{sf}[i])^2}{n}}$$

显然，$\mathrm{pf}[j]$ 值越高，说明评委的评分水平越高，因此可依据 m 个评委的 $\mathrm{pf}[j]$ 值打印出评委评分水平高低的名次表。

2. 实验要求

先输入选手人数和评委人数，然后依次输入选手的编号和各评委给每个选手的评分，并输出选手的最终评分，最后输出各选手最终得分的排名和各评委评分水平的排名。

测试编号	程序运行结果示例
1	How many Athletes?5↙ How many judges?5↙ Scores of Athletes: Athlete 1 is playing. Please enter his ID:11↙

（续）

<table>
<tr><th>测试编号</th><th>程序运行结果示例</th></tr>
<tr><td>1</td><td>Judge 1 gives score:9.5↙
Judge 2 gives score:9.6↙
Judge 3 gives score:9.7↙
Judge 4 gives score:9.4↙
Judge 5 gives score:9.0↙
Delete a maximum score:9.7
Delete a minimum score:9.0
The final score of Athlete 11 is 9.500
Athlete 2 is playing.
Please enter his ID:12↙
Judge 1 gives score:9.0↙
Judge 2 gives score:9.2↙
Judge 3 gives score:9.1↙
Judge 4 gives score:9.3↙
Judge 5 gives score:8.9↙
Delete a maximum score:9.3
Delete a minimum score:8.9
The final score of Athlete 12 is 9.100
Athlete 3 is playing.
Please enter his ID:13↙
Judge 1 gives score:9.6↙
Judge 2 gives score:9.7↙
Judge 3 gives score:9.5↙
Judge 4 gives score:9.8↙
Judge 5 gives score:9.4↙
Delete a maximum score:9.8
Delete a minimum score:9.4
The final score of Athlete 13 is 9.600
Athlete 4 is playing.
Please enter his ID:14↙
Judge 1 gives score:8.9↙
Judge 2 gives score:8.8↙
Judge 3 gives score:8.7↙
Judge 4 gives score:9.0↙
Judge 5 gives score:8.6↙
Delete a maximum score:9.0
Delete a minimum score:8.6
The final score of Athlete 14 is 8.800
Athlete 5 is playing.
Please enter his ID:15↙
Judge 1 gives score:9.0↙
Judge 2 gives score:9.1↙
Judge 3 gives score:8.8↙
Judge 4 gives score:8.9↙
Judge 5 gives score:9.2↙
Delete a maximum score:9.2
Delete a minimum score:8.8
The final score of Athlete 11 is 9.000</td></tr>
</table>

（续）

测试编号	程序运行结果示例
1	Order of Athletes: order　final score　ID 1　9.600　13 2　9.500　11 3　9.100　12 4　9.000　15 5　8.800　14 Order of judges: order　final score　ID 1　9.937　1 2　9.911　2 3　9.859　3 4　9.833　4 5　9.714　5 Over!Thank you!

3. 实验参考程序

参考程序 1:

```
1    # 青年歌手大奖赛现场分数统计
2    import math
3    import operator
4    import numpy as np
5    N = 40
6    M = 20
7    class ATL:
8        def __init__(self):
9            self.sh = 0
10           self.sf = 0
11           self.f = np.zeros(M, dtype=float)
12
13   class JD:
14       def __init__(self):
15           self.ph = 0
16           self.sf = 0
17
18   def input_score(p, q, n, m):
19       print(f"Athlete {n+1} is playing.")
20       p[n].sh = eval(input("Please enter his ID:"))
21       for j in range(m):
22           q[j].ph = j + 1
23           p[n].f[j] = eval(input(f"Judge {q[j].ph} gives score:"))
24
25   def count_athlete_score(p, q, n, m):
26       for i in range(n):
27           input_score(p, q, i, m)
28           p[i].sf = p[i].f[0]
29           max_num = p[i].f[0]
30           min_num = p[i].f[0]
31           for j in range(1, m):
32               if p[i].f[j] > max_num:
33                   max_num = p[i].f[j]
34               elif p[i].f[j] < min_num:
```

```
35                  min_num = p[i].f[j]
36              p[i].sf += p[i].f[j]
37          print(f"Delete a max_numimum score:{max_num:.1f}")
38          print(f"Delete a min_numimum score:{min_num:.1f}")
39          p[i].sf = (p[i].sf - max_num - min_num) / (m - 2)
40          print(f"The final score of Athlete {p[i].sh} is {p[i].sf:.3f}")
41
42  def count_judge_score(p, q, n, m):
43      for j in range(m):
44          sum_score = 0
45          for i in range(n):
46              sum_score += (p[i].f[j] - p[i].sf) * (p[i].f[j] - p[i].sf)
47          if n > 0:
48              q[j].pf = 10 - math.sqrt(sum_score/n)
49          else:
50              print("n=0")
51              exit(0)
52
53  def athlete_sort(p):
54      sort_index = operator.attrgetter('sf')
55      p.sort(key=sort_index, reverse=True)
56      for i, one in enumerate(p):
57          print(f"{i+1:<5}\t{one.sf:<11.3f}\t{one.sh:<6}")
58
59  def judge_sort(q):
60      sort_index = operator.attrgetter('pf')
61      q.sort(key=sort_index, reverse=True)
62      for i, one in enumerate(q):
63          print(f"{i + 1:<5}\t{one.pf:<11.3f}\t{one.ph:<6}")
64
65  def main():
66      n = eval(input("How many Athletes?"))
67      m = eval(input("How many judges?"))
68      athlete = [ATL() for i in range(n)]
69      judge = [JD() for i in range(m)]
70      print("Scores of Athletes:")
71      count_athlete_score(athlete, judge, n, m)
72      count_judge_score(athlete, judge, n, m)
73      print("Order of Athletes:")
74      print("order\tfinal score\tID")
75      athlete_sort(athlete)
76      print("Order of judges:")
77      print("order\tfinal score\tID")
78      judge_sort(judge)
79      print("Over!Thank you!")
80
81  if __name__ == '__main__':
82      main()
```

参考程序2：

```
1   # 青年歌手大奖赛现场分数统计
2   import math
3   import operator
4   import numpy as np
5   N = 40
6   M = 20
7   class ATL:
```

```
8       def __init__(self, m):
9           self.sh = 0
10          self.sf = 0
11          self.f = np.zeros(m, dtype=float)
12  
13  class JD:
14      def __init__(self):
15          self.ph = 0
16          self.sf = 0
17  
18  def input_score(p, q, n, m):
19      print(f"Athlete {n+1} is playing.")
20      p[n].sh = eval(input("Please enter his ID:"))
21      for j in range(m):
22          q[j].ph = j + 1
23          p[n].f[j] = eval(input(f"Judge {q[j].ph} gives score:"))
24  
25  def count_athlete_score(p, q, n, m):
26      for i in range(n):
27          input_score(p, q, i, m)
28          max_num = np.max(p[i].f)
29          min_num = np.min(p[i].f)
30          print(f"Delete a max_numimum score:{max_num:.1f}")
31          print(f"Delete a min_numimum score:{min_num:.1f}")
32          p[i].sf = np.mean(p[i].f)
33          print(f"The final score of Athlete {p[i].sh} is {p[i].sf:.3f}")
34  
35  def count_judge_score(p, q, n, m):
36      for j in range(m):
37          sum_score = 0
38          for i in range(n):
39              sum_score += (p[i].f[j] - p[i].sf) * (p[i].f[j] - p[i].sf)
40          if n > 0:
41              q[j].pf = 10 - math.sqrt(sum_score/n)
42          else:
43              print("n=0")
44              exit(0)
45  
46  def athlete_sort(p):
47      sort_index = operator.attrgetter('sf')
48      p.sort(key=sort_index, reverse=True)
49      for i, one in enumerate(p):
50          print(f"{i+1:<5}\t{one.sf:<11.3f}\t{one.sh:<6}")
51  
52  def judge_sort(q):
53      sort_index = operator.attrgetter('pf')
54      q.sort(key=sort_index, reverse=True)
55      for i, one in enumerate(q):
56          print(f"{i + 1:<5}\t{one.pf:<11.3f}\t{one.ph:<6}")
57  
58  def main():
59      n = eval(input("How many Athletes?"))
60      m = eval(input("How many judges?"))
61      athlete = [ATL(m) for i in range(n)]
62      judge = [JD() for i in range(m)]
63      print("Scores of Athletes:")
64      count_athlete_score(athlete, judge, n, m)
65      count_judge_score(athlete, judge, n, m)
```

```
66        print("Order of Athletes:")
67        print("order\tfinal score\tID")
68        athlete_sort(athlete)
69        print("Order of judges:")
70        print("order\tfinal score\tID")
71        judge_sort(judge)
72        print("Over!Thank you!")
73
74    if __name__ == '__main__':
75        main()
```

16.4 随机点名系统

1. 实验内容

请设计一个随机点名系统，能够对两个系一起上课的大班学生进行随机点名。

2. 实验要求

先显示如下的菜单：

```
1. 进入 18 系随机点名系统
2. 进入 11 系随机点名系统
3. 查询所有已扣分同学
4. 出勤查询系统
0. 退出系统
```

若选择 1，则进入 18 系的随机点名系统；若选择 2，则进入 11 系的随机点名系统；若选择 3，则查询所有扣分的同学名单；若选择 4，则根据学号查询学生的出勤分（出勤分只有扣分，没有加分，因此满分为 0 分）；若选择 0，则退出系统。

在进入某系的随机点名系统后，系统从该系的学生名单文件中随机抽取一个学生，询问其是否出勤，如果出勤，则显示“恭喜 xx 同学本次出勤考察合格”，如果没有出勤，则显示“很遗憾您没来上课，将被扣除 1 分”，如果该同学是男生，还将被多扣 1 分。如果该同学的出勤扣分超过了 6 分，则显示“您 C 语言课未出勤次数已超最高限，无权参加期末考试”。系统可以连续进行多位同学的随机点名，不再继续点名时，可以进行出勤分析，输出本次点名的总人数、在总的点名人数中出勤的百分比，同时输出所有本次未出勤的学生名单。

测试编号	程序运行结果示例
1	略

3. 实验参考程序

```
1     # 随机点名系统
2     import random as r
3     SIZE = 200
4     N_4 = 128
5     M_4 = 192
6     MinMARK = -6
7     class Student:
8         def __init__(self):
9             self.name = ''             # 姓名
10            self.id = 0                # 学号
11            self.gender = ''           # 性别
12            self.major = ''            # 专业
13            self.class_num = 0         # 班号
```

```
14            self.home = ''                                      # 家庭所在地
15            self.num = 0                                        # 出勤分数
16
17    class SeekingSystem:
18        def __init__(self):
19            self.department = 0                                 # 系号
20            self.checking = 0                                   # 点名人数
21            self.attendance = 0                                 # 出勤人数
22            self.stu = [Student() for i in range(SIZE)]         # 读取的学生对象
23            self.no = [-1 for i in range(SIZE)]                 # 缺勤人数学号数组
24            self.all_num = [-1 for i in range(SIZE)]            # 所有被点到的人学号数组
25            self.student_number = 0                             # 系的学生总数
26
27        def data_preparation(self, department):
28            # 数据清理，进入不同点名系统时调用
29            self.department = department
30            self.checking = 0
31            self.attendance = 0
32            self.stu = [Student() for i in range(SIZE)]
33            self.no = [-1 for i in range(SIZE)]
34            self.all_num = [-1 for i in range(SIZE)]
35            self.student_number = self.read_from_file()
36
37        def main_system(self, department):
38            self.data_preparation(department)
39            print(f"Total number:{self.student_number}")
40            end_flag = False
41            while not end_flag:
42                r.seed()
43                if self.checking < self.student_number:
44                    while True:
45                        magic = r.randint(0, self.student_number)
46                        flag = self.check_magic(magic)
47                        if not flag:
48                            self.checking += 1
49                            break
50                    self.output(magic)
51                    print("此人出勤了吗? (Y(y)/N(n))")
52                    ch1 = self.check_char()
53                    self.all_num[self.checking] = magic
54                    if ch1 == 'y' or ch1 == 'Y':
55                        print(f"恭喜{self.stu[magic].name}同学本次出勤考察合格")
56                        self.attendance += 1
57                    else:
58                        if self.stu[magic].num < MinMARK:
59                            print("您C语言课未出勤次数已超最高限，无权参加期末考试")
60                        else:
61                            print("很遗憾您没来上课，将被扣除1分")
62                            if self.stu[magic].gender == 'M':
63                                print("由于您是男生，还将被多扣1分")
64                                self.stu[magic].num -= 1
65                            self.no[self.checking-self.attendance-1] = magic
66                            self.stu[magic].num -= 1
67                    print("是否还要继续点名?(Y(y)/N(n))")
68                    ch2 = self.check_char()
69                    if ch2 == 'n' or ch2 == 'N':
70                        end_flag = True
71                else:
```

```
72                  end_flag = True
73              if end_flag:
74                  self.write_to_file()
75                  if self.checking != self.attendance:
76                      print("是否需要出勤分析?(Y(y)/N(n))")
77                      ch3 = self.check_char()
78                      if ch3 == 'n' or ch3 == 'N':
79                          print("不需要出勤分析,程序结束")
80                          return
81                      else:
82                          self.analyse()
83                          return
84                  else:
85                      print("全部出勤! ")
86                      return
87
88      def menu_4(self):
89          while True:
90              print("1.进入18系随机点名系统")
91              print("2.进入11系随机点名系统")
92              print("3.查询所有已扣分同学")
93              print("4.出勤查询系统")
94              print("0.退出系统")
95              menu_number = eval(input())
96              if menu_number == 1:
97                  self.main_system(menu_number)
98              elif menu_number == 2:
99                  self.main_system(menu_number)
100             elif menu_number == 3:
101                 self.seeking_system()
102             elif menu_number == 4:
103                 self.seeking_id()
104             elif menu_number == 0:
105                 print("本次随机点名结束,再见!")
106                 break
107             else:
108                 print("请输入有效字符!")
109
110     def seeking_id(self):
111         pid = eval(input("请输入学号:"))
112         i = 1
113         while i <= 2:
114             self.department = i
115             self.student_number = self.read_from_file()
116             student_number = self.read_from_file()
117             for j in range(student_number):
118                 if self.stu[j].id == pid:
119                     print(f"您的姓名为:{self.stu[j].name}")
120                     print(f"您的出勤成绩为{self.stu[j].num}分(满分为0分)")
121                     return
122             i += 1
123         print("未找到您的学号")
124         return
125
126     def seeking_system(self):
127         i = 1
128         while i <= 2:
129             self.department = i
```

```
130             self.student_number = self.read_from_file()
131             for j in range(self.student_number):
132                 if self.stu[j].num != 0:
133                     self.output(j)
134             i += 1
135         print()
136         return
137 
138     def check_magic(self, a):
139         if a < 0 or a > self.student_number-1:
140             return True
141         for i in range(self.checking+1):
142             if a == self.all_num[i]:
143                 return True
144         return False
145 
146     def analyse(self):
147         print(f"总点名人数{self.checking}")
148         print(f"出勤人数{self.attendance}")
149         print(f"出勤人数百分比{self.attendance/self.checking:.2%}")
150         print("以下同学未出勤,请班长与同学联系")
151         for i in range(self.checking-self.attendance):
152             self.output(self.no[i])
153         print()
154 
155     def output(self, a):
156         print(f"姓名:{self.stu[a].name}\t学号:{self.stu[a].id}\t性别:{self.
                stu[a].gender}\t专"
157               f"业:{self.stu[a].major}\t\n班级:{self.stu[a].class_num}\t省份:
                    {self.stu[a].home}\t分"
158 
159               f"数{self.stu[a].num}(满分0分)\n")
160 
161     def check_char(self):
162         input_right = False
163         while not input_right:
164             ch = input()
165             if ch == 'Y' or ch == 'y' or ch == 'n' or ch == 'N':
166                 input_right = True
167             else:
168                 print("输入有误,请输入有效字符")
169         return ch
170 
171     def read_from_file(self):
172         try:
173             if self.department == 1:
174                 fp = open("Department18.txt", "r", encoding='utf-8')
175                 if fp is None:
176                     print("Fail to open Department18.txt!")
177                     exit(0)
178             else:
179                 fp = open("Department11.txt", "r", encoding='utf-8')
180                 if fp is None:
181                     print("Fail to open Department11.txt!")
182                     exit(0)
183         except FileNotFoundError:
184             print("Department file is not found!")
185             exit(0)
```

```
186            i = 0
187            s = fp.readlines()
188            for student in s:
189                stu_list = student.split()
190                self.stu[i].name = stu_list[0]
191                self.stu[i].id = int(stu_list[1])
192                self.stu[i].gender = stu_list[2]
193                self.stu[i].major = stu_list[3]
194                self.stu[i].class_num = int(stu_list[4])
195                self.stu[i].home = stu_list[5]
196                self.stu[i].num = int(stu_list[6])
197                i += 1
198            fp.close()
199            return i
200
201        def write_to_file(self):
202            try:
203                if self.department == 1:
204                    fp = open("Department18.txt", "w", encoding='utf-8')
205                    if fp is None:
206                        print("Fail to open Department18.txt!")
207                        exit(0)
208                else:
209                    fp = open("Department11.txt", "w", encoding='utf-8')
210                    if fp is None:
211                        print("Fail to open Department11.txt!")
212                        exit(0)
213            except FileNotFoundError:
214                print("Department file is not found!")
215                exit(0)
216            for i in range(self.student_number):
217                fp.write(self.stu[i].name + '\t')
218                fp.write(str(self.stu[i].id) + '\t')
219                fp.write(self.stu[i].gender + '\t')
220                fp.write(self.stu[i].major + '\t')
221                fp.write(str(self.stu[i].class_num) + '\t')
222                fp.write(self.stu[i].home + '\t')
223                fp.write(str(self.stu[i].num) + '\t')
224                fp.write("\n")
225            fp.close()
226
227 def main():
228     print("本随机点名系统的优势")
229     print("1.在Y(y)/N(n)输入界面上，有无限的字符容错率")
230     print("2.可以同一系统点18系与11系两个班级")
231     print("3.男生没来扣2分，女生没来扣1分")
233     print("4.扣分可以记录到文件的分数里")
233     print("5.点名结束时，可以统计本堂课的出勤率，若全部出勤直接跳过此项")
234     print("6.未出勤扣满6分将不再继续扣分")
235     print("7.教师可以在统计分数时，直接从系统里调出扣分人名单，且按班级排序")
236     print("8.学生可以直接查询自己的出勤得分")
237     system = SeekingSystem()
238     system.menu_4()
239     return
240
241 if __name__ == '__main__':
242     main()
```

16.5 基于 turtle 库的图形绘制

1. 实验内容

turtle 是 Python 标准库中提供的一个绘图函数库，可以创建一个机器龟对象（在屏幕上显示为一个小的光标）。机器龟从横轴为 x、纵轴为 y 的坐标系的原点位置（0，0）开始，在一组函数指令的控制下，在这个平面坐标系中移动，从而在移动的路径上绘制图形，称为龟图（turtle graphics）。

任务 1：请使用 Python 的龟图系统画一个用圆构成的彩色螺旋形图案，以 100 为半径，每转 10 度绘制一个圆形，交替使用红、绿、蓝三种颜色，总计绘制 36 个圆形。图形绘制结果如图 16-1 所示。

任务 2：请使用 Python 的龟图系统画一个中国太极图案，如图 16-2 所示。

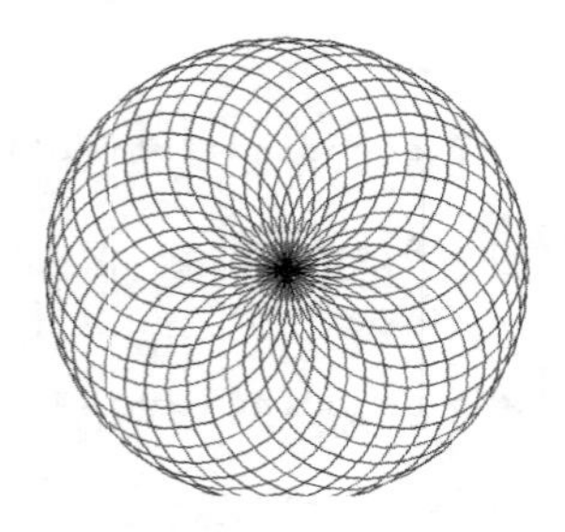

图 16-1 图形绘制结果

图 16-2 中国太极图案

任务 3：请使用 Python 的龟图系统绘制一个 Koch 分形曲线。3 阶的绘制结果如图 16-3 所示。

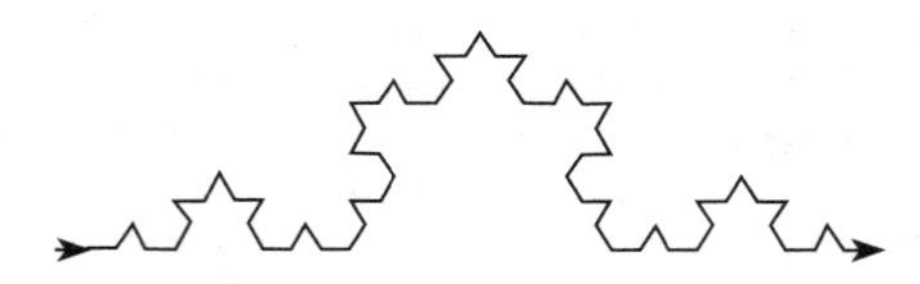

图 16-3 Koch 分形曲线

【解题思路提示】 n 阶 Koch 分形曲线的递归绘制算法的步骤如下：

1）当 $n=0$ 即满足终止条件时，绘制一条直线；

2）当 $n \geq 1$ 时，先在当前方向上绘制一条阶数为 $n-1$ 的 Koch 曲线；然后，向左旋转 60 度，绘制第二条阶数为 $n-1$ 的 Koch 曲线；再向右旋转 120 度，绘制第三条阶数为 $n-1$ 的 Koch 曲线；最后，再向左旋转 60 度，绘制第四条阶数为 $n-1$ 的 Koch 曲线。每次迭代，机器龟的前进步长即绘制直线段的长度，均为前一次的 1/3。

Koch 曲线的 5 次迭代构造方法示意图如图 16-4 所示。

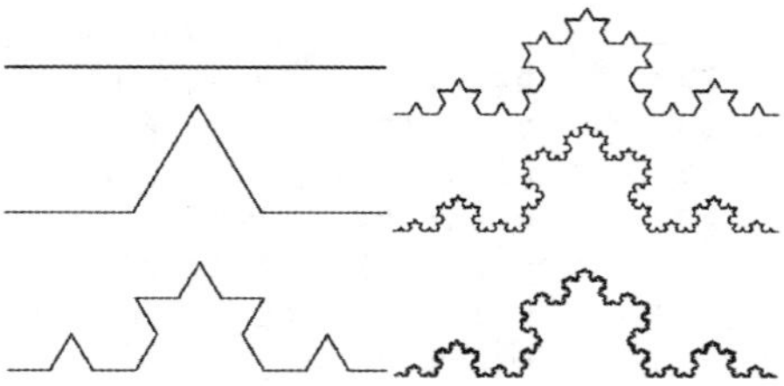

图 16-4 Koch 曲线的 5 次迭代构造方法示意图

2. 实验要求

要求掌握使用 Python 的龟图系统进行图形绘制的方法。

运行结果略。

3. 实验参考程序

任务1的参考程序：

```
1   # 用圆构成的彩色螺旋形图案
2   import turtle
3
4   NUM_CIRCLES = 36         # 要画的圆形数量
5   RADIUS = 100             # 每个圆形的半径
6   ANGLE = 10               # 转角
7   ANIMATION_SPEED = 0      # 机器龟的移动速度
8
9   def main():
10      # 设置机器龟的移动速度
11      turtle.speed(ANIMATION_SPEED)
12
13      # 画 36 个圆，每画一个圆后，海龟倾斜 10 度
14      colors = ["red", "green", 'blue']
15      for x in range(NUM_CIRCLES):
16          turtle.color(colors[x % 3])
17          turtle.circle(RADIUS)
18          turtle.left(ANGLE)
19      turtle.done()
20
21  if __name__ == '__main__':
22      main()
```

任务2的参考程序：

```
1   # 中国太极图案
2   import turtle
3   NUM_CIRCLES = 36         # 要画的圆形数量
4   RADIUS = 100             # 每个圆形的半径
5   ANGLE = 10               # 转角
6   ANIMATION_SPEED = 0      # 动画速度
7
8   def main():
9       turtle.speed(1)
10      turtle.pensize(4)
11
12      turtle.color('black', 'black')
13      turtle.begin_fill()
14      # 右中圆
15      turtle.circle(50, 180)
16      # 左大圆
17      turtle.circle(100, 180)
18      # 左中圆
19      turtle.left(180)
20      turtle.circle(-50, 180)
21      turtle.end_fill()
22
23      turtle.color('white', 'white')
24      turtle.begin_fill()
25      # 上小圆
26      turtle.left(90)
27      turtle.penup()
28      turtle.forward(35)
29      turtle.right(90)
30      turtle.pendown()
```

```
31        turtle.circle(15)
32        turtle.end_fill()
33
34        turtle.color('black', 'black')
35        turtle.begin_fill()
36        # 下小圆
37        turtle.left(90)
38        turtle.penup()
39        turtle.backward(70)
40        turtle.pendown()
41        turtle.left(90)
42        turtle.circle(15)
43        turtle.end_fill()
44
45        # 右大圆
46        turtle.right(90)
47        turtle.up()
48        turtle.backward(65)
49        turtle.right(90)
50        turtle.down()
51        turtle.circle(100, 180)
52
53        turtle.done()
54
55    if __name__ == '__main__':
56        main()
```

任务 3 的参考程序：

```
1     # 绘制 Koch 曲线
2     import turtle
3
4     ANIMATION_SPEED = 0                # 机器龟的移动速度
5     def koch(t, order, size):
6         turtle.speed(ANIMATION_SPEED) # 设置机器龟的移动速度
7         if order == 0:
8             t.forward(size)
9         else:
10            koch(t, order-1, size/3)
11            t.left(60.0)
12            koch(t, order-1, size/3)
13            t.right(120.0)
14            koch(t, order-1, size/3)
15            t.left(60.0)
16            koch(t, order-1, size/3)
17
18    def main():
19        n = int(input("Input order:"))
20        step = 300
21        t = turtle.Turtle()
22        koch(t, n, step)
23        turtle.done()
24
25    if __name__ == '__main__':
26        main()
```

第17章 游戏设计

实验目的

- 掌握 Python 语言的文件读写方法。
- 掌握利用 pygame 库进行 Python 游戏设计的基本方法。
- 能够综合运用基本控制语句、面向对象程序设计方法，以及与求解问题相适应的算法和数据结构，设计游戏类程序。

17.1 火柴游戏

1. 实验内容

请编写一个简单的 23 根火柴游戏程序，实现人跟计算机玩这个游戏。为了方便程序自动评测，假设计算机移动的火柴数不是随机的，而是将剩余的火柴根数对 3 取模后再加 1。计算机不可以不取，如果剩余的火柴数小于 3，则将剩余的火柴数减 1 作为计算机移走的火柴数，如果剩下的火柴数为 1，则计算机必须取走 1 根火柴。假设游戏规则如下：

1）两个游戏者刚开始都拥有 23 根火柴；

2）每个游戏者轮流移走 1 根、2 根或 3 根火柴；

3）谁取走最后一根火柴，谁为失败者。

2. 实验要求

程序的输入就是玩家取走的火柴数，根据最后输出的火柴数决定赢家是谁。如果计算机赢了，则输出“对不起！您输了！”，如果玩家赢了，则输出“恭喜您！您赢了！”。要求玩家取走的火柴数不能超过 4 根，如果超过 4 根，则提示“对不起！您输入了不合适的数目，请点击任意键重新输入！”，要求玩家重新输入。

测试编号	程序运行结果示例
1	这里是 23 根火柴游戏！！ 注意：最大移动火柴数目为三根 请输入您移动的火柴数目：4↙ 对不起！您输入了不合适的数目，请点击任意键重新输入！ 请输入您移动的火柴数目：2↙ 您移动的火柴数目为：2 您移动后剩下的火柴数目为：21 计算机移动的火柴数目为：1 计算机移动后剩下的火柴数目为：20 请输入您移动的火柴数目：2↙ 您移动的火柴数目为：2 您移动后剩下的火柴数目为：18 计算机移动的火柴数目为：1 计算机移动后剩下的火柴数目为：17 请输入您移动的火柴数目：2↙

（续）

测试编号	程序运行结果示例
1	您移动的火柴数目为：2 您移动后剩下的火柴数目为：15 计算机移动的火柴数目为：1 计算机移动后剩下的火柴数目为：14 请输入您移动的火柴数目：2↙ 您移动的火柴数目为：2 您移动后剩下的火柴数目为：12 计算机移动的火柴数目为：1 计算机移动后剩下的火柴数目为：11 请输入您移动的火柴数目：2↙ 您移动的火柴数目为：2 您移动后剩下的火柴数目为：9 计算机移动的火柴数目为：1 计算机移动后剩下的火柴数目为：8 请输入您移动的火柴数目：2↙ 您移动的火柴数目为：2 您移动后剩下的火柴数目为：6 计算机移动的火柴数目为：1 计算机移动后剩下的火柴数目为：5 请输入您移动的火柴数目：1↙ 您移动的火柴数目为：1 您移动后剩下的火柴数目为：4 计算机移动的火柴数目为：2 计算机移动后剩下的火柴数目为：2 请输入您移动的火柴数目：1↙ 您移动的火柴数目为：1 您移动后剩下的火柴数目为：1 计算机移动的火柴数目为：1 计算机移动后剩下的火柴数目为：0 恭喜您！您赢了！
2	这里是23根火柴游戏！！ 注意：最大移动火柴数目为三根 请输入您移动的火柴数目：3↙ 您移动的火柴数目为：3 您移动后剩下的火柴数目为：20 计算机移动的火柴数目为：3 计算机移动后剩下的火柴数目为：17 请输入您移动的火柴数目：3↙ 您移动的火柴数目为：3 您移动后剩下的火柴数目为：14 计算机移动的火柴数目为：3 计算机移动后剩下的火柴数目为：11 请输入您移动的火柴数目：3↙ 您移动的火柴数目为：3 您移动后剩下的火柴数目为：8 计算机移动的火柴数目为：3 计算机移动后剩下的火柴数目为：5 请输入您移动的火柴数目：2↙ 您移动的火柴数目为：2

（续）

测试编号	程序运行结果示例
2	您移动后剩下的火柴数目为：3 计算机移动的火柴数目为：1 计算机移动后剩下的火柴数目为：2 请输入您移动的火柴数目：2↙ 您移动的火柴数目为：2 您移动后剩下的火柴数目为：0 对不起！您输了！

3. 实验参考程序

```
1   # 火柴游戏
2   class Match:
3       def __init__(self):
4           self.you = 0
5           self.left = 0
6           self.machine = 0
7
8       def match_game(self):
9           flag_g = False
10          while not flag_g:
11              while True:
12                  self.you = eval(input("请输入您移动的火柴数目："))
13                  if self.you < 1 or self.you > 3 or self.you > self.left:
14                      print("对不起！您输入了不合适的数目，请点击任意键重新输入！")
15                  else:
16                      break
17              print(f"您移动的火柴数目为：{self.you}")
18              self.left -= self.you
19              print(f"您移动后剩下的火柴数目为：{self.left}")
20              if self.left != 0:
21                  self.machine = (self.left % 3) + 1
22                  if self.left <= self.machine:
23                      self.machine -= 1
24                  if self.left == self.machine and self.left != 1:
25                      self.machine -= 1
26                  print(f"计算机移动的火柴数目为：{self.machine}")
27                  self.left -= self.machine
28                  print(f"计算机移动后剩下的火柴数目为：{self.left}")
29                  if self.left == 0:
30                      flag_g = 2
31              else:
32                  flag_g = 1
33          return flag_g
34
35
36  def main():
37      game = Match()
38      game.left = 23
39      print("这里是23根火柴游戏！！")
40      print("注意：最大移动火柴数目为三根")
41      flag = game.match_game()
42      if flag == 1:
43          print("对不起！您输了！")
44      elif flag == 2:
45          print("恭喜您！您赢了！")
```

```
46
47  if __name__ == '__main__':
48      main()
```

17.2　文曲星猜数游戏

1. 实验内容

模拟文曲星上的猜数游戏。

【解题思路提示】首先要随机生成一个各位相异的 4 位数，方法是：将 0 ～ 9 这 10 个数字顺序放入数组 *a*（应足够大）中，然后将其排列顺序随机打乱 10 次，取前 4 个数组元素的值，即可得到一个各位相异的 4 位数。最后，用数组 *a* 存储计算机随机生成的 4 位数，用数组 *b* 存储用户猜的 4 位数，对 *a* 和 *b* 中相同位置的元素进行比较，可得 *A* 前面待显示的数字，对 *a* 和 *b* 不同位置的元素进行比较，可得 *B* 前面待显示的数字。

2. 实验要求

先由计算机随机生成一个各位相异的 4 位数字，由用户来猜，根据用户猜测的结果给出提示：*xAyB*。其中，*A* 前面的数字表示有几位不仅数字猜对了，而且位置正确；*B* 前面的数字表示有几位猜对了，但是位置不正确。最多允许用户猜的次数由用户从键盘输入。如果猜对且是第 5 次猜对的，则提示 "Congratulations, you got it at No.5"；如果在规定次数以内仍然猜不对，则给出提示 " Sorry, you haven't guess the right number! "。程序结束之前，在屏幕上显示这个正确的数字。

测试编号	程序运行结果示例
1	How many times do you want to guess? 7↙ No.1 of 7 times: Please input a number:1234↙ 2A0B No.2 of 7 times: Please input a number:2304↙ 0A3B No.3 of 7 times: Please input a number:0235↙ 3A0B No.4 of 7 times: Please input a number:0239↙ 3A0B No.5 of 7 times: Please input a number:0237↙ 4A0B Congratulations, you got it at No.5 Correct answer is:0237
2	How many times do you want to guess?7 No.1 of 7 times: Please input a number:1234 1A1B No.2 of 7 times: Please input a number:1564 2A0B

(续)

测试编号	程序运行结果示例
2	No.3 of 7 times: Please input a number:1784 1A0B No.4 of 7 times: Please input a number:2904 0A2B No.5 of 7 times: Please input a number:9042 0A2B No.6 of 7 times: Please input a number:0564 1A0B No.7 of 7 times: Please input a number:8704 0A0B Sorry, you haven't got it, see you next time! Correct answer is:1529

3. 实验参考程序

```
1   # 文曲星猜数游戏
2   import random as r
3   import numpy as np
4   def make_digit(a):
5       for j in range(10):
6           a[j] = j
7       for j in range(10):
8           k = r.randint(0, 9)
9           a[j], a[k] = a[k], a[j]
10
11  def input_guess():
12      try:
13          s = list(map(eval, input("Please input a number:")))
14          if s[0] == s[1] or s[0] == s[2] or s[0] == s[3] \
15                  or s[1] == s[2] or s[1] == s[3] or s[2] == s[3]:
16              print("The digits must be different from each other!")
17              return False, s
18          else:
19              return True, s
20      except NameError:
21          print("Input Data Type Error!")
22          return False, None
23
24  def is_right_position(magic, guess):
25      right_position = 0
26      for j in range(4):
27          if guess[j] == magic[j]:
28              right_position += 1
29      return right_position
30
31  def is_right_digit(magic, guess):
32      right_digit = 0
33      for j in range(4):
34          for k in range(4):
```

```
35              if guess[j] == magic[k]:
36                  right_digit += 1
37      return right_digit
38
39  def main():
40      a = np.zeros(10, dtype=int)
41      r.seed()
42      make_digit(a)
43      level = eval(input("How many times do you want to guess?"))
44      count = 0
45      while True:
46          print(f"No.{count + 1} of {level} times:")
47          flag, s = input_guess()
48          if flag:
49              count += 1
50              right_position = is_right_position(a, s)
51              right_digit = is_right_digit(a, s)
52              right_digit -= right_position
53              print(f"{right_position}A{right_digit}B")
54              if count >= level or right_position == 4:
55                  break
56      if right_position == 4:
57          print(f"Congratulations, you got it at No.{count}")
58      else:
59          print("Sorry, you haven't got it, see you next time!")
60      print(f"Correct answer is:{a[0]}{a[1]}{a[2]}{a[3]}")
61
62  if __name__ == '__main__':
63      main()
```

17.3　2048 数字游戏

1. 实验内容

2048 是一款风靡全球的益智类数字游戏。请编程实现一个 2048 数字游戏。

2. 实验要求

游戏设计要求：

1）游戏方格为 $N \times N$，游戏开始时方格中只有一个数字，如图 17-1 所示。

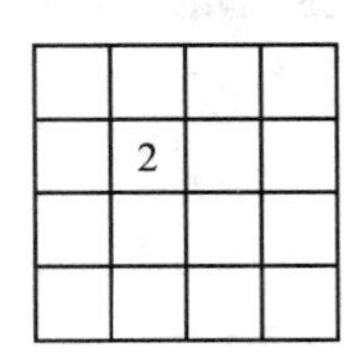

图 17-1　2048 数字游戏开始时的方格

2）玩家使用 A、D、W、S 键向左、向右、向上、向下移动方格中的数字，按 Q 键退出游戏。

3）在用户执行移动操作后，在方格中寻找可以相加的相邻且相同的数字，检测方格中相邻的数字是否可以相消而得到大小加倍后的数字。依靠相同的数字相消同时变为更大的数字来减少方格的数目，并且加大方格中的数字，从而实现游戏。例如，玩家移动一下，两个 2 相遇变为一个 4，两个 4 相遇变为一个 8，同理变为 16、32、64、128、256、512、1024、2048，依此类推。如图 17-2 和图 17-3 所示。

4	2	8	4
4	4		2
	4		4
			2

图 17-2 玩家移动前

8	2	8	
		8	2
2			8
			2

图 17-3 玩家移动后

4）玩家每次移动数字方格后都会新增一个方格 2 或者 4，增加 2 的概率大于增加 4 的概率。

5）若所有的方格都填满，还没有加到 2048，则游戏失败，如图 17-4 所示。

2	2	4	32
2	32	64	8
4	2	4	16
2	4	16	2

图 17-4 游戏失败示例

3. 实验参考程序

```
1   # 2048 数字游戏
2   import random as r
3   import pygame
4   from pygame.locals import *
5   import numpy as np
6   N = 4
7   pygame.init()
8   my_font = pygame.font.SysFont("arial", 16)
9   screen = pygame.display.set_mode((480, 700))
10  clock = pygame.time.Clock()
11
12  def create_number(a):
13      r.seed()
14      d = [2, 2, 4]
15      while True:
16          b = r.randint(0, N-1)
17          c = r.randint(0, N-1)
18          if a[b][c] != 0:
19              continue
20          else:
21              break
22      a[b][c] = d[r.randint(0, N-2)]
23
24  def print_number(a):
25      screen.fill((255,255,255)) # 用 (R,G,B) 元组填充背景色
26      for i in range(N+1):
27          pygame.draw.line(screen, (0, 0, 0), (0, i * 50), (200, i * 50), 1)
28          for j in range(N+1):
29              pygame.draw.line(screen, (0, 0, 0), (j * 50, 0), (j * 50, 200), 1)
30              if i < N and j < N and a[i][j] != 0:
31                  text_surface = my_font.render(str(a[i][j]), True, (0, 0, 0))
32                  screen.blit(text_surface, (j*50+25, i*50+25))
33
34  def judge(a):
35      return 0 if np.any(a == 0) else 1
```

```
36
37  def left(a):
38      move_left(a)
39      add_left(a)
40
41  def right(a):
42      move_right(a)
43      add_right(a)
44
45  def up(a):
46      move_up(a)
47      add_up(a)
48
49  def down(a):
50      move_down(a)
51      add_down(a)
52
53  def move_down(a):
54      for i in range(N):
55          b = N - 1
56          j = b
57          while b != 0:
58              while j >= 0 and a[j][i] != 0:
59                  j -= 1
60              if j < 0:
61                  break
62              k = j - 1
63              while k >= 0 and a[k][i] == 0:
64                  k -= 1
65              if k < 0:
66                  break
67              a[j][i] = a[k][i]
68              a[k][i] = 0
69              b = j - 1
70
71  def move_up(a):
72      for i in range(N):
73          b = 0
74          while b != N:
75              j = b
76              while j < N and a[j][i] != 0:
77                  j += 1
78              if j > N-1:
79                  break
80              k = j + 1
81              while k < N and a[k][i] == 0:
82                  k += 1
83              if k > N-1:
84                  break
85              a[j][i] = a[k][i]
86              a[k][i] = 0
87              b = j + 1
88
89  def move_left(a):
90      for i in range(N):
91          b = 0
92          while b != N:
93              j = b
94              while j < N and a[i][j] != 0:
```

```
95                  j += 1
96              if j > N-1:
97                  break
98              k = j + 1
99              while k < N and a[i][k] == 0:
100                 k += 1
101             if k > N-1:
102                 break
103             a[i][j] = a[i][k]
104             a[i][k] = 0
105             b = j + 1
106
107 def move_right(a):
108     for i in range(N):
109         b = N-1
110         while b != 0:
111             j = b
112             while j >= 0 and a[i][j] != 0:
113                 j -= 1
114             if j < 0:
115                 break
116             k = j - 1
117             while k >= 0 and a[i][k] == 0:
118                 k -= 1
119             if k < 0:
120                 break
121             a[i][j] = a[i][k]
122             a[i][k] = 0
123             b = j - 1
124
125 def add_down(a):
126     for i in range(N):
127         for j in range(N-1, -1, -1):
128             if a[j][i] == a[j-1][i]:
129                 a[j][i] *= 2
130                 a[j-1][i] = 0
131
132 def add_right(a):
133     for i in range(N):
134         for j in range(N-1, -1, -1):
135             if a[i][j] == a[i][j-1]:
136                 a[i][j] *= 2
137                 a[i][j-1] = 0
138
139 def add_up(a):
140     for i in range(N):
141         for j in range(N-1):
142             if a[j][i] == a[j+1][i]:
143                 a[j][i] *= 2
144                 a[j+1][i] = 0
145
146 def add_left(a):
147     for i in range(N):
148         for j in range(N-1):
149             if a[i][j] == a[i][j+1]:
150                 a[i][j] *= 2
151                 a[i][j+1] = 0
152
153
```

```
154 def main():
155     pygame.display.set_caption("Python 2048 小游戏 ")
156     a = np.zeros((N, N), dtype=int)
157     b = 0
158     while b == 0:
159         create_number(a)
160         print_number(a)
161         pygame.display.update()
162         while True:
163             clock.tick(10)
164             flag = False
165             for event in pygame.event.get():
166                 if event.type == QUIT:
167                     print(" 游戏退出 ...")
168                     pygame.quit()
169                     exit()
170                 elif event.type == KEYDOWN:
171                     if event.key == K_LEFT or event.key == K_a:
172                         left(a)
173                         flag = True
174                     elif event.key == K_RIGHT or event.key == K_d:
175                         down(a)
176                         flag = True
177                     elif event.key == K_UP or event.key == K_w:
178                         right(a)
179                         flag = True
180                     elif event.key == K_DOWN or event.key == K_s:
181                         up(a)
182                         flag = True
183                     elif event.key == K_q:
184                         print(" 游戏退出 ...")
185                         pygame.quit()
186                         exit()
187             if flag:
188                 b = judge(a)
189                 break
190
191 if __name__ == '__main__':
192     main()
```

【思考题】请设计一个计分方法，对 2048 数字游戏玩家的水平进行评分。

17.4　贪吃蛇游戏

1. 实验内容

请编写一个贪吃蛇游戏。

2. 实验要求

游戏设计要求：

1）游戏开始时，显示游戏窗口，同时在窗口中显示贪吃蛇（用黑色的长方形表示），如图 17-5 所示，游戏者按任意键开始游戏；

2）用户使用键盘方向键↑、↓、←、→来控制蛇在游戏窗口内向上、向下、向左、向右移动；

3）在没有按键操作情况下，蛇自己沿着当前方向移动；

4）在蛇所在的窗口内随机地显示贪吃蛇的食物，食物用红色的小方块表示；

5）实时更新蛇的长度和位置并显示；

6）当蛇头与食物在同一位置时，食物消失，蛇的长度增加，即每吃到一个食物，蛇身长出一节；

7）当蛇头到达窗口边界或蛇头即将进入身体的任意部分时，游戏结束。

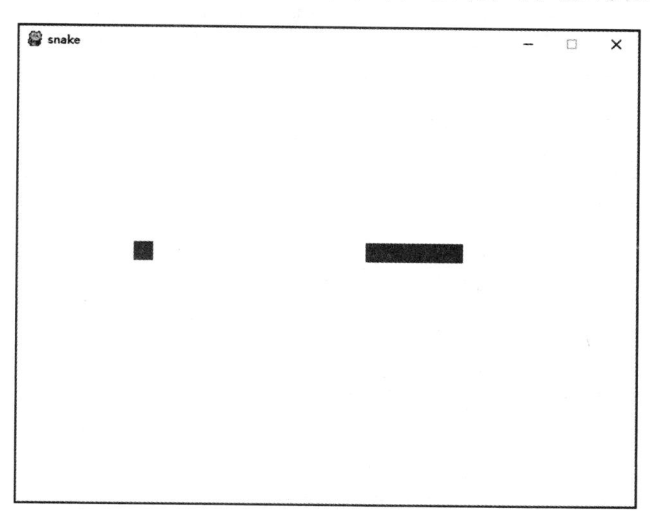

图 17-5　贪吃蛇游戏窗口

3. 实验参考程序

```
1   import pygame, sys, random, time
2   from pygame.locals import *   # 从 pygame 模块导入常用的函数和常量
3   # 定义颜色变量
4   black_colour = pygame.Color(255, 255, 255)
5   white_colour = pygame.Color(0, 0, 0)
6   red_colour = pygame.Color(255, 0, 0)
7   grey_colour = pygame.Color(150, 150, 150)
8
9   # 定义游戏结束函数
10  def GameOver(gamesurface):
11      # 设置提示字体的格式
12      GameOver_font = pygame.font.SysFont("MicrosoftYaHei", 16)
13      # 设置提示字体的颜色
14      GameOver_colour = GameOver_font.render('Game Over', True, grey_colour)
15      # 设置提示位置
16      GameOver_location = GameOver_colour.get_rect()
17      GameOver_location.midtop = (320, 10)
18      # 绑定以上设置到句柄
19      gamesurface.blit(GameOver_colour, GameOver_location)
20      # 提示运行信息
21      pygame.display.flip()
22      # 休眠 5 秒
23      time.sleep(5)
24      # 退出游戏
25      pygame.quit()
26      # 退出程序
27      sys.exit()
28
```

```
29  # 定义主函数
30  def main():
31      # 初始化 pygame，为使用硬件做准备
32      pygame.init()
33      pygame.time.Clock()
34      ftpsClock = pygame.time.Clock()
35      # 创建一个窗口
36      gamesurface = pygame.display.set_mode((640, 480))
37      # 设置窗口的标题
38      pygame.display.set_caption('snake')
39      # 初始化变量
40      # 初始化贪吃蛇的起始位置
41      snakeposition = [100, 100]
42      # 初始化贪吃蛇的长度
43      snakelength = [[100, 100], [80, 100], [60, 100]]
44      # 初始化目标方块的位置
45      square_purpose = [300, 300]
46      # 初始化一个数来判断目标方块是否存在
47      square_position = 1
48      # 初始化方向，用来使贪吃蛇移动
49      derection = "right"
50      change_derection = derection
51      # 进行游戏主循环
52      while True:
53          # 检测按键等 pygame 事件
54          for event in pygame.event.get():
55              if event.type == QUIT:
56                  # 接收到退出事件后，退出程序
57                  pygame.quit()
58                  sys.exit()
59              elif event.type == KEYDOWN:
60                  # 判断键盘事件，用 w,s,a,d 来表示上下左右
61                  if event.key == K_RIGHT or event.key == ord('d'):
62                      change_derection = "right"
63                  if event.key == K_LEFT or event.key == ord('a'):
64                      change_derection = "left"
65                  if event.key == K_UP or event.key == ord('w'):
66                      change_derection = "up"
67                  if event.key == K_DOWN or event.key == ord('s'):
68                      change_derection = "down"
69                  if event.key == K_ESCAPE:
70                      pygame.event.post(pygame.event.Event(QUIT))
71
72          # 判断移动的方向是否相反
73          if change_derection == 'left' and not derection == 'right':
74              derection = change_derection
75          if change_derection == 'right' and not derection == 'left':
76              derection = change_derection
77          if change_derection == 'up' and not derection == 'down':
78              derection = change_derection
79          if change_derection == 'down' and not derection == 'up':
80              derection = change_derection
81          # 根据方向，改变坐标
82          if derection == 'left':
83              snakeposition[0] -= 20
84          if derection == 'right':
85              snakeposition[0] += 20
86          if derection == 'up':
87              snakeposition[1] -= 20
```

```
88          if derection == 'down':
89              snakeposition[1] += 20
90          # 增加蛇的长度
91          snakelength.insert(0, list(snakeposition))
92          # 判断是否吃掉目标方块
93          if snakeposition[0] == square_purpose[0] \
94                  and snakeposition[1] == square_purpose[1]:
95              square_position = 0
96          else:
97              snakelength.pop()
98          # 重新生成目标方块
99          if square_position == 0:
100             # 随机生成x,y,扩大二十倍，在窗口范围内
101             x = random.randrange(1, 32)
102             y = random.randrange(1, 24)
103             square_purpose = [int(x * 20), int(y * 20)]
104             square_position = 1
105         # 绘制pygame显示层
106         gamesurface.fill(black_colour)
107         for position in snakelength:
108             pygame.draw.rect(gamesurface, white_colour,
109                              Rect(position[0], position[1], 20, 20))
110             pygame.draw.rect(gamesurface, red_colour,
111                              Rect(square_purpose[0], square_purpose[1], 20, 20))
112         # 刷新pygame显示层
113         pygame.display.flip()
114         # 判断是否死亡
115         if snakeposition[0] < 0 or snakeposition[0] > 620:
116             GameOver(gamesurface)
117         if snakeposition[1] < 0 or snakeposition[1] > 460:
118             GameOver(gamesurface)
119         for snakebody in snakelength[1:]:
120             if snakeposition[0] == snakebody[0] \
121                     and snakeposition[1] == snakebody[1]:
122                 GameOver(gamesurface)
123         # 控制游戏速度
124         ftpsClock.tick(5)
125
126 if __name__ == '__main__':
127     main()
```

【思考题】请修改程序，使得在每吃到一个食物时，不仅蛇身长出一节，而且游戏者得10分，同时显示分数累计结果。当贪吃蛇的头部撞击到游戏场景边框或者蛇的身体时游戏结束，并显示游戏者的最后得分。

17.5 飞机大战

1. 实验内容

请编程实现一个飞机大战游戏。

2. 实验要求

游戏设计要求：

1）在游戏窗口中显示我方飞机和多架敌机，敌机的位置随机产生；

2）用户使用A、D、W、S键（或左、右、上、下键）控制我方飞机向左、向右、向上、向下移动；

3）用户使用空格键发射激光子弹，如图 17-6 所示；

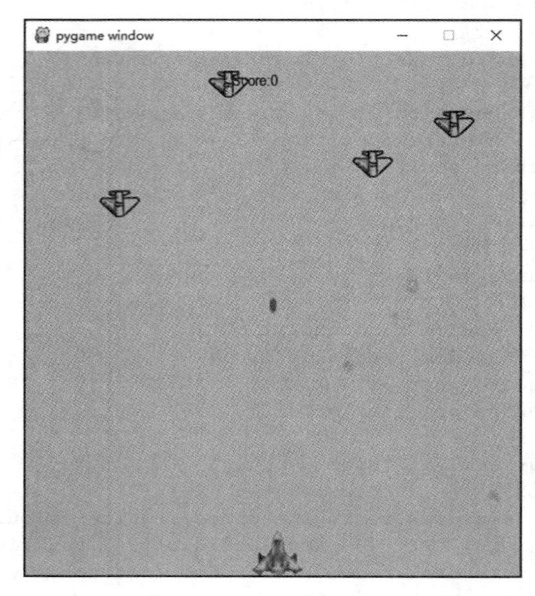

图 17-6　发射激光子弹

4）在没有用户按键操作情况下，敌机自行下落；

5）如果用户发射的激光子弹击中敌机，则敌机消失，同时随机产生新的敌机，每击中一架敌机就给游戏者加 1 分，如果敌机跑出游戏画面，则敌机消失，同时随机产生新的敌机，每跑出游戏画面一架敌机就给游戏者扣 1 分；

6）当游戏者的积分达到一定值后，敌机下落速度变快；

7）当游戏者的积分达到一定值后，我方飞机发射的子弹变厉害，单束激光子弹变成多束的闪弹，如图 17-7 所示；

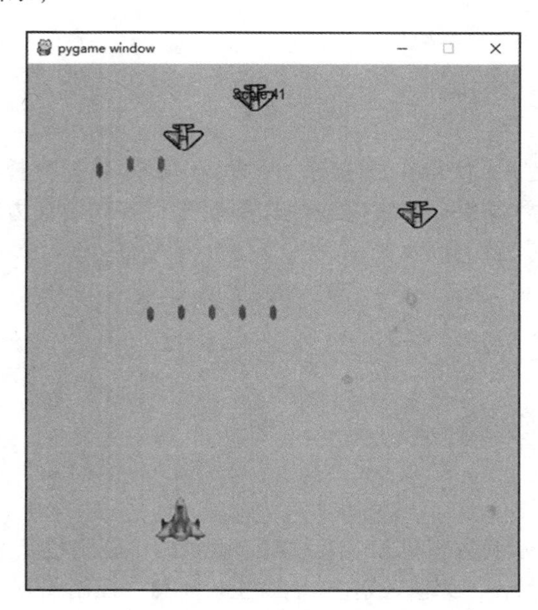

图 17-7　发射多束闪弹

8）如果我方飞机撞到敌机，则游戏结束。

3. 实验参考程序

```
1   import pygame
2   from pygame.locals import *
3   import random
4
5   class Hero:
6       def __init__(self):
7           self.x = 220
8           self.y = 480
9           self.width = 50
10          self.height = 48
11          self.is_alive = True
12          # 导入战机图片
13          self.hero = pygame.image.load('E:/python/sources/hero.png')
14          # 创建一个战机大小的矩形对象
15          self.hero_rect = pygame.Rect(self.x, self.y, self.width, self.height)
16
17      def paint(self, screen):
18          if self.is_alive:
19              screen.blit(self.hero, self.hero_rect)  # 将战机绘制到屏幕
20
21  class Enemy:
22      def __init__(self):
23          self.x = random.randint(0, 430)
24          self.y = 0
25          self.width = 40
26          self.height = 27
27          self.speed = 2
28          self.is_alive = True
29          # 导入敌机图片
30          self.enemy_img = pygame.image.load('E:/python/sources/enemy.png')
31          # 创建一个敌机大小的矩形对象
32          self.enemy_rect = pygame.Rect(self.x, self.y, self.width, self.height)
33
34      def paint(self, screen):
35          if self.is_alive:
36              screen.blit(self.enemy_img, self.enemy_rect)  # 将敌机绘制到屏幕
37              self.enemy_rect.top += self.speed
38
39  class Bullet:
40      def __init__(self):
41          self.x = 0
42          self.y = 0
43          self.width = 41
44          self.height = 27
45          self.speed = 2
46          # 导入子弹图片
47          self.bullet_img = \
48              pygame.image.load('E:/python/sources/bullet.png')
49          self.bullet_rect = pygame.Rect(self.x, self.y, self.width, self.height)
50
51      def __init__(self, hero, i):
52          self.x = hero.hero_rect.left + hero.width / 2 - hero.width / 2 + i * 30
53          self.y = hero.hero_rect.top - 30
54          self.width = 41
55          self.height = 27
```

```
56          self.speed = 2
57          self.bullet_img = \
58              pygame.image.load('E:/python/sources/bullet.png') # 子弹图片
59          self.bullet_rect = pygame.Rect(self.x, self.y, self.width, self.height)
60
61      def paint(self, screen):
62          screen.blit(self.bullet_img, self.bullet_rect)      # 将子弹绘制到屏幕
63          self.y -= self.speed
64          self.bullet_rect.bottom -= self.speed
65
66  class GameFrame:
67      def __init__(self):
68          self.frame_width = 480
69          self.frame_height = 526
70          self.hero = Hero()
71          self.enemies = [Enemy() for i in range(0)]
72          self.bullets = [Bullet() for i in range(0)]
73          self.enemy_num = 5
74          self.screen = pygame.display.set_mode((480, 526))
75          self.clock = pygame.time.Clock()
76          # 导入背景图片
77          self.background_img = \
78              pygame.image.load('E:/python/sources/background.png')
79          # 创建一个背景图片大小的矩形对象
80          self.background_img_rect = pygame.Rect(0, 0,
81                                                  self.frame_width,
82  self.frame_height)
83          self.score = 0
84          self.bullet_num = 1  # 起初默认子弹数量为 1
85          self.my_font = pygame.font.SysFont("arial", 16)
86
87      def get_batch_bullets(self):
88          i = 0
89          while i < self.bullet_num:
90              self.bullets.append(Bullet(self.hero, i))
91              i += 1
92          return self.bullets
93
94      def run(self):
95          frequency = 0
96          while True:
97              frequency += 1
98              self.clock.tick(20)
99              # 将背景绘制到屏幕
100             self.screen.blit(self.background_img, self.background_img_rect)
101             self.hero.paint(self.screen)
102             if len(self.enemies) < self.enemy_num and frequency % 20 == 0:
103                 self.enemies.append(Enemy())
104             for enemy in self.enemies:
105                 for bullet in self.bullets:
106                     # 判断子弹与敌机相撞
107                     if enemy.is_alive \
108                             and
109 enemy.enemy_rect.colliderect(bullet.bullet_rect):
110                         enemy.is_alive = False
111                         # 控制得分增加时敌机速度和子弹数量只执行一次变化
112                         flag = False
113                         self.bullets.remove(bullet)
```

```
114                         self.enemies.remove(enemy)
115                         self.score += 1
116                         if self.score != 0 and self.score % 10 == 0 and not
117 flag:
118                             enemy.speed += 1
119                             self.bullet_num += 1
120                             flag = True
121                     if bullet.bullet_rect.top < 0:
122                         self.bullets.remove(bullet)
123                     else:
124                         bullet.paint(self.screen)
125                 if self.hero.hero_rect.colliderect(enemy.enemy_rect):
126                     print("over")
127                     self.hero.is_alive = False
128                     enemy.is_alive = False
129                     print("游戏结束")
130                     pygame.quit()  # 卸载所有pygame的模块
131                     exit()         # 退出整个系统
132                 if enemy.enemy_rect.bottom > self.frame_height:
133                     self.enemies.remove(enemy)
134                 enemy.paint(self.screen)
135                 # 监听用户的各种操作,pygame.event.get()返回的是用户操作的动作列表
136             for event in pygame.event.get():
137                 # 判断用户是否点击退出按钮,即游戏窗口的叉叉
138                 if event.type == pygame.QUIT:
139                     print('游戏退出...')
140                     pygame.quit()  # 卸载所有pygame的模块
141                     exit()         # 退出整个系统
142                 elif event.type == pygame.KEYDOWN:
143                     if event.key == K_LEFT or event.key == K_a:
144                         self.hero.hero_rect.left -= self.hero.width/2 \
145                             if self.hero.hero_rect.left > self.hero.width/2 \
146                             else self.hero.hero_rect.left
147                     elif event.key == K_RIGHT or event.key == K_d:
148                         self.hero.hero_rect.left += self.hero.width/2 \
149                             if self.hero.hero_rect.right + self.hero.width/2 \
150                                < self.frame_width \
151                             else self.frame_width - self.hero.hero_rect.right
152                     elif event.key == K_UP or event.key == K_w:
153                         self.hero.hero_rect.top -= self.hero.height/2 \
154                             if self.hero.hero_rect.top > self.hero.height/2 \
155                             else self.hero.hero_rect.top
156                     elif event.key == K_DOWN or event.key == K_s:
157                         self.hero.hero_rect.top += self.hero.height/2 \
158                             if self.hero.hero_rect.top + self.hero.height/2 \
159                                < self.frame_height \
160                             else self.frame_height - self.hero.hero_rect.bottom
161                     elif event.key == K_SPACE:
162                         self.get_batch_bullets()
163             self.hero.paint(self.screen)
164             text_surface = self.my_font.render(f"Score:{self.score}",
165                                                True, (0, 0, 0))
166             self.screen.blit(text_surface, (200, 20))
167             pygame.display.update()
168 
169 def main():
170     pygame.init()
171     game_frame = GameFrame()
```

```
172     game_frame.run()
173
174 if __name__ == '__main__':
175     main()
```

17.6 Flappy bird

1. 实验内容

请编程实现一个 Flappy bird 游戏。

【**解题思路提示**】游戏画面中的障碍物原则上应该是静止不动的，运动的是小鸟，小鸟从左向右飞行，但是这样会导致小鸟很快就飞出屏幕，所以采用相对运动的方法，即让障碍物从右向左运动，障碍物在最左边消失后在最右边循环出现，从而形成小鸟从左向右运动的假象。

2. 实验要求

游戏设计要求：

1）在游戏窗口（如图 17-8 所示）中显示从右向左运动的障碍物，显示三根柱子；

2）用户使用空格键控制小鸟向上移动，以不碰到障碍物为准，即需要从柱子的缝隙中穿行，确保随机产生的障碍物之间的缝隙大小足够小鸟通过；

3）在没有用户按键操作情况下，小鸟受重力影响会自行下落；

4）进行小鸟与障碍物的碰撞检测，如果没有碰到，则给游戏者加 1 分；

5）如果小鸟碰到障碍物或者超出游戏画面的上下边界，则游戏结束。

图 17-8 Flappy bird 游戏窗口

3. 实验参考程序

```
1    # Flappy bird
2    import random
3    import pygame
4    class Bird(pygame.sprite.Sprite):
```

```
5       def __init__(self, bird_imgs, init_pos, score):
6           pygame.sprite.Sprite.__init__(self)
7           self.image = bird_imgs
8           self.rect = self.image[0].get_rect()
9           self.rect.midbottom = init_pos
10          self.up_speed = 8
11          self.down_speed = 2
12          self.selfdown_speed = 2
13          self.is_hit = False
14          self.is_downtoground = False
15          self.score = score
16
17      def self_move_down(self):
18          self.rect.top += self.selfdown_speed
19
20      def self_died_down(self):
21          self.up_speed = 0
22          self.down_speed = 0
23          self.rect.bottom += self.selfdown_speed * 2
24          if self.rect.bottom >= 400:
25              self.rect.bottom = 400
26              self.is_downtoground = True
27
28      def move_up(self):
29          if self.rect.top <= 0:
30              self.rect.top = 0
31          else:
32              self.rect.top -= self.up_speed
33
34      def move_down(self):
35          if self.rect.top >= SCREEN_HEIGHT - self.rect.height:
36              self.rect.top = SCREEN_HEIGHT - self.rect.height
37          else:
38              self.rect.top += self.down_speed
39
40  class Pilar(pygame.sprite.Sprite):
41      def __init__(self, pilar_image_up, pilar_image_down, init_pos):
42          pygame.sprite.Sprite.__init__(self)
43          self.pilar1_image = pilar_image_up
44          self.pilar2_image = pilar_image_down
45          self.pilar1_rect = self.pilar1_image.get_rect()
46          self.pilar2_rect = self.pilar2_image.get_rect()
47          self.pilar1_rect.bottomleft = init_pos
48          self.pilar2_rect.topleft = [init_pos[0], init_pos[1] + INTERVEL]
49          self.horizontal_speed = 2                           # 柱子平移的速度
50
51      def move(self):
52          self.pilar1_rect.left -= self.horizontal_speed   # 柱子左右移动
53          self.pilar2_rect.left -= self.horizontal_speed
54
55      def stop(self):
56          self.horizontal_speed = 0
57
58  SCREEN_WIDTH = 450
59  SCREEN_HEIGHT = 450
60  INTERVEL = 120                                              # 两个障碍之间的间隔
61  UP_LIMIT = 60
62  DOWN_LIMIT = 360
```

```
63 pilar_image_up_path = './sources/pilar_up.png'      # 上部分柱子图片
64 pilar_image_down_path = './sources/pilar_down.png'  # 下部分柱子图片
65 Bird_image1_path = './sources/bird.png'             # 小鸟图片
66 pygame.init()
67 screen = pygame.display.set_mode((SCREEN_WIDTH, SCREEN_HEIGHT))
68 clock = pygame.time.Clock()
69 my_font = pygame.font.SysFont("arial", 16)
70 pilar_image_up = pygame.image.load(pilar_image_up_path)
71 pilar_image_down = pygame.image.load(pilar_image_down_path)
72 bird_images = []
73 bird_image_up = pygame.image.load(Bird_image1_path)
74 bird_images.append(bird_image_up)
75
76 def collide_circle(pilar, mybird):                           # 碰撞检测函数
77     if mybird.rect.colliderect(pilar.pilar1_rect) or
78 mybird.rect.colliderect(pilar.pilar2_rect):
79         return True
80     elif mybird.rect.bottom > 400:
81         return True
82     return False
83
84 def main():
85     # 新建小鸟
86     bird_pos = [50, 190]                                     # 小鸟初始位置
87     my_bird = Bird(bird_images, bird_pos, 0)
88     # 柱子集合
89     pilar_set = []
90     # 运行参数设置
91     pilar_frequency = 0                                      # 柱子更新参数
92     running = False
93     screen.fill((255, 255, 255))
94     pilar_pos_1 = [150, random.randint(130, 250)]
95     pilar_pos_2 = [250, random.randint(130, 250)]
96     pilar_pos_3 = [350, random.randint(130, 250)]
97     pilar_set.append(Pilar(pilar_image_up, pilar_image_down, pilar_pos_1))
98     pilar_set.append(Pilar(pilar_image_up, pilar_image_down, pilar_pos_2))
99     pilar_set.append(Pilar(pilar_image_up, pilar_image_down, pilar_pos_3))
100    for pilar in pilar_set:
101        screen.blit(pilar.pilar1_image, pilar.pilar1_rect)
102        screen.blit(pilar.pilar2_image, pilar.pilar2_rect)
103    screen.blit(bird_images[0], my_bird.rect)
104    text_surface = my_font.render('Press the space bar to start the game',
105                                  True, (255, 255, 255))
106    screen.blit(text_surface, (0, 0))
107    pygame.display.update()
108    while True:
109        clock.tick(30)
110        if running:
111            pilar_frequency += 1
112            # 生成柱子
113            if pilar_frequency % 30 == 0 and len(pilar_set) < 3:
114                position = pilar_set[-1].pilar1_rect.right
115                pilar_pos = [position + 100, random.randint(130, 250)]
116                new_pilar = Pilar(pilar_image_up, pilar_image_down, pilar_pos)
117                pilar_set.append(new_pilar)
118            if pilar_frequency >= 500:
119                pilar_frequency = 0
120            # 绘制背景
```

```
121             screen.fill((255,255,255))
122             # 绘制柱子
123             for pilar in pilar_set:
124                 screen.blit(pilar.pilar1_image, pilar.pilar1_rect)
125                 screen.blit(pilar.pilar2_image, pilar.pilar2_rect)
126             # 移动柱子
127             for pilar in pilar_set:
128                 pilar.move()
129                 if collide_circle(pilar, my_bird):  # 碰撞检测代码
130                     my_bird.is_hit = True
131                     for pilar in pilar_set:
132                         pilar.stop()
133                 if pilar.pilar1_rect.right < my_bird.rect.midbottom[0]:
134                     my_bird.score += 1
135                     pilar_set.remove(pilar)
136             # 小鸟降落
137             my_bird.self_move_down()
138             if not my_bird.is_hit:                  # 未发生碰撞
139                 screen.blit(bird_images[0], my_bird.rect)
140             else:                                   # 发生碰撞
141                 running = False
142                 my_bird.self_died_down()
143                 pygame.quit()
144                 print(f"游戏结束,得分{my_bird.score}")
145                 exit(0)
146             score_text = my_font.render(str(my_bird.score), True, (255, 255,255))
147             text_rect = score_text.get_rect()
148             text_rect.midtop = [185, 30]
149             screen.blit(score_text, text_rect)
150         # 屏幕更新
151         pygame.display.update()
152         # 绘制按键执行代码
153         key_pressed = pygame.key.get_pressed()
154         if not my_bird.is_hit:
155             if key_pressed[pygame.K_SPACE]:
156                 my_bird.move_up()
157                 running = True
158             elif running:
159                 my_bird.move_down()
160         for event in pygame.event.get():
161             if event.type == pygame.QUIT:
162                 pygame.quit()
163                 print(f"游戏结束,得分{my_bird.score}")
164                 exit(0)
165
166 if __name__ == '__main__':
167     main()
```

17.7 井字棋游戏

1. 实验内容

任务1：编写一个双人对弈的井字棋游戏。

【解题思路提示】首先定义一个3行3列的二维数组，将其中所有元素全部赋值为空格字符。然后两个玩家轮流落子，重绘棋盘，判断胜负，不断重复以上步骤，直到出现平局或者一方胜出为止。

任务 2：编写一个简单的人机对弈的井字棋游戏。

2. 实验要求

任务 1：使用多文件编程实现 X 方和 O 方的对弈，X 方和 O 方对弈时只在一个棋盘界面上进行下棋，不要在多个地方输出棋盘。游戏规则：X 方先行，有一方棋子三个连成一条直线即为胜出，棋盘中 9 个棋盘格子落满，且没有一方三子连线，则为平局。如图 17-9 ～图 17-11 所示。

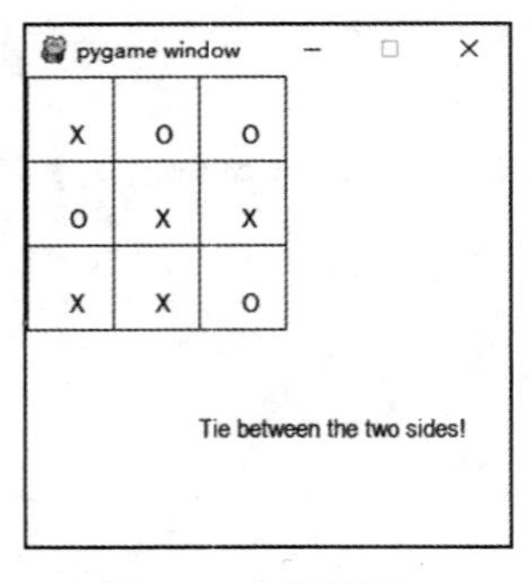

图 17-9　平局图

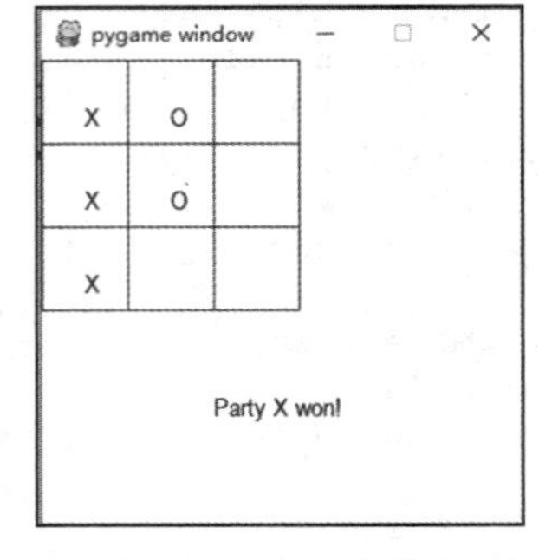

图 17-10　X 方胜

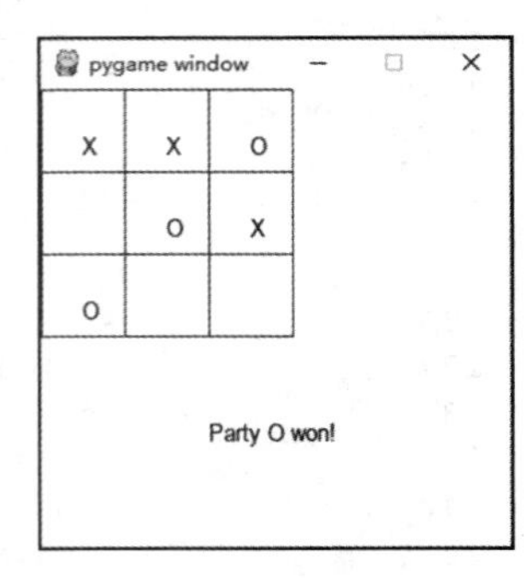

图 17-11　O 方胜

任务 2：玩家为 X 方，计算机为 O 方，假设计算机没有智能，每次都是随机地在空格里选择一个位置落子。其余要求和游戏规则同任务 1。如图 17-12 ～图 17-14 所示。

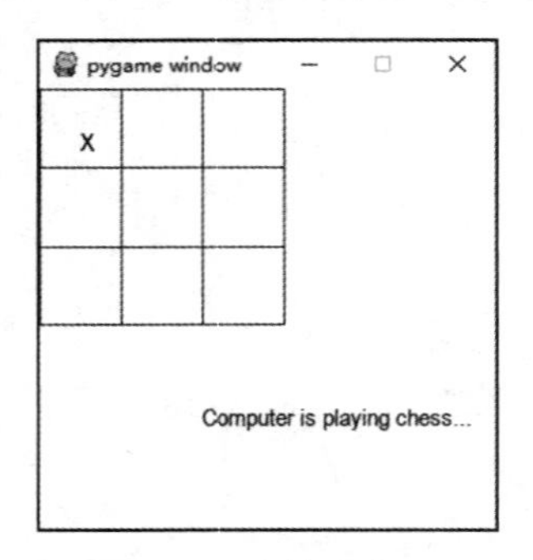

图 17-12　计算机落子中

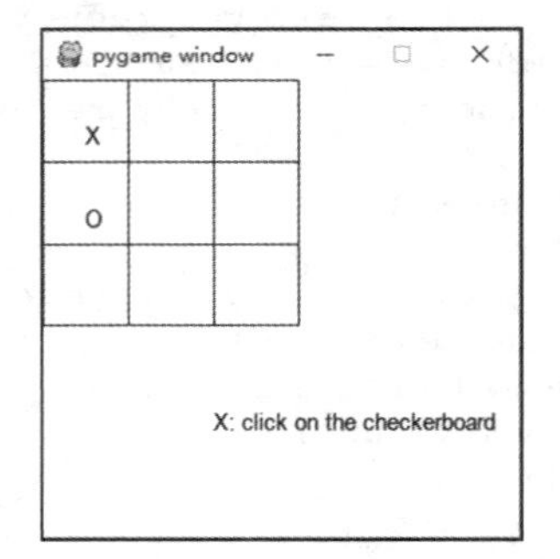

图 17-13　玩家落子

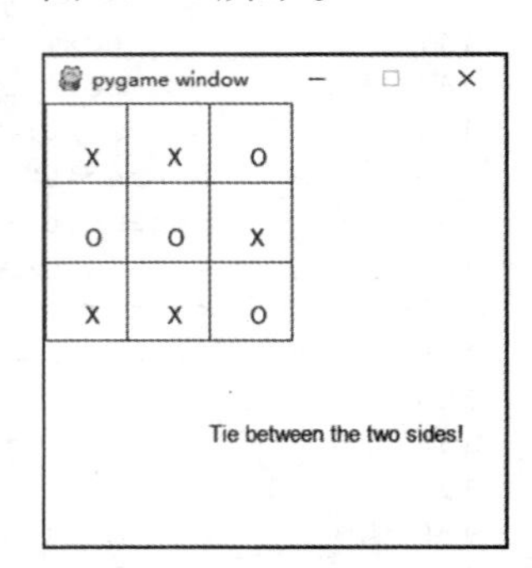

图 17-14　平局图

3. 实验参考程序

任务 1 的参考程序：

```
1    # 井字棋游戏任务 1
2    import time
3    import pygame
4    import random as r
5    N = 3
6    pygame.init()
7    my_font = pygame.font.SysFont("arial", 16)
8    screen = pygame.display.set_mode((280, 280))
9    clock = pygame.time.Clock()
10   board = [[' ' for i in range(N)] for i in range(N)]
11
12   def draw_board(tip):
13       screen.fill((255,255,255))
14       for i in range(N + 1):
```

```
15          pygame.draw.line(screen, (0, 0, 0), (0, i * 50), (150, i * 50), 1)
16          for j in range(N + 1):
17              pygame.draw.line(screen, (0, 0, 0), (j * 50, 0), (j * 50, 150), 1)
18              if i < N and j < N and board[i][j] != ' ':
19                  text_surface = my_font.render(board[i][j], True, (0, 0, 0))
20                  screen.blit(text_surface, (j*50+25, i*50+25))
21      tip_surface = my_font.render(tip, True, (0, 0, 0))
22      screen.blit(tip_surface, (100, 200))
23      pygame.display.update()
24
25  def com_move():
26      while True:
27          x = r.randint(0, 2)
28          y = r.randint(0, 2)
29          if board[x][y] == ' ':
30              draw_board('Computer is playing chess...')
31              time.sleep(1.5)
32              board[x][y] = 'O'
33              return
34
35  def player_move(x, y):
36      if board[x][y] == ' ':
37          board[x][y] = 'X'
38
39  def check_win():
40      for i in range(3):
41          if board[i][0] == board[i][1] and board[i][1] == board[i][2] \
42                  and board[i][1] != ' ':
43              return 'p'
44      for i in range(3):
45          if board[0][i] == board[1][i] and board[1][i] == board[2][i] \
46                  and board[1][i] != ' ':
47              return 'p'
48      if board[0][0] == board[1][1] and board[1][1] == board[2][2] \
49              and board[1][1] != ' ':
50          return 'p'
51      if board[0][2] == board[1][1] and board[1][1] == board[2][0] \
52              and board[1][1] != ' ':
53          return 'p'
54
55  def check_position(player):
56      input_error = False
57      while True:
58          clock.tick(10)
59          if not input_error:
60              draw_board(f'{player}: click on the checkerboard')
61          else:
62              draw_board(f'exceeds the checkerboard range')
63          for event in pygame.event.get():
64              if event.type == pygame.QUIT:
65                  pygame.quit()
66                  exit()
67              elif event.type == pygame.MOUSEBUTTONDOWN:
68                  x, y = pygame.mouse.get_pos()
69                  if x < 1 or x > 150 or y < 1 or y > 150:
70                      input_error = True
71                  else:
72                      return y//50, x//50
```

```
73
74  def main():
75      count = 0
76      while True:
77          draw_board('It is your turn')
78          time.sleep(1.5)
79          pygame.display.update()
80          clock.tick(10)
81          if count >= 9:
82              draw_board('Tie between the two sides!')
83              print("双方平局！")
84              time.sleep(5)
85              pygame.quit()
86              exit()
87          if count % 2 == 0:
88              x, y = check_position('X')
89              player_move(x, y)
90              if check_win() == 'p':
91                  draw_board('Party X won!')
92                  print("X方获胜了！")
93                  time.sleep(5)
94                  pygame.quit()
95                  exit()
96          else:
97              com_move()
98              if check_win() == 'p':
99                  draw_board('Party O won!')
100                 print("O方获胜了！")
101                 time.sleep(5)
102                 pygame.quit()
103                 exit()
104         count += 1
105         for event in pygame.event.get():
106             if event.type == pygame.QUIT:
107                 pygame.quit()
108                 exit()
109
110 if __name__ == '__main__':
111     main()
```

任务2的参考程序：

```
1   # 井字棋游戏任务2
2   import time
3   import pygame
4   import random as r
5   N = 3
6   pygame.init()
7   my_font = pygame.font.SysFont("arial", 16)
8   screen = pygame.display.set_mode((280, 280))
9   clock = pygame.time.Clock()
10  board = [[' ' for i in range(N)] for i in range(N)]
11
12  def draw_board(tip):
13      screen.fill((255,255,255))
14      for i in range(N + 1):
15          pygame.draw.line(screen, (0, 0, 0), (0, i * 50), (150, i * 50), 1)
16          for j in range(N + 1):
17              pygame.draw.line(screen, (0, 0, 0), (j * 50, 0), (j * 50, 150), 1)
```

```
18                if i < N and j < N and board[i][j] != ' ':
19                    text_surface = my_font.render(board[i][j], True, (0, 0, 0))
20                    screen.blit(text_surface, (j*50+25, i*50+25))
21        tip_surface = my_font.render(tip, True, (0, 0, 0))
22        screen.blit(tip_surface, (100, 200))
23        pygame.display.update()
24
25    def com_move():
26        while True:
27            x = r.randint(0, 2)
28            y = r.randint(0, 2)
29            if board[x][y] == ' ':
30                draw_board('Computer is playing chess...')
31                time.sleep(1.5)
32                board[x][y] = 'O'
33                return
34
35    def player_move(x, y):
36        if board[x][y] == ' ':
37            board[x][y] = 'X'
38
39    def check_win():
40        for i in range(3):
41            if board[i][0] == board[i][1] and board[i][1] == board[i][2] \
42                    and board[i][1] != ' ':
43                return 'p'
44        for i in range(3):
45            if board[0][i] == board[1][i] and board[1][i] == board[2][i] \
46                    and board[1][i] != ' ':
47                return 'p'
48        if board[0][0] == board[1][1] and board[1][1] == board[2][2] \
49                and board[1][1] != ' ':
50            return 'p'
51        if board[0][2] == board[1][1] and board[1][1] == board[2][0] \
52                and board[1][1] != ' ':
53            return 'p'
54
55    def check_position(player):
56        input_error = False
57        while True:
58            clock.tick(10)
59            if not input_error:
60                draw_board(f'{player}: click on the checkerboard')
61            else:
62                draw_board(f'exceeds the checkerboard range')
63            for event in pygame.event.get():
64                if event.type == pygame.QUIT:
65                    pygame.quit()
66                    exit()
67                elif event.type == pygame.MOUSEBUTTONDOWN:
68                    x, y = pygame.mouse.get_pos()
69                    if x < 1 or x > 150 or y < 1 or y > 150:
70                        input_error = True
71                    else:
72                        return y//50, x//50
73
74    def main():
75        count = 0
76        while True:
```

```
77          draw_board('It is your turn')
78          time.sleep(1.5)
79          pygame.display.update()
80          clock.tick(10)
81          if count >= 9:
82              draw_board('Tie between the two sides!')
83              print("双方平局 !")
84              time.sleep(5)
85              pygame.quit()
86              exit()
87          if count % 2 == 0:
88              x, y = check_position('X')
89              player_move(x, y)
90              if check_win() == 'p':
91                  draw_board('Party X won!')
92                  print("X方获胜了 !")
93                  time.sleep(5)
94                  pygame.quit()
95                  exit()
96          else:
97              com_move()
98              if check_win() == 'p':
99                  draw_board('Party O won!')
100                 print("O方获胜了 !")
101                 time.sleep(5)
102                 pygame.quit()
103                 exit()
104         count += 1
105         for event in pygame.event.get():
106             if event.type == pygame.QUIT:
107                pygame.quit()
108                exit()
109
110 if __name__ == '__main__':
111     main()
```

17.8　杆子游戏

1. 实验内容

请编程实现一个杆子游戏。

2. 实验要求

游戏设计要求：

1）在游戏窗口中显示两岸的墙体，小人站在一侧岸边（如图 17-15 所示）；

2）在没有用户按键操作情况下，另一侧岸边有一个竖直的杆子自行随时间上下伸缩运动，长度随伸缩运动而变化；

3）用户看准时机及时按下回车键（或其他按键）让杆子在合适的长度倒下；

4）如果杆子长度刚好能够在两个岸边搭起一座桥，那么小人开始借助桥梁从左岸走到右岸（如图 17-16 所示），到达右岸后，除分数加 1 外，游戏重新开始，即小人重新回到左岸，杆子继续上下伸缩运动；

5）如果杆子长度不够，不足以在两岸之间搭起一座桥，那么显示“You failed! Press any key to restart”，同时分数重置为 0（如图 17-17 所示），用户按任意键后，游戏重新开始；

6）如果杆子长度过长，砸到了小人，则显示“ You have been slain! Press any key to restart”，同时分数重置为 0（如图 17-18 所示），用户按任意键后，游戏重新开始。

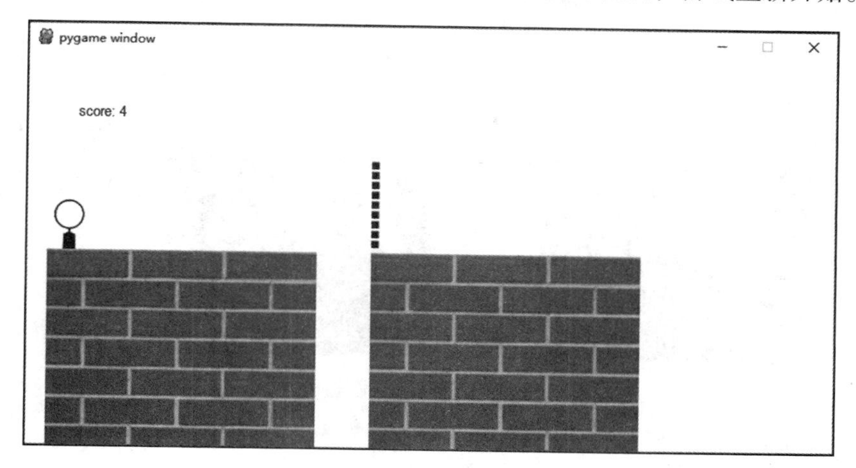

图 17-15　游戏初始窗口

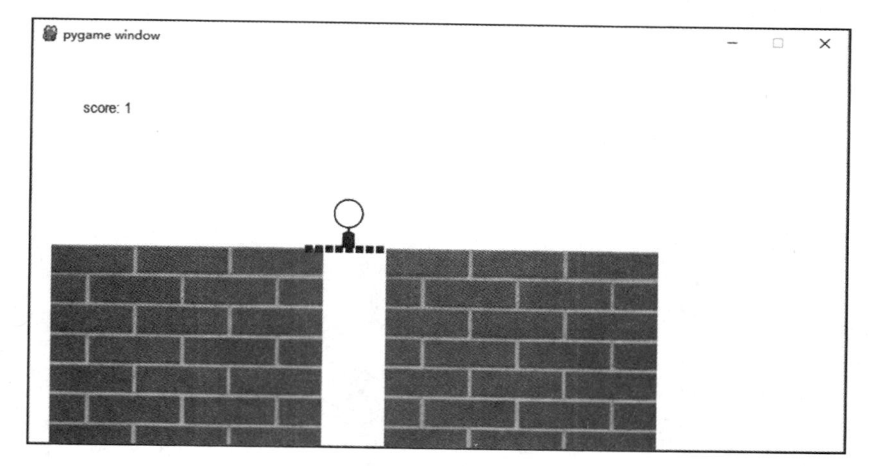

图 17-16　游戏运行窗口

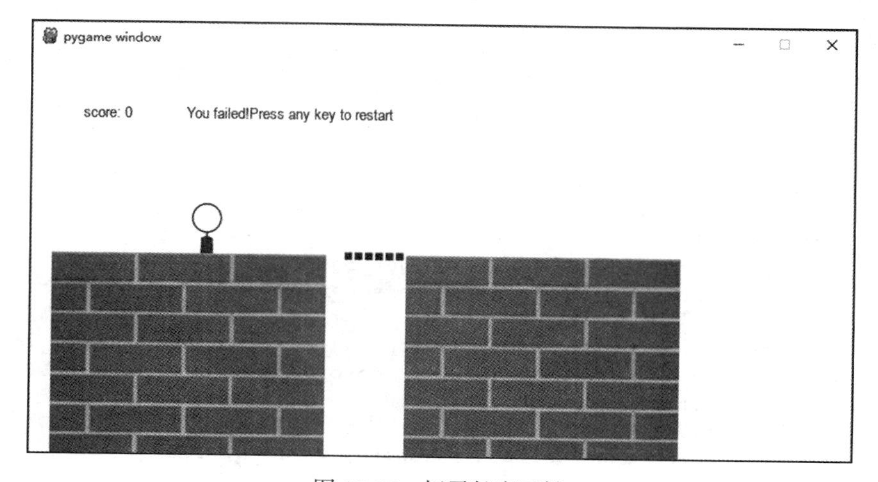

图 17-17　杆子长度不够

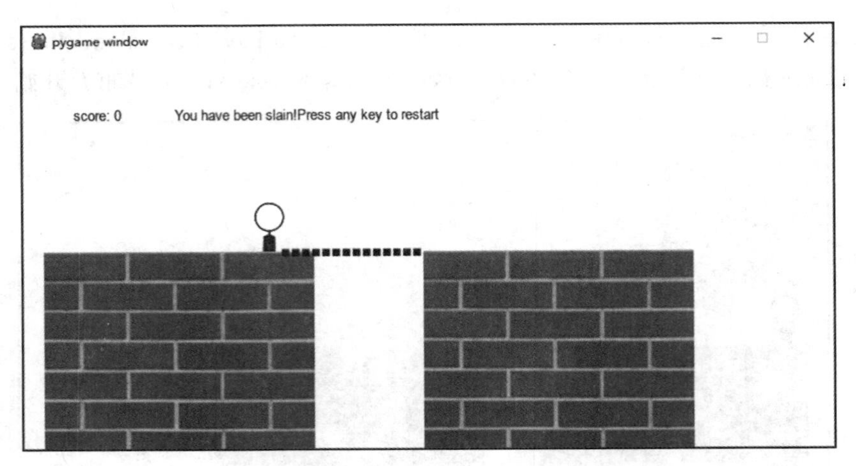

图 17-18 杆子长度过长

3. 实验参考程序

```
1   # 杆子游戏
2   import pygame
3   import random as r
4   import time
5
6   pygame.init()
7   screen = pygame.display.set_mode((800, 400))
8   clock = pygame.time.Clock()
9   my_font = pygame.font.SysFont("arial", 16)
10  Wall_Y = 200
11  Person_Y = 150
12  Wall_Width = 267
13  Wall_Height = 207
14  Person_Width = 34
15  Person_Height = 50
16  wall_path = './sources/wall.png'
17  person_path = './sources/person.png'
18  wall_image = pygame.image.load(wall_path)
19  person_image = pygame.image.load(person_path)
20  wall_rect = wall_image.get_rect()
21  score = 0
22
23  def draw_wall(wall2_x, person_x, person_rect=person_image.get_rect(),
24  ladder=False, length=0):
25      global score
26      pygame.display.update()
27      screen.fill((255, 255, 255))
28      screen.blit(wall_image, (20, Wall_Y), wall_rect)
29      screen.blit(wall_image, (wall2_x, Wall_Y), wall_rect)
30      if person_rect != person_image.get_rect():
31          screen.blit(person_image, person_rect)
32      else:
33          screen.blit(person_image, (person_x, Person_Y), person_rect)
34      text_surface = my_font.render(f"score: {score}", True, (0, 0, 0))
35      screen.blit(text_surface, (50, 50))
36      if ladder:
37          for i in range(wall2_x - length, wall2_x, 10):
```

```
38              text_surface = my_font.render('■', True, (0, 0, 0))
39              screen.blit(text_surface, (i, Wall_Y - 10))
40
41  def change_stick():
42      global score
43      is_add = True   # 1表示伸长，0表示缩短
44      r.seed()
45      wall2_x = r.randint(300, 400)
46      person_x = r.randint(20, Wall_Width - Person_Width)
47      y = Wall_Y - 20
48      length = 0
49      draw_wall(wall2_x, person_x)
50      while True:
51          clock.tick(5)
52          for event in pygame.event.get():
53              if event.type == pygame.QUIT:
54                  pygame.quit()
55                  print(f"游戏结束，得分{score}")
56                  exit(0)
57              elif event.type == pygame.KEYDOWN:
58                  if length > wall2_x - person_x - Person_Width:
59                      flag = -1
60                      draw_wall(wall2_x, person_x)
61                  elif length < wall2_x - 20 - Wall_Width:
62                      flag = 0
63                      draw_wall(wall2_x, person_x)
64                  else:
65                      score += 1
66                      flag = 1
67                      while person_x <= wall2_x:
68                          person_x += 20
69                          draw_wall(wall2_x=wall2_x, person_x=person_x,
70                                    ladder=True, length=length)
71                          time.sleep(0.2)
72                  for i in range(wall2_x - length, wall2_x, 10):
73                      text_surface = my_font.render('■', True, (0, 0, 0))
74                      screen.blit(text_surface, (i, Wall_Y - 10))
75                  if flag == -1:
76                      text_surface = my_font.render("You have been slain!"
77                                                   "Press any key to restart",
78                                                      True, (0, 0, 0))
79                      screen.blit(text_surface, (150, 50))
80                  elif flag == 0:
81                      text_surface = my_font.render("You failed!"
82                                                   "Press any key to restart",
83                                                      True, (0, 0, 0))
84                      screen.blit(text_surface, (150, 50))
85                  pygame.display.update()
86                  return flag
87          if is_add:
88              text_surface = my_font.render('■', True, (0, 0, 0))
89              screen.blit(text_surface, (wall2_x, y))
90              y -= 10
91              time.sleep(0.5)
92              if y <= 10:
93                  draw_wall(wall2_x, person_x)
94                  is_add = False
```

```
95                  length += 10
96              else:
97                  draw_wall(wall2_x, person_x)
98                  for i in range(Wall_Y-length+10, Wall_Y, 10):
99                      text_surface = my_font.render('■', True, (0, 0, 0))
100                     screen.blit(text_surface, (wall2_x, i))
101                 y += 10
102                 time.sleep(0.5)
103                 if y >= 190:
104                     draw_wall(wall2_x, person_x)
105                     is_add = True
106                     y -= 20
107                 length -= 10
108             pygame.display.update()
109 
110 def main():
111     global score
112     flag = change_stick()
113     while flag in [-1, 0, 1]:
114         clock.tick(1)
115         if flag != 1:
116             score = 0
117             for event in pygame.event.get():
118                 if event.type == pygame.KEYDOWN:
119                     flag = change_stick()
120         else:
121             flag = change_stick()
122 
123 if __name__ == '__main__':
124     main()
```

17.9　俄罗斯方块

1. 实验内容

请编程实现一个俄罗斯方块游戏。

2. 实验要求

游戏设计要求：

1）在窗口中显示游戏池；

2）游戏开始时，在窗口内随机地产生和显示即将下落的方块，方块有 7 种不同的形状，当一个方块出现在游戏池中时，需同时生成下一个即将出现的方块，显示在游戏池的右侧（如图 17-19 所示）；

3）用户使用左、右、下三个方向键分别控制方块向左、向右、向下移动；

4）用户使用上键改变方块的朝向，针对 4 个方向有 4 种变形模式；

5）在没有用户按键操作情况下，方块受重力影响会自行下落；

6）实时更新下落方块的位置，下落速度与游戏者获得的分数成正比；

7）当出现满行时，给游戏者加分，并显示游戏者的得分和下落速度；

8）判断方块初始区域是否被占用，若被占用，表明方块的叠加高度超过了游戏池的高度，此时游戏结束（如图 17-20 所示）。

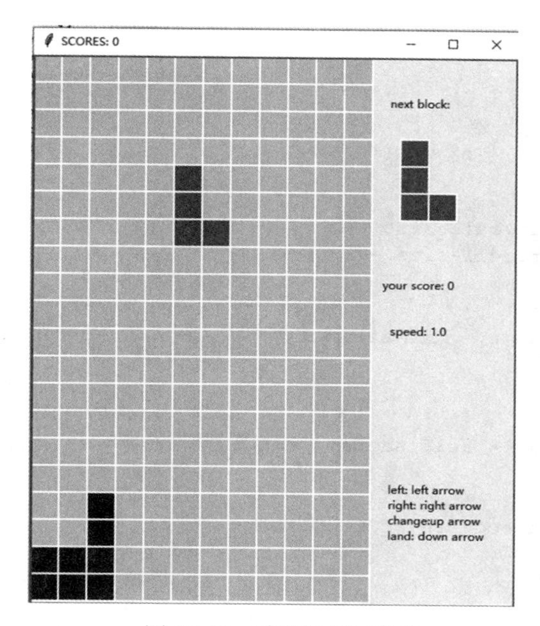

图 17-19 游戏运行示意图

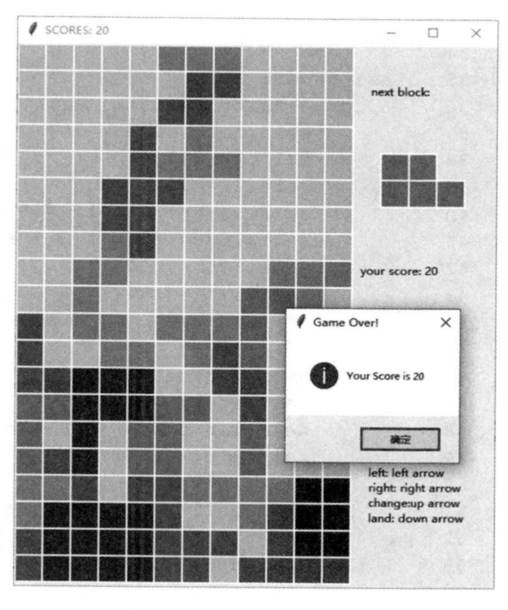

图 17-20 游戏结束窗口

3. 实验参考程序

```
1   # 俄罗斯方块游戏
2   import tkinter as tk
3   from tkinter import messagebox
4   import random
5
6   # 定义各种形状
7   SHAPES = {
8       "O": [(-1, -1), (0, -1), (-1, 0), (0, 0)],
9       "S": [(-1, 0), (0, 0), (0, -1), (1, -1)],
10      "T": [(-1, 0), (0, 0), (0, -1), (1, 0)],
11      "I": [(0, 1), (0, 0), (0, -1), (0, -2)],
12      "L": [(-1, 0), (0, 0), (-1, -1), (-1, -2)],
13      "J": [(-1, 0), (0, 0), (0, -1), (0, -2)],
14      "Z": [(-1, -1), (0, -1), (0, 0), (1, 0)],
15  }
16
17  # 定义各种形状的颜色
18  SHAPESCOLOR = {
19      "O": "blue",
20      "S": "red",
21      "T": "yellow",
22      "I": "green",
23      "L": "purple",
24      "J": "orange",
25      "Z": "Cyan",
26  }
27  current_block = None
28
29  def check_row_complete(row):
30      for cell in row:
31          if cell == '':
32              return False
```

```
33        return True
34
35    class Cuber:
36        def __init__(self):
37            self.cell_size = 30
38            self.C = 12
39            self.R = 20
40            self.height = self.R * self.cell_size
41            self.width = self.C * self.cell_size + 150
42            self.FPS = 400                                    # 刷新页面的毫秒间隔
43            self.win = tk.Tk()
44            self.canvas = tk.Canvas(self.win, width=self.width,
45    height=self.height,)
46            self.canvas.pack()
47            self.score = 0
48            self.win.title("SCORES: %s" % self.score)  # 标题中展示分数
49            self.block_list = []
50
51        def draw_cell_by_cr(self, c, r, color="#CCCCCC"):
52            """
53            :param c: 方块所在列
54            :param r: 方块所在行
55            :param color: 方块颜色，默认为 #CCCCCC，轻灰色
56            :return:
57            """
58            x0 = c * self.cell_size
59            y0 = r * self.cell_size
60            x1 = c * self.cell_size + self.cell_size
61            y1 = r * self.cell_size + self.cell_size
62            self.canvas.create_rectangle(x0, y0, x1, y1, fill=color,
63                                         outline="white", width=2)
64
65        # 绘制空白面板
66        def draw_board(self):
67            for ri in range(self.R):
68                for ci in range(self.C):
69                    cell_type = self.block_list[ri][ci]
70                    if cell_type:
71                        self.draw_cell_by_cr(ci, ri, SHAPESCOLOR[cell_type])
72                    else:
73                        self.draw_cell_by_cr(ci, ri)
74            self.canvas.delete("tip")
75            self.canvas.create_text(self.C * self.cell_size + 50, 50,
76                                    text="next block:", tag="tip")
77            self.canvas.create_text(self.C * self.cell_size + 50, 250,
78                                    text=f"your score: {self.score}", tag="tip")
79            self.canvas.create_text(self.C * self.cell_size + 50, 300,
80                                    text=f"speed: {9 - self.FPS / 50}", tag="tip")
81            self.canvas.create_text(self.C * self.cell_size + 70, 500,
82                                      text="left: left arrow\n"
83                                      "right: right arrow\n"
84                                      "change:up arrow\n"
85                                      "land: down arrow", tag="tip")
86
87        def draw_cells(self, c, r, cell_list, color="#CCCCCC"):
88            """
89            绘制指定形状指定颜色的俄罗斯方块
90            :param r: 该形状设定的原点所在的行
91            :param c: 该形状设定的原点所在的列
```

```
92             :param cell_list: 该形状各个方格相对自身所处位置
93             :param color: 该形状颜色
94             :return:
95             """
96             for cell in cell_list:
97                 cell_c, cell_r = cell
98                 ci = cell_c + c
99                 ri = cell_r + r
100                # 判断该位置方格在画板内部(画板外部的方格不再绘制)
101                if 0 <= c < self.C and 0 <= r < self.R:
102                    self.draw_cell_by_cr(ci, ri, color)
103
104        def draw_next_block(self, block):
105            """
106            绘制下一个俄罗斯方块
107            :param block: 下一个俄罗斯方块
108            :return:
109            """
110            c, r = 14, 5  # 指定显示的行与列
111            cell_list = SHAPES[block['next_kind']]
112            shape_type = block['next_kind']
113            for cell in cell_list:
114                cell_c, cell_r = cell
115                ci = cell_c + c
116                ri = cell_r + r
117                x0 = ci * self.cell_size
118                y0 = ri * self.cell_size
119                x1 = ci * self.cell_size + self.cell_size
120                y1 = ri * self.cell_size + self.cell_size
121                self.canvas.create_rectangle(x0, y0, x1, y1,
122                                             fill=SHAPESCOLOR[shape_type],
123                                             outline="white", width=2, tags="next")
124
125        def draw_block_move(self, block, direction=[0, 0]):
126            """
127            绘制向指定方向移动后的俄罗斯方块
128            :param block: 俄罗斯方块对象
129            :param direction: 俄罗斯方块移动方向
130            :return:
131            """
132            shape_type = block['kind']
133            c, r = block['cr']
134            cell_list = block['cell_list']
135            # 移动前,先清除原有位置绘制的俄罗斯方块,也就是用背景色绘制原有的俄罗斯方块
136            self.draw_cells(c, r, cell_list)
137            dc, dr = direction
138            new_c, new_r = c + dc, r + dr
139            block['cr'] = [new_c, new_r]
140            # 在新位置绘制新的俄罗斯方块
141            self.draw_cells(new_c, new_r, cell_list, SHAPESCOLOR[shape_type])
142
143        def generate_new_block(self, block=None):
144            cr = [self.C // 2, 0]
145            next_kind = random.choice(list(SHAPES.keys()))
146            if not block:
147                # 随机生成新的俄罗斯方块
148                kind = random.choice(list(SHAPES.keys()))
149                # 对应横纵坐标,以左上角为原点,水平向右为x轴正方向,
150                # 竖直向下为y轴正方向,x对应横坐标,y对应纵坐标
```

```
151             new_block = {
152                 'kind': kind,                # 对应俄罗斯方块的类型
153                 'cell_list': SHAPES[kind],
154                 'cr': cr,
155                 'next_kind': next_kind,      # 对应下一个俄罗斯方块的类型
156             }
157         else:
158             new_block = {
159                 'kind': block['next_kind'],  # 对应俄罗斯方块的类型
160                 'cell_list': SHAPES[block['next_kind']],
161                 'cr': cr,
162                 'next_kind': next_kind,      # 对应下一个俄罗斯方块的类型
163             }
164         return new_block
165 
166     def check_move(self, block, direction=[0, 0]):
167         """
168             判断俄罗斯方块是否可以朝制定方向移动
169             :param block: 俄罗斯方块对象
170             :param direction: 俄罗斯方块移动方向
171             :return: boolean 是否可以朝指定方向移动
172             """
173         cc, cr = block['cr']
174         cell_list = block['cell_list']
175         for cell in cell_list:
176             cell_c, cell_r = cell
177             c = cell_c + cc + direction[0]
178             r = cell_r + cr + direction[1]
179             # 判断该位置是否超出左右边界，以及下边界
180             # 一般不判断上边界，因俄罗斯方块生成时，可能有一部分在上边界之上还没有出来
181             if c < 0 or c >= self.C or r >= self.R:
182                 return False
183             # 必须要判断 r 不小于 0 才行，具体原因你可以不加这个判断，试试会出现什么效果
184             if r >= 0 and self.block_list[r][c]:
185                 return False
186         return True
187 
188     def check_and_clear(self):
189         has_complete_row = False
190         for ri in range(len(self.block_list)):
191             flag = False
192             if check_row_complete(self.block_list[ri]):
193                 has_complete_row = True
194                 # 当前行可消除
195                 if ri > 0:
196                     for cur_ri in range(ri, 0, -1):
197                         self.block_list[cur_ri] = self.block_list[cur_ri - 1][:]
198                     self.block_list[0] = ['' for j in range(self.C)]
199                 else:
200                     self.block_list[ri] = ['' for j in range(self.C)]
201                 self.score += 10
202                 if self.score != 0 and self.score % 30 == 0 and not flag:
203                     flag = True
204                     self.FPS = max(100, self.FPS - 50)
205         if has_complete_row:
206             self.draw_board()
207             self.win.title("SCORES: %s" % self.score)
208 
209     def save_block_to_list(self, block):
```

```
210         shape_type = block['kind']
211         cc, cr = block['cr']
212         cell_list = block['cell_list']
213         for cell in cell_list:
214             cell_c, cell_r = cell
215             c = cell_c + cc
216             r = cell_r + cr
217             # block_list 在对应位置记下其类型
218             self.block_list[r][c] = shape_type
219 
220     def horizontal_move_block(self, event):
221         """
222         左右水平移动俄罗斯方块
223         """
224         direction = [0, 0]
225         if event.keysym == 'Left':
226             direction = [-1, 0]
227         elif event.keysym == 'Right':
228             direction = [1, 0]
229         else:
230             return
231         global current_block
232         if current_block is not None and self.check_move(current_block, direction):
233             self.draw_block_move(current_block, direction)
234 
235     def rotate_block(self, event):
236         global current_block
237         if current_block is None:
238             return
239         cell_list = current_block['cell_list']
240         rotate_list = []
241         for cell in cell_list:
242             cell_c, cell_r = cell
243             rotate_cell = [cell_r, -cell_c]
244             rotate_list.append(rotate_cell)
245         block_after_rotate = {
246             'kind': current_block['kind'],  # 对应俄罗斯方块的类型
247             'cell_list': rotate_list,
248             'cr': current_block['cr'],
249             'next_kind': current_block['next_kind'],
250         }
251         if self.check_move(block_after_rotate):
252             cc, cr = current_block['cr']
253             self.draw_cells(cc, cr, current_block['cell_list'])
254             self.draw_cells(cc, cr, rotate_list,
255                             SHAPESCOLOR[current_block['kind']])
256             current_block = block_after_rotate
257 
258     def land(self, event):
259         global current_block
260         if current_block is None:
261             return
262         cell_list = current_block['cell_list']
263         cc, cr = current_block['cr']
264         min_height = self.R
265         for cell in cell_list:
266             cell_c, cell_r = cell
267             c, r = cell_c + cc, cell_r + cr
268             if r >= 0 and self.block_list[r][c]:
```

```
269                 return
270             h = 0
271             for ri in range(r + 1, self.R):
272                 if self.block_list[ri][c]:
273                     break
274                 else:
275                     h += 1
276             if h < min_height:
277                 min_height = h
278         down = [0, min_height]
279         if self.check_move(current_block, down):
280             self.draw_block_move(current_block, down)
281 
282     def game_loop(self):
283         self.win.update()
284         global current_block
285         if current_block is None:
286             current_block = self.generate_new_block()
287             # 新生成的俄罗斯方块需要先在生成位置绘制出来
288             self.draw_block_move(current_block)
289             self.draw_next_block(current_block)
290         else:
291             # 清空上一个 next 方块
292             self.canvas.delete('next')
293             self.draw_next_block(current_block)
294             if self.check_move(current_block, [0, 1]):
295                 self.draw_block_move(current_block, [0, 1])
296             else:
297                 # 无法移动，记入 block_list 中
298                 self.save_block_to_list(current_block)
299                 current_block = self.generate_new_block(current_block)
300                 self.draw_block_move(current_block)
301                 self.draw_next_block(current_block)
302                 if not self.check_move(current_block, [0, 0]):
303                     messagebox.showinfo("Game Over!",
304                                         "Your Score is %s" % self.score)
305                     self.win.destroy()
306                     return
307             self.check_and_clear()
308         self.win.after(self.FPS, self.game_loop)
309 
310 def main():
311     cuber = Cuber()
312     for i in range(cuber.R):
313         i_row = ['' for j in range(cuber.C)]
314         cuber.block_list.append(i_row)
315     cuber.draw_board()
316     cuber.canvas.focus_set()                  # 聚焦到 canvas 画板对象上
317     cuber.canvas.bind("<KeyPress-Left>", cuber.horizontal_move_block)
318     cuber.canvas.bind("<KeyPress-Right>", cuber.horizontal_move_block)
319     cuber.canvas.bind("<KeyPress-Up>", cuber.rotate_block)
320     cuber.canvas.bind("<KeyPress-Down>", cuber.land)
321     cuber.win.update()
322     cuber.win.after(cuber.FPS, cuber.game_loop)  # 在 FPS 毫秒后调用 game_loop 方法
323     cuber.win.mainloop()
324 
325 if __name__ == '__main__':
326     main()
```